京都と近代

せめぎ合う都市空間の歴史

中川 理 NAKAGAWA Osamu

鹿島出版会

はしがき

全国各地に「すずらん通り」と呼称される商店街がある。東京にもたくさんあり、最近では、そのうちの銀座、神田、南阿佐ヶ谷など八ヵ所の「すずらん通り」が東京すずらん通り連合会を結成している。では「すずらん通り」という名称の由来はなにか。諸説あるようだが、最も有力なのは、その商店街に設置された鈴蘭灯が美しかったからだとされる説である。

たしかに大正末から昭和初期にかけて、日本全国の街路に鈴蘭灯が設置された。鈴蘭灯とは、名前のとおり、鈴蘭の花をかたどった街灯である。今はほとんど見かけなくなってしまったが、旧植民地である満州や台湾も含め、日本中の都市の古写真には、必ずといってよいほどこの鈴蘭灯が並ぶ姿が写されている。この時期は、旧植民地も含め新たな市街地の建設が進んだ時期である。とりわけ、東京では関東大震災からの帝都復興事業によって新たな街路の整備が進んだ。そこに次々と設置されていったのが、鈴蘭灯であったわけだ。

では、このデザインは誰が考えたもので、どうしてこのように広く普及したのであろうか。帝都復興にも大きな役割を果たした東京市政調査会が『街路照明』という報告書を一九二九（昭和四）年に刊行している。そこでは、街路を整備する際の街路照明の必要性とそのための技術が紹介されているが、この時点で鈴蘭灯の記載はない。しかし、全国の実情を紹介する中で、京都では他都市に比べて「装飾的軒燈が大いに普及」していると指摘し、「装飾上の効果が町内の繁栄に及ぼす影響顕著なるを認めらるるや益々これの普及を見」たとしている。そして、そこに添えられている街灯の図が、まさに鈴蘭灯なのである。

写真1は京都に登場した、その鈴蘭灯の夜景写真である。一九二四（大正一三）年に寺町通に設置されたものである。そして、この京都の鈴蘭灯が瞬く間に全国に波及していくことになった。そのことは、この鈴蘭灯を設置した京都電燈の社史（『京都電燈株式会社五十年史』）にも、鈴蘭灯は「わが国の道路及び国民の嗜好に適してゐたものか、神戸元町通をはじめ、横浜や東京にも現はれるやうになり、広島市の如きは、全主要道路の殆どすべてはこれで覆はれるといふ具合で、忽ちのうちに全国に喧伝せられ、一躍照明界の寵児となった」と紹介されている。『街路照明』においても、神戸の状況の説明で、「商業繁栄を目的として建てられたる」街路照明として、元町商店街の事例が紹介されており、そこでは「京都市寺町通り二条三条間と類似のもの」、つまり鈴蘭灯が設置され、その後隣接する柳原通の商店街でも、「元町通りの街燈が町の繁栄に貢献するところ大なりを知り」同様の

写真1　寺町通に設置された鈴蘭灯

ものを設置したとある。写真2が、その鈴蘭灯が設置された元町商店街のようすである。おそらく、東京市政調査会の『街路照明』が刊行されて以降、昭和戦前期において、同様の経緯で全国で鈴蘭灯が設置されていくこととなったのであろう。

なぜ鈴蘭灯が人気となったのか。それは商店街を飾る装飾として美しいものと評価されたからであろう。今われわれが、写真1や2を見ても、たしかにそう思えるだろう。

このデザインは、本書で何度も登場することとなる京都を拠点として活躍した建築家・武田五一が手がけたものである。戦前期、京都に電気を供給していた京都電燈は、大正期になると、それまでのガス灯を撤去し、鋳鉄製の新たな街路電灯の設置を計画する。そこで、そのデザインを武田五一に依頼したのである。

武田五一という建築家は、アール・ヌーボーやセセッションなど、西洋の新しいデザインを日本に紹介した建築家とされるが、一方でわが国の伝統的な建築様式にも造詣が深く、その建築作品には、和と洋を混在させたようなデザインも数多く見られる。さらに、橋梁や、こうした街灯のデザインまでもこなす幅広い技量を持つ建築家であった。いや、この鈴蘭灯のデザインを見ていると、当時の京都という都市が置かれていた状況が、彼の技量を幅広いものとしていったと考えたくなる。

写真2　鈴蘭灯が設置された神戸元通りのにぎわい

この鈴蘭灯のデザインは、はたして西洋デザインといえるものであろうか。日本の近代化において、西洋デザインは学びとり吸収しなければならないモデルであった。しかし、都市空間を構成するのは、近代化の時代をリードする構築物ばかりではない。旧来からある伝統的な建物や装飾、そしてそれによって構成される空間をどのように改変していくのか。あるいは、どう西洋的なものと調停していくのか。鈴蘭灯のデザインは、その一つの答えであったと理解できそうだ。それは純粋な西洋の装飾とは異なるが、日本の伝統的な様式は脱している。しかも、和洋を無理矢理折衷したものでもない。そうしたデザインの提示だったからこそ、日本における新たな街路の装飾要素として全国に爆発的に広まったのではないか。それは、日本における日常的なレベルでの近代都市デザインの普及であったはずである。

そして、そうしたデザインが京都から生まれたという点に注目したいのである。実際に本書で見るように、近世までの分厚い歴史をかかえた京都は、近代になって東京とも大阪とも異なる独自な展開を見せるのである。一方的な西洋化・近代化でもなく、歴史の継承・保全でもない。その両者を飲み込むかたちで、都市の近代を体現した。それは、表層としてのデザインだけでない。いやむしろ、その表層の下に宿された独自の組織や共同体のあり方にこそ、その展開の本質があるといえるだろう。この鈴蘭灯のデザインの下に隠されている、そうした京都の歴史を検証してみることにしよう。それは、日本の都市の近代化をまさに象徴するような歴史であるはずなのだ。

京都と近代

せめぎ合う都市空間の歴史

目次

はしがき――003

序章
近代化により共有される価値／名望家支配から都市経営へ／事業史の枠組みを超えて／折り合いをつける伝統と近代／本書の構成
011

第一章 街区一新の顛末
維新を迎えた時点での京都／街区一新／一間引下令の挫折／近代化の挫折とその理由
031

第二章 近代を象徴する場となる岡崎
鴨東開発計画／西洋意匠の導入／国風イメージの発信／歴史と近代化が出会う場／集う空間から公の空間の成立へ
051

第三章 技術を背景とする土木官吏の台頭
近代を受け入れる街／臨時土木委員会での議論／市長の構想と土木官吏の役割／伝統的土木技術の破綻／迎えられる学士の土木専門官吏／土木官吏の台頭が意味するもの
085

第四章　近代的空間再編の受容過程　125
道路拡築に対する住民／組織的反対運動／用地買収の実際／公同組合の役割／都市改造へ動員させるシステム

第五章　「歴史」のデザインをめぐって　151
風致をめぐる府と市の対立／市が架け替えた四条大橋と七条大橋／設計者をめぐって／府が架け替えた三条大橋と五条大橋／府技師の橋梁設計／デザインの根拠としての風致保存

第六章　空間再編にともなうデザインの模索　179
模範なき近代都市空間のデザイン／都市イベントとしての大礼／装飾される都市／近代都市空間の受容／装飾に託された近代化

第七章　制度の矛盾がつくり出した新市街　205
税負担が郊外住宅地をつくる／居住条件となる負担の不均衡／特異な京都の税負担／住民に対する重税／隣接町村の軽い負担／税を逃れて移住する人々／続けられた地主・家主の支配構造

第八章　景観論争に見る技術者万能主義批判　249
風景保護政策／東山開発計画／東山開発計画への反論／論争が示すもの／技術者万能主義への批判
第九章　土地区画整理に見る都市専門官僚制　277
京都だけで実現した土地区画整理／計画立案と最初の道路事業／二つの土地区画整理事業／都市計画土地区画整理の成立／施行の過程／計画・事業の背景にあったもの／トップダウンの事業計画
結　章　327
調停する近代から理想の近代へ／二つの「歴史」／新たな公共圏の創出／比較都市の視点から／地主・家主による一貫した地域構造／視覚的支配と景観意識
あとがき　353
参考文献　360
図版出典一覧　365
索引　370

序章

近代化により共有される価値

日本の都市は、どのように近代化を受け入れ、また実際に近代化を遂げていったのか。それが、本書の一貫したテーマである。そのために選んだ都市が京都であり、主な分析の対象としたのが空間の変容にかかわる出来事である。ではなぜ京都であり、なぜ空間なのか。そのことを最初に説明しておく必要があるだろう。

一般に近代化とは、政治的にいえば国民国家の成立であり、経済的には資本主義経済の確立と捉えることができるだろう。それにより都市は、細部にいたるまで都市行政による一元的な管理が目指されるようになり、一方で都市住民は近世までの共同体的な身分や規制からは解放されることになる。その管理と自由という相反するような事態が進むなかで、都市住民と都市行政の新しい関係のあり方が模索されることになるわけだが、そこにおいて、本書が注目したのが住民による価値の共同化である。それまでの閉鎖された共同体的社会から解放され、都市全体を見通す視野を獲得することにより、住民は新たに共同化できる利益を創出するようになったはずである。そして、そのことの分析こそが、都市行政と都市住民の新たな関係構築を明らかにすることにつながるのではないか。

そう考えたとき、京都はきわめて興味深い都市である。東京や大阪などに比べ、住民による自律的ともいえる価値を共有しようとする意識が現代にいたるまで、一貫して強く見いだせるからである。たとえば、近年注目されている京都の新たな景観政策にもそれは典型的にうかがうことができるだろう。風景とは、個々の主観的な価値が共同化されて生み出されるものと捉えられるが、京都ではその風景価値の共同化が近代を通じて都市全体に及ぶかたちで実現されてきたと考えられ、現在の徹底した景観政策は、その結果としてあると判断できるのである。

現在の景観政策は、二〇〇四年にわが国初の景観を扱う景観法が制定されたのを受けて、二〇〇七年から始まった京都市の「新景観政策」によるものである（図1）。この政策は、建築物の高さやデザイン、屋外広告などを、従来のわが国の条例では考えられないほど厳しく規制するものであり、広く注目を集めている。しかし、京都市ではそれまでも景観の保全に対して積極的に取り組んできた経緯がある。一九七二年に全国に先駆けて景観条例（京都市市街地景観条例）を制定したのも京都市だった。

もちろん、徹底した景観政策を実現させた背景には、観光都市として、その景観の保全が何より重要であったという事情を指摘できるわけだが、そうだとしても、景観に対するこれだけ大胆な規制を認めるには、住民に共有される強固な意識が存在しなければならないはずである。実際に、一九六四年に京都駅前に京都タワーが開業したときには、「応仁の乱以来の破壊」などとして強い反対運動が展開され、一九九〇年代には京都ホテル（現・京都ホテルオークラ）や京都駅ビルの高層化に対して強い反対運動が起こった。その後も中心部での高層マンション建設に対して、それが都市の「破壊」であるとする反対運動が続いたのである。

こうした歴史的景観に価値を見いだし守ろうとする意識は、近代を通じて長い時間をかけて形成されてきたもののはずだ。そのことは、本書で扱う出来事にも表れることとなる。京都においては、都市住民が、景観だけでなく近代化によって変容する都市のあらゆるあり方を、自らの課題として捉えようとする意識が共有されるようになっていったのである。それは、特有の意識と行動として表れ、そのために、住民と都市行政の間に特徴的な関係構築が見いだせることになる。このことが、日本の都市の近代化の過程を考える際に、京都が最も興味深く捉えられる点なのである。

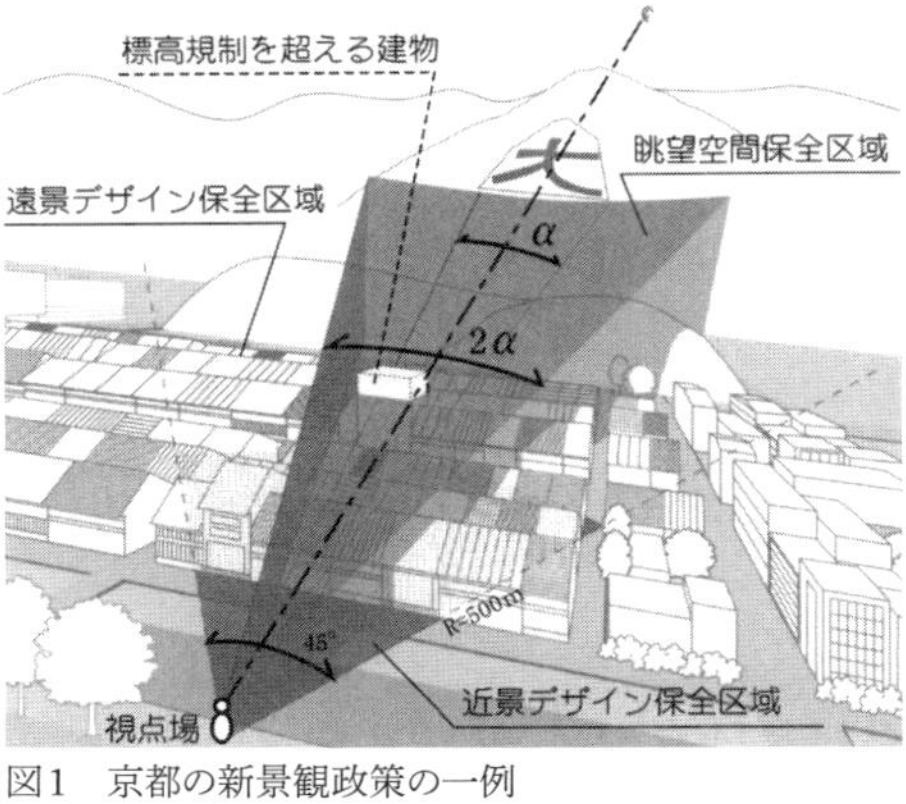

図1　京都の新景観政策の一例
厳しい高さ制限だけでなく「眺望景観」の規制も加えられている

名望家支配から都市経営へ

では、わが国近代において都市住民と都市行政の間に築かれた関係とはどのようなものであったのか。これについては、主に政治過程史の立場から、すでに多くの研究蓄積がある。それらは、日本の都市の近代化とは、国民国家の機構の一部として都市行政が都市を一元的に統治するようになる過程であると捉え、その過程を歴史的に解明しようとするものである。そこにおける議論では、これまでに次のようなことが明らかにされてきた。

まず確認しなければならないのは、そもそも日本近代における都市行政を担う地方行政官は、その制度を最初に制定した「市制」、「町村制」（明治二二年・一八八九年公布）において、無給の名誉職として規定されたことである。市長・助役だけは有給の専門職とされたが、そのほか、府会や市会、市参事会の議員などは基本的にすべて名誉職であった。そして、その名誉職には「名望アル者」（市制町村制理由書）が就くことが想定され、実際にその名望家による都市支配の体制がつくられていったのである。

これは、近世までの町方支配に見られた地域の有力者・名望家による利害調整・調停を行う制度を引き継いだという見方ができる。そして実際に、議会は近世までとあまり変わることがない地域ごとの名望家により構成されることとなった。しかし、近世とは決定的に違ったのは、議員が選挙によって選出された者であった点だ。選挙は有産者によるものであり、立候補制をとらない。そのために、事前に地域の有力者の談合によって議員候補者を選出する「予選」のシステムがつくられていく。原田敬一は、この選挙システムによりつくられていく体制を「予選体制」と名づけた（原田［一九九七］）。それは、単に予選という方法を捉えたのではなく、その方法が地域の有力者間の利害対立・政争を回避させ、そのことにより、地域秩序が安定的に維持されるという状況がつくり出されたことを示したのである。つまり、この時点では近世までの有力者による利害調整と秩序維持が、議会のなかでもそのまま引き継がれようとしたといえるのである。

しかし、こうした利害調整を主とする議会のあり方は、しだいに破綻することとなる。日露戦争後の資本主義の確立、大都市への人口集中などにより、都市行政は公共的事業を積極的に担う必要が生じるが、その際に、「予選体制」による議会は、あまりにも不能率であり、各種の混乱が露呈する。その結果、原田らが分析対象とする大阪では、予選体制を打倒しようとする市政改革運動が起こる。本書で扱う京都では、そうしたあからさまな運動は見られないが、それでも名望家による議会支配の状況は、さまざまなかたちでしだいにその変革が求められるようになっていく。

そして、その予選体制に代わり台頭するのが、「都市専門官僚制」である。これは、予選体制の議会から相対的に独立した専門官僚制（テクノクラシー）が確立され、それにより積極的に各種の事業が取り組まれ、都市支配の再編が進んだと説明されるものだ。つまり、それまでの名望家による利害調整の都市支配ではなく、都市を経営していくために求められるようになる専門職が実質的にリードしていく都市行政の体制がつくられようとしたのである。それは、大阪市において一九一〇年代以降に取り組まれた都市改造や社会政策に典型的なかたちで見いだせるものであり、都市専門官僚制という捉え方も、関一市長を中心として展開されたその一連の大阪市の事業に対して小路田泰直や芝村篤樹が提唱したものであるといえる（小路田［一九九〇］、芝村［一九八九］）。

おおまかにいえば、本書で扱う出来事も、ほとんどがこの「予選体制」から「専門官僚制」への移行期に生起したものである。しかし、本書ではこの移行期のありようを示すために、出来事の分析を行っているのではない。この名望家の支配から専門職の都市経営への移行というのは、あくまで都市行政内部の過程である。本書の視点は、その内部に閉ざされたものではなく、実際の都市に広がる空間や風景の変容にかかわる事象に広げようとするものである。

たしかに、空間も風景も、それが変容する契機は、都市支配のあり方の変容にこそあるといえるだろう。名望家支配が、専門官吏による合理的都市経営に変わろうとする際には、さまざまな矛盾、混乱、対立が生起する。しかしそれは行政内部だけにとどまるわけではない。それは、実際の都市空間に風景の変容となって、確実に視覚化されることになる。そして、そこに出現した風景の変容が、都市支配のあり方を逆に規定していくことにもなるはずだ。従来、見逃されてきたそうした行政と空間との関係性、相互規定性のなかにこそ、日本の都市の近代化過程を見ようとするのが、本書の課題であるといえるだろう。

さらに加えるのなら、空間や風景を改変していくことが、「予選体制」から「専門官僚制」への移行期における地方行政の最大の事業となっていたという事態も重要である。日露戦争前後の都市化の急激な進展を受けて、日本のいずれの大都市でも、その対応としての都市改造の必要にせまられる。帝都・東京でも、一八八八（明治二一）年にいち早く市区改正条例を制定し、都市改造事業を進めていたものの財政難もあり計画どおりは進まなかったが、一九〇三（明治三六）年に至り計画を大幅に縮小（新設計）させ、一九〇六年（明治三九）年に臨時市区改正局を設置するなどして、その後急速に事業を進展させていくことになる。

京都でも同様であった。一九五九（昭和三四）年にまとめられた『京都市会史』では、一八九八（明治三一）年から一九一一（明治四四）年の時期を代表する事業として三大事業を挙げている。三大事業とは明治末から始まった都市改造事業のことであり、これが京都市行政の最大の事業のひとつとなっていたのだ。そして、この都市改造事業の実施により、土木事業費が急増し、それが京都市の財政上もっとも重要なものとなっていった。それにより、住民の税負担も急激に重いものとなったのである。つまり、空間や景観の変容をもたらす都市空間の改造は、この時代の地方行政の主な政策課題となっており、だからこそそこに都市住民と都市行政の間に新しい関係が築かれる契機が存在していたと考えられるのである。

事業史の枠組みを超えて

もちろん、政治過程史とは別の視点から実際の都市空間の変容を扱った研究も、すでに多くの成果がある。近年、建築史研究では、建築が建設される場としての都市への注目が高まり、都市空間の歴史を扱う研究が増えていき、一九九〇年代になると都市史が新たな分野として成立するようになった。そして、その成果から、歴史学（文献史学）の都市史研究との共同研究も始まることになる。

ただしそうした共同研究については、吉田伸之と高橋康夫、伊藤毅らの都市史研究に代表されるように、前近代、とりわけ近世都市の研究において実現したものが中心となった（高橋・宮本・吉田・伊藤［一九九三］など）。近世都市の分析では、都市の全体性よりも、部分の町の集合として都市を捉える視点が求められる。したがって、空間と支配構造の関係もミクロ的な分析が中心となり、そこに建築史学と歴史学との共同研究の契機が見いだされたといえるだろう。

しかし近代都市の歴史は、都市全体を見通す理解が特に必要となる。先述のとおり、歴史学では、それは国民国家による一元的・体系的な支配がどのように実現していくかという政治過程史のなかに求められることになる。一方で、建築史学の分野でも、都市計画事業や郊外住宅地形成など、近代の都市が扱われるようになっていく。しかしそれらは、空間の形成・変容がどのように実現していくのかという、いわば開発の事業史としての理解が目標となった。こうした両者のそれぞれの研究視点には、大きな溝が存在したといえるだろう。

かつて一九九六年に、建築史学からアプローチする近代都市史研究を総括するレポート（学会展望）を書いたことがあるが（中川［一九九六］）、その際に指摘したのは、建築史学のその事業史としての研究アプローチが抱える限界についてであった。開発の事業史とは、その開発・建設行為そのものを肯定的に捉えてしまうことになる。そこでは、都市が近代化を遂げることを必然としたうえで分析が進められることになる。しかし、そこには何らかの抵抗や、あるいは犠牲があるはずだが、開発事業史としての歴史の記述においては、そうした史実がほとんど捨象されてしまうという限界があるのである。

たとえば、建築史学からの近代都市史のアプローチとして、明治政府による首都計画の全体像を一挙に解明してしまったともいえる藤森照信の労作『明治の東京計画』（藤森［一九八二］）に対して、東京の近代化過程における都市問題に着目してきた石塚裕道が批判した。藤森が取り上げる都市計画事業が「江戸を開く」、すなわち近代化を進めた事業として一方的に評価されている点に「見解のずれ」が表明された（石塚［一九九一］）。その事業による犠牲や歪みへの視点が欠落しているというのである。

ただし、政治史の御厨貴も同様の批判をするが、「著者の意気ごみにもかかわらず民衆史や近代化の〝歪み〟論を単に裏返した結果に終わっている」と指摘している（御厨［一九八四］）。つまり、扱う事業が近代化の〝光〟であるのか〝歪み〟であるのかという図式的な解釈におちいっているとしたのである。だとすれば、ここで求められるのは、開発事業による空間の形成・変容を、事業史の枠組みから開くことである。そのためには、歴史学における日本の近代都市史が常に問いつづけてきた、近代化に向けた都市行政の質的変容との参照関係、あるいは相互規定性であろう。しかし、その接点はどこに見いだせるのか。

原田敬一は、明治期以降の日本の都市について何を対象として分析すべきかという問いに対して、近世との連続性こそを検討すべきであると指摘している（原田［一九九七］）。たしかに、政治過程史においてテーマとなっている名望家支配から都市経営へという変容の分析は、まさに近世的な支配構造の連続性が、いつ、どのように切断されていくのかという論点に集約されることになる。

この連続と断絶という捉え方において、近年注目すべき成果を提示したのが松山恵による研究である（松山［二〇一四］）。松山は明治初期の東京における武家地の処分などを丹念に分析することで、江戸から東京への移行について、それが従来のように連続か断絶かといった二者択一の解釈では捉えられない、政策や産業、そして住民の生活などの変化を総合した変容であったことを明らかにした。空間の変容を軸にして、近世都市からの連続性について正面から挑んだ初めての研究であるといえよう。ただし、そこでカバーされているのは、主に近世の空間的構造が最も激しく変容した明治初期までの時代にとどまっている。

本書が主に課題としているのは、その後である。明治維新期においてあらゆる都市の仕組みが根底から変わる際に、都市の支配制度も空間もドラスティックな変容を余儀なくされた。しかし、まがりなりにも地方制度が始動し、資本主義が確立されるようになると、その明治初期の仕組みを基盤としながら、「次の」近代化の過程が進んでいくことになる。そこでは、都市支配の仕組みの変化や政策決定において、議会が最も大きな力を持つようになるため、上述したように、その行政と実際の空間との相互の関係性・規定性にこそ、近代化過程の本質が見いだされなくてはならないのである。

そうした認識において注目しなければならないのは、中嶋久人の研究である（中嶋［二〇一〇］）。彼は、東京の近代化の過程を分析する方法論として、近代化を進めようとする公権力と住民の生活世界の間に存在し、議論や合意形成がなされる各種の議会や政党、あるいはメディアなどを公共圏として定義してそこに着目した。それは空間を規定する制度と実際の空間のありようの関係を考える際にも、きわめて有効な概念となるだろう。

もちろん公共圏、あるいは公共性という概念は、経済史における近代都市史研究でも議論の中心となってきたものである。そこでは近代都市分析の方法として、都市の社会経済的な近代化過程において、公共性をともなう政策、制度、空間がしだいに拡大していくという共通した認識が示されてきた。とりわけ、高嶋修一により提示された「非公共」の概念は、多くの示唆にとむものである〔高嶋・名武［二〇一三］〕。

高嶋は、公共の外側にあり公的領域の不備を補うものを「非公共」と定義した。そしてそれを半封建的な共同性を持つものとして、近代化のなかで解消されていく、あるいは解消すべきものとして捉えるのではなく、それと公共圏との共存・相互補完関係を見いだそうとする。基本的には、本書の捉え方もこれと共通している。つまり、前近代から続く名望家支配などの支配構造が、近代的公共圏により一方的に解消されていくのではなく、それらが相互にどのような関係性を見いだし、その結果としてどのように都市が改変されていったのかを明らかにしようとしているのである。

折り合いをつける伝統と近代

さて、このように考えることにより、京都という都市を取り上げる意味が、あらためて確認されることになるだろう。先に述べたとおり、近代化過程における京都の都市住民の動向の特徴として、都市空間の変容を受けて、それにより新たに共同化できる利益が何であるのか、内発的な議論を起こしてきたことが挙げられる。それは、市会での議論だけでなく、その外側での運動、あるいは新聞における主張や論戦など、中嶋がいう公共圏のさまざまな場において展開されてきた。そのために、住民と都市行政の関係構築の経緯が、他都市、とりわけこれまで都市近代化の歴史研究が進んできた東京や大阪よりも明確なかたちで検証できると考えられるわけである。

ではなぜ京都ではそうした、都市行政と住民の間での議論や行動が積極的であったのだろうか。いうまでもなく、そこには近世までの町方社会の伝統が根強く残っていたことが指摘できる。それは江戸や大阪でも同様であるともいえるのだが、朝廷をはじめ公家・社寺などの勢力が集中し、政治の中心が江戸に移った後も、江戸幕府による保護と統制のもとで繁栄を続けてきた京都においては、町人たちの自治意識はとりわけ自律性の高いものであったと考えられる。それが明治維新後も継承されることになったのである。そして、本書で登場するその意識の高さは、主に近代化による空間の変容に抗おうとする行動として表れることになる。

しかし、もうひとつ、とりわけ東京との比較において指摘しておかなければならないことがある。

東京以外の地方都市において、地方制度が未整備のままであったという事実だ。こちらは、日本の都市における近代化過程の特徴に直接かかわることでもある。先述のとおり、日本の地方制度は、一八八九（明治二二）年に公布された「市制」、「町村制」から始まっているが、この法律は地方行政の仕組みを定めただけである。実際のさまざまな都市政策や都市経営に法的根拠を与えるものではない。

そこで、帝都としての東京では、さまざまな局面で各種の制度が国の制度としてつくられ、それに基づいた政策・事業が進められることが多かった。たとえば、典型的な例として都市改造事業としての市区改正がある。東京では、一八八八（明治二一）年に内務省により東京市区改正条例が公布され、都市改造事業がスタートすることになる。しかし、こうした法律を持ちえたのは東京だけであった。本書の第三章、四章で扱う明治末の京都の都市改造事業でも、この時点においてはその事業の根拠となる法律は存在していない。都市改造をめぐる市会の議論が常に紛糾したのも、このことが背景にあることは確実である。その後、大阪などもこの東京市区改正条例の準用を求め、一九一九（大正八）年にようやく都市計画法が制定されることになる。

あるいは、第七章で扱う家屋税についても同じようなことがいえる。国税の整備が優先されるために、地方には独立した税目が設けられないまま付加税主義が続けられた。しかし、東京では早くからこの矛盾に対応して、一八八一（明治一四）年に家屋を対象とする家屋税を創設するが、東京以外の都市で、この家屋税の徴税が認められ、実際に導入されるようになるのは明治末になってからのことであった。都市基盤整備の必要から地方財政が急激に膨脹する時期においても、東京以外の都市ではその矛盾をかかえたままであったのだ。

こうした東京以外の都市における事態は、逆に東京という都市の特殊性を浮き彫りにすることにもつながるだろう。しかしそれよりも重要なことは、行政による政策や事業の根拠を持たない東京以外の都市においては、近代化の過程とは常に長い議論を伴うものであったということである。本書で扱う京都での空間の変容にかかわる出来事のほとんどは、この議論を伴う、というよりも出来事の核心が議論そのものであるともいえるのである。

そしてその議論のなかで垣間見えてくるのは、国家的要請も担いながら近代化を進めようとする意思と、都市住民の共同利益を創出し確保しようとする意思とのせめぎ合いである。公共圏のなかでせめぎ合う二つの意思は、直接的な対立関係が生じてもそれがそのまま維持されるわけではない。法的根拠に代わり、利害の調整としての折り合いをつける議論となっていくことになる。そのいわば折り合いをつけていくありようにこそ、都市行政と都市住民の関係構築の実相が見いだされるはずなのである。

本書は、京都の近代化過程におけるそうした議論の場を検証しようとしたものである。ただし、その議論のようすを示すものとして具体的な空間や造形物に着目するという方法を用いていることが特徴である。それはたとえば、最初に示した京都における景観に対する意識の高さについて、それが近代にまで継承された住民の共同体的意識の高さを象徴すると考えるからだ。近代化をどう捉えるかという議論においては、都市住民だけでなく、都市行政の側においても常に具体的な空間構成や意匠が持ち出されることになる。それらは決して議論の結果としてだけあるのではなく、議論の対象のひとつ、あるいは契機としてもありえたのである。そうした視点から、空間や造形物に特に着目することになる。

本書の構成

それでは、京都のどのような出来事のなかに、そうした議論を見いだすこととなるのか。ここで本書の構成について紹介しておきたい。

まず、第一章において、明治維新後の京都の街の風景がどのようなものとなり、そこにどのような改変が求められようとしたのかを示すことになる。これは、松山が扱った明治初期の時代に重なるものであるが、武家地の処分などの土地をめぐる詳細な検証はできていない。ここでは、次章以降に展開する都市改造事業の基盤となる政治的・空間的状況がどのようなものであったのかを確認しようとしている。実際に、町ごとに閉鎖された特徴を持つ生活空間は、外に開く構造へと改変されることになる。しかし、そのうえでさらに大胆な都市改造まで構想されたものの、そのための手段を都市行政が持ちえなかったことを示している。

次に第二章では、近代になり新しく生み出された岡崎という場所を検証する。明治前半期に平安神宮が創建され、琵琶湖疏水が流れ、博覧会が開催されたこの場所は、京都の近代化を象徴する場となっていくのだが、それは近代化の議論に呼応した空間としての公共圏の誕生でもあった。そして、そこに表れた造形物の意匠はきわめて多様なものであったが、それこそが京都の近代化の議論における揺れ幅の大きさを示しているといえるものであった。

続いて第三章では、明治末の都市改造をめぐる都市行政の対応を扱っている。ここでは、都市行政、とりわけ市長による近代的都市改造の企図がいかに示されたか、そしてそれが近代化に抗う名望家議員や住民の議論のなかで後退していくようすを検証するが、一方で重要となるのが、都市改造事業で不可欠となる土木技術者の存在である。それが官吏として行政のなかに定着し台頭していく過程には、都市専門官僚制の胚胎する姿を見ることができる。

第四章では、明治末の都市改造が実施される段階における、反対運動や用地買収の過程など、住民と行政が現実的に相対する場での議論を検証する。そこにおいて注目されたのが、都市住民の自治的組織である。近世から続く「町」はその実質的機能を奪われることになるが、一方でそれを補完する町ごとの組織がつくられていく。それは、公共の議論の場における行政と住民の中間的なあり方を、自治組織として都市のなかに仕掛けたようなものであった。

続く第五章では、同じ都市改造のなかで実現した橋梁のデザインに着目し、それを公共を問う議論を象徴するものとして検証している。鴨川に架かる主たる橋梁は、この都市改造を契機にほとんどが架け替えられるが、京都市と京都府が架け替えたそのデザインは、それぞれ極端といえるほどに異なる方向性をもつものが示された。それは、近代化をどう捉えるのか、その議論の揺れ幅を示すものとして注目すべきものであった。

第六章では、都市改造により新しく生み出された、市電の通る大通りという空間を住民が受容していく過程を追った。当初はその意味を見いだせなかった住民も、大正大礼という巨大イベントを通じて、その使い方を学び、その意味を理解していくことになる。一方で、都市行政の側は、その学習・理解を想定してあえて西洋を都市装飾として仕掛けることになる。そこにおいて、京都の都市空間全体が公共圏の場として成立する姿を見ることができたのである。

一方、第七章においては、地方制度の矛盾が新たな空間を生み出していった状況を示した。転居が激しい近代都市住民のために創設された家屋を対象とする家屋税は、京都市においては長らく導入されず、住民個々から直接徴税する戸別税が続けられた。都市改造などの事業により都市財政が膨脹するなかで、その重税は深刻となり、それを逃れるための住宅地が市外に広がることになった。これは地方税制度の未整備がもたらしたものではあるが、一方で、京都において地主・家主の支配勢力が維持されつづけたという実態も明らかになった。

そして続く二章では、そうした支配勢力による名望家支配の構造が、都市専門官僚制に移行していく過程にかかわる出来事を扱うことになる。

まず、第八章では東山の開発計画に関して、行政の側の土木官吏と、法学者の論争を紹介し、そこに見られる近代化のなかでの景観の価値に関する議論を検証した。開発論を主張する土木官吏は、すでに行政内で絶大な権力を握っていて、都市経営の観点から開発の正当性を主張することになるが、反対を主張する側は後に市長となり「技術者万能主義」を批判する。そこには、台頭する行政の技術を背景とした一方的な政策に対して、住民の意思の集約を対峙させようとする姿があった。

第九章では、その技術者万能主義・都市専門官僚制の完成した姿としてあった街路新築と土地区画整理事業を扱った。それは、新たな環状道路の建設とその道路沿線での土地区画整理を同時に行うという都市計画史上画期的な事業であったが、その計画立案の過程においては、議会も含めて、それまでのような公共圏としての行政と住民の議論の場が成立することはなかったのである。ここにおいて都市の近代化とは、都市行政と都市住民の関係構築のなかで見いだされるものではなく、技術や歴史を根拠とする正当性を問うものへと変質していくことになった。そして、そのあり方は、現在にも引き継がれるものとなっているのである。

以上の内容は、ほぼ時系列に沿って並べられた出来事ではあるが、いうまでもなく、それは京都という都市の近代化過程のすべてを網羅しているわけではない。しかし、述べてきたような視点から京都の近代化を見ようとした際に、特にその特徴がきわだった出来事を抽出したものであることは了解していただけるだろう。

なお、いうまでもなく、この研究はこれまでの近代京都にかかわる多様な歴史研究の蓄積に負うところが大きい。ここであらためて紹介することはしないが、本文で必要に応じて示している。また、史実の実証にはさまざまな公的史料を使っているが、住民の動向を知るために新聞報道も積極的に利用している。この点も本書の特徴といえるかもしれない。なお、最も頻繁に引用する『京都日出新聞』については『日出』と略して示すこととする。

さらに用語の使い分けについてひとつだけ補足として説明しておきたい。「町」と「街」についてである。一般的には「町」は人家が集まる地域で、「街」は人通りが多い通りを中心とした地区ということになるだろうが、本書ではそれをさらに進め、「まち」の内実をよりわかりやすく示すために、「町」は人家が集まるだけでなく、その住民により一定の共同体が形成されているもの、「街」は通りだけでなく、人家（町家）や建築なども含め物理的に構成されているもの、という使い分けをしている。ただし、「町並み」はその使い分けでいうなら「街並み」とすべきだが、これだけは一般的な漢字の使い方にしたがい「町並み」のまま表記した。

第一章　街区一新の顛末

維新を迎えた時点での京都

明治維新を迎えたとき、人々が見る京都の風景とはどのようなものであったのか。まずはそこから検討しよう。

たしかに、東京遷都によって公家や諸侯、あるいは幕末に暗躍した志士などはもちろん、有力商人たちも東京へ移ってしまう。京都は、都市としての存亡の危機に立たされることになった。しかしそれだけではない。幕末の蛤御門の変（元治元年・一八六四年）による大火のため、京都の中心部はほとんど焼失してしまっていた。「どんどん焼け」あるいは「鉄砲焼け」と称された大火は、三日間かけて京都の街を焼きつくし、公家や武家の屋敷だけでなく、町人の町家もほとんど焼失してしまったのである。つまり、遷都により支配層を失っただけでなく、その直前には物理的な都市基盤さえも失った状態、それが京都の明治維新であったのだ。

では、その失われた都市基盤とはどのようなものであったのか。

幕末の京都は、計画的につくられた平安京の整然とした空間構成とはまったく異なるものになっていた。武家と公家の屋敷、寺社の境内地、そして町人の町家がモザイクのようにはめ込まれた都市空間に変質していた。そのなかでも、とりわけ幕末に面積を拡大していったのが武家屋敷であった。大名の数が増えたわけではないが、それぞれの京屋敷の規模が拡大されていったのである。いうまでもなく、その背景には、京都が幕末政争の舞台になったことがある。大名や旗本、浪人や志士たちが、それぞれの思惑を秘めて京都に集結した。彼らは、当初は有力な寺院を本陣として京都での活動の拠点としたが、その後しだいに大名屋敷の増築や拡大が増えていく。そのために、町人が住んでいた町家を追われたり、街路の一部が屋敷に取り込まれ消えてしまったりすることも起こった。

そうして拡張した大名屋敷の多くが焼失した。あるいは、大火から免れた屋敷もあったが、それも主のいない空き家となった。もちろん、中心部の屋敷の間を埋めつくしていた町人たちの町家も、その大半が焼失した。京都の街は、文字通り灰燼に帰したのである。それが維新を迎えた時点での京都の街の姿であった。

その悲惨な状況から都市の基盤やその景観を復興させる中心となったのは町人たちである。東京遷都により経済的な基盤を失いながらも、彼らは自らの街を自らの手で立て直すしかなかった。では、彼らはどのような街に復興させようとしたのだろうか。

そもそも、京都の町人たちは、応仁の乱以降に地域共同体としての「町《まち》」の組織を構築してきた。それは、地域共同体を維持する組織であったが、同時に支配権力、あるいはそれによる戦乱から自らを防御するためのものでもあった。したがって、おのずから排他的な性格を持つものであり、そのようすは近世に町ごとにつくられた規則である「町式目」などからはっきりとうかがうことができる。

この町式目で特徴的なのは、共同体の構成員である土地・建物の所有者が変更されることに対して強く介入し、共同体を守ろうとしていた点である。つまり、土地・建物の売買は町の代表者の承認を必要とする場合がほとんどだったのである。岩本葉子は、京都の町式目におけるこうした介入が、維新後の登記法の制定などを経ても実施されていた実態を明らかにした（岩本［二〇一四］）。これは注目すべき点である。つまり、近代法が整備されていくなかでも、町は自らの共同体組織の維持を相変わらず目指したのである。実は、この後の章で述べていく京都の都市空間における近代的再編において、この共同体としての性格が強い町（以後、これを「町＝共同体」と表記することとする）の近世から近代への連続性こそが、きわめて大きな影響力を持つことになる。

いや連続性というよりも、むしろ幕末以降、町の防御や排他性はより強くなったといえるのかもしれない。岩本が見立てるように、この町人たちの地域共同体の組織は、幕末における京都の政争の混乱に対処してより強固に結束したものとなったことがうかがえるのである。

大火により、自らの町家の大半を失った町人たちは、その復興においても旧来からの共同体的性格である閉鎖性・排他性を維持しつつ、町家の再建を行っていった。多くの町人たちは、灰燼に帰した京都の街を見捨てることなく、そのまま、旧来の町のルールにしたがって町家を再建し、街を復活させようとしたのである。もちろん、被災し主を失った多くの武家屋敷の敷地が町場化していくこともあったはずだ。そのことの検証はまだ十分にできていないが、少なくとも今でも京都の街の中核となっている、上京・下京を中心とした町人地では、旧来からの街の姿がほとんどそのまま復元されたと考えられるのである。

そのようすは、今残されている町家の姿からも十分にうかがうことができる。写真3は、京都市指定有形文化財となっている杉本家住宅である。そもそも町家とは、街路に面して建てられた商職人の職住一体の家である。祇園祭の山鉾町の一つに所在するこの町家も、もともと一七四三（寛保三）年に創業した呉服商「奈良屋」で、幕末の大火により焼失したものを、一八七〇（明治三）年に再建したものだ。京都市内でも最大級の規模を誇る町家だが、それが大火からわずか六年で再建されたことになる。そして町家の形式・意匠において、それまでのものがそのま

写真3　杉本家住宅

ま踏襲されているのである。

また、これも京町家を代表する遺構として知られる写真4の秦家住宅も同じである。やはり祇園祭の山鉾町の一つに位置するこの建物も、薬を製造・販売する薬種商として創業した家で、一八六四年の大火で焼失するが、こちらは、五年後の一八六九（明治二）年に再建され、同様に内部の形式も含めて見事に旧規を守った町家がよみがえったのである。

一九九八（平成一〇）年に京都市が実施した悉皆調査により、京都市内中心部（上京・中京・下京・東山区）には、町家と判断される木造家屋が三万軒近く残されていることがわかった。これは、歴史都市・京都にとっての重要な歴史遺産であるが、実はその大半は、明治維新後に建設された町家なのである（江戸期まで遡るものは全体の三パーセント程度しかなかった）。杉本家や秦家と同様に、明治維新後に再建されたものだけではない。その後、大正期や昭和戦前期に新たに建設された、あるいは建て替えられたものも多い。しかしそれらも、中二階が本格的な二階の構成になるなどの変化は遂げているものの、基本となる形式や意匠は変わらず旧規を守った町家として建てられつづけたのである。

写真4　秦家住宅

そこには、共同体としての町の存在がある。街路に面して間口が狭く奥行きが深い敷地に、通り庭と呼ばれる吹き抜けの土間を通し、それに沿って居室を並べる。街路に面しては、出格子、虫籠窓など特有のデザイン要素が構成される。そうした京町家の形式・意匠は、慶長年間（一五九六〜一六一五年）ごろから定式化したとされる。それが、町＝共同体のなかで、連綿と守り続けられることになったのである。それは、明治維新という権力構造の大転換を迎えても、大火により街が灰燼に帰したとしても、続いたのである。京都の街の姿を復興させた町人たちに見られた共同体のこの連続性こそ、京都の街の姿に独自の特徴をもたらす最大の要因となっていくのである。

街区一新

とはいえ、維新により生み出された新しい支配権力はたしかに成立したし、それが主導する街の整備も確実に行われた。それは実際の復興を担ったというよりも、新しい街へ生まれ変わる道筋を示したというべきものであった。

江戸時代の京都の街は、幕府の直轄都市として京都町奉行によって行政が行われていた。それが、王政復古の後に廃止されると、一八六七（慶応三）年にはすかさず市中取締所が開設され、翌年にはそれが京都裁判所（現在の「裁判」ではなく民政を管理統括するという意味での裁判所）となり、それがすぐに京都府と改称され、行政上のさまざまな職制が整備されることとなった。京都府の誕生である。

その後、徐々に、しかし着実に行政機構を整えていくことになるが、そのスピードは他の府県にさきがけたものであった。

といっても、当然ながらその行政は中央政府機関と表裏一体のものであった。いわば新政府の下請機関ともいえる存在であったわけだが、その京都府が、京都の街でどのような行政を行ったのか。それは町奉行から続く治安維持はもちろんだが、それに加え、近代的な都市空間の創出を目指す各種の誘導も含まれていた。それは、町人たちが必死に復興を進めた町家が続く旧来どおりの形式の町並みに、確実に新しい変化をもたらすものであった。そのようすは、たとえば一八七二（明治五）年五月に発行された新聞（『京都新聞』二七号、西京新聞社）の「街衢一新」とタイトルがついた報道にうかがうことができる。

玉磨カザレバ光ナク人学バサレハ才知ヲ長ゼズ。業ハ勉ルニ精ク怠ルニ荒ムトカヤ方今文明日進ノ時ニ當リ人人ヲ開化ノ域ニ進マシメント、一ノ中学、四ノ歐学、六拾四ヶ所ノ小学校及ヒ女紅ノ学校ヲ開キ、外国男女数教師ヲ御雇ヒニナリ、長幼ノ男女ヲ教育セシメ玉ヒ。又懶惰ノ舊弊ヲ去テ職業ヲ勉励シ兼テ防火ノ用ニモ供センタメ小学校ニ更皷《トキタイコ》ヲ設ケ、時刻ニ応ジテ各其業ヲ従事スベキノ御布令アリ。其皷楼中ノ高壮美麗ナル二条寺町ト、車屋町ノ押小路トノ二ツナリ。参事槇村殿ノ染筆ヲ以テ銅駝観迎祥観ノ二額ヲ掲ケ金碧朝日ニ煌々タリ。又戸籍法厳ニシテ境ニ徘徊ノ浮浪ナク巷ニ流儀ノ乞食ナク鼠窃《ヌスビト》狗盗ノヿヲ聞カス、小石ヲ除キテ道砥ノ如ク諸溝ヲ蓋フテ臭汚ヲ遠サケ尿所ヲ設テ濫溺ヲ禁シ町々ノ木戸、地蔵堂、並番小屋、塵捨場等皆取払ヒ、縦横ノ街衢斉整心目ヲ爽ニシ、闇ヲ照ス萬燈ハ独リ京都ノ月夜カト疑ハル。之ヲ両三年前ニ比スレハ、実ニ別天地ノ心地セリ。嗚呼此ノ如キ御代ニ逢ヒ有難キ府下ニ住ム者天下ノ幸福ト謂ツヘシ。益勉励尽力シテ報恩ノ道ヲ思フヘシ。（句読点筆者・旧字体はなるべく新字体に置き換えてある）

要約すると、（京都府は）人々を開化させるべく、各種の学校をつくり、外国人教師も雇い教育に取り組んでいる。また防火のためもあって小学校に太鼓楼を設置し、時刻に応じた就労をすることが布令で示された。さらに厳密な戸籍法を施行し、浮浪者、乞食、盗人がいなくなった。そして、道路の小石を除いて、溝に蓋をして汚臭を防ぎ、便所を設けてみだらな用足しを禁止し、町ごとにあった木戸、地蔵堂、番小屋、ゴミ捨て場をすべて取り払った。そのおかげで、街区は整いさわやかになった。このようすは、三年前に比べるとまるで別天地である。こうした京都府下に住む者は幸福であり、その恩に報いるようにがんばらなくてはならない、としているのである。

この記事が書かれた一八七二（明治五）年には、先に紹介した杉本家も秦家もすでに再建されている。おそらく町＝共同体を中心として京都の街は、かつてと同じ姿でよみがえろうとしていたはずである。しかし、それでも街の姿は、「一新」されていたというのだ。そう感じさせる最大の要因は、この記事の後半に出てくる木戸、地蔵堂、番小屋、ゴミ捨て場の撤去であったと思われる。

これらの施設は、いわば町を共同体たらしめるものであった。近世までの町＝共同体には、各町ごとの共同利用の施設としてそれらが設置されていたのである。そのなかでも注目しなければならないのが、それぞれの町の境に、夜間の通行規制や通行人の監視のために設けられた木戸（門）である。これは江戸にも大坂にも見られたが、碁盤の目の京都の街においても、それは交差点から東西南北それぞれに築かれてきた。ひとつの通り沿いに対面する町家が両側町を形成していたので、交差点はどの町にも属さない空間（立会場所）で、そこから東西南北それぞれの町の出入り口に木戸が設けられたのである。番小屋というのは、まさにその木戸の木戸番の小屋であった。

この木戸は、「どんどん焼け」の大火で失われたものも多かったが、その後の動乱と復興のなかで防備のために復旧させるケースが多かった。実際に、大火の四年後である一八六八（慶応四）年には、後の京都府となる先述の市中取締所とは別に政府により設けられた京都行政の機関であった京都参与役所が、治安維持の目的で木戸の復旧を命じている（苅谷［一九九三］）。しかし、一八七二（明治五）年に至り、木戸を取り除き溝に蓋を設けて道路を整備するという布告が出されたのである。丸山俊明の研究によれば、江戸時代には木戸は町奉行所により設置を義務づけられたものであったとされる（丸山［二〇〇七］）。それが一転して撤去が命じられた。その理由は、まさに街を「一新」するためであったわけだ。つまり、旧来のままに町家の町並みが再建されようとするなかで、町＝共同体ごとに閉鎖された施設を一掃しようとしたのである。そこには、近世までの閉鎖された町の組織を、空間的に開放するという企図が存在した。

実際に、木戸を除くことで街の姿は大きく変わったことが予想できる。江戸時代後期の風俗や事物を解説した喜田川守貞の『守貞謾稿』には、江戸の街路には木戸以外にも仮設店舗（床店）などさまざまな施設が並んでいるが「京阪路上に出るもの木戸のみ」としている。つまり、京都や大坂の街路では木戸こそが目立つものであったとしているのである。それが撤去されることになれば、街路はまさに「縦横ノ街衢斉整心目ヲ爽ニシ」という眺めになったと考えられるのである。

『京都新聞』では、先ほどの記事の二ヵ月後の一八七二（明治五）年七月には、次のような記事を載せている（第三三号）。

当地市街ノ一新ハ第二十七号ニ有ル如ク（前掲の記事）。善美ノ事相踵テ起リ文明ノ化、日ヲ追テ盛ナルニ、独リ怪ムヘキハ市中往来ノ人。路ヲ譲ルノ心ナク冬ハ暖ヲ貪リテ日表ヲ歩ミ、夏ハ涼ヲ欲シテ日裏ヲ行ク等ノ争ヒアリテ、傍ヨリ見苦シキノミナラス、大ニ禮譲ヲ失フノ陋習ニシテ耻ツヘキ〓ナリ。今般馬車通行ノ御達シニモ之有ル通リ、何卒向後ハ以陋習ヲ去リ、行路人々相逢フ節ハ必ス銘々左ヘ左ヘト寄ル〓ニ致シタキモノナリ。（句読点筆者）

つまり、木戸がなくなり街路に障害物がなくなったことで、人々は街路を自由に歩き回ることができるようになった。そのために、初めて、道を譲るさらには左側通行を守るという交通マナーが必要になったということなのだろう。伝統的な町家の家並みがそのまま復元されたとしても、この状況は、まさに街の様相が一変したといえるものであったはずである。

一間引下令の挫折

一八七二（明治五）年には、実は街路を対象にした、もう一つの重要な布達が出されている。こちらのほうが、市街の近代化に向けてより積極的な施策であったと考えられるのだが、結局それは一〇年後に廃止されてしまう。その過程には、京都の街を近代化させることの限界が示されていたといってよい。

具体的には、以下のような布達であった。

町幅溝筋等唯今之如ク狭隘浅汚ニテハ都之体裁ニ無之候ニ付追々修理申付ル儀モ可有之候条向後家作致ス者ハ町並一間ヲ引退キ可建構事
右之趣市中エ無洩相達スルモノ也
（布達・第八三号・明治五年四月九日）

つまり、現状の街路は狭隘で体裁が悪いので、今後家をつくる者は、町並みから一間後退して建てなさい、としたのである。

この一間引下令の布達をめぐっては、都市計画史の石田頼房が詳細な検討を行っている（石田［一九八七］）。同じ時期に、東京、京都、大阪でともに同様の制限令が出されていたが、これを石田は、近代都市計画法の建築線、つまり建築物の街路への突出を認めない線を設定する制度の最初期の例として捉えた。ただし東京と大阪のものは、庇地制限、つまり街路に庇を突出することや、往来の妨害になるようなものを設置することを禁じるものであった。ところが、京都では新たに家を建てる際には、一間の幅を街路から引き下げて建てなさいというもので、この布達だけ見れば、それは明確に街路拡張を目指したものであると判断できる。

石田は、この布達のその後の議論をたどることで、それが当初は東京や大阪とほぼ同様の庇地制限としての目的が主たるものであったことを明らかにしている。また、先述した『守貞謾稿』の記述にあったように、京都の街路では仮設店舗（床店）などの施設が、江戸のようには目立たなかったこともあり、街路そのものの整備ではなく、まさに建築線の取り締まりこそが必要になったという事情も想像できる。つまり、さまざまな施設で街路が狭隘になっているわけではないものの、庇が街路に突出している状態を改善するために、家屋全体を街路から引き下げさせる。そうしたねらいの布達であったのではないかということである。

ところが、この布達をめぐっては、その後きわめて注目すべき議論が起こってくる。布達の一〇年後の一八八二（明治一五）年の京都府会において、この一間引下令は、引き下げた土地の私有権の剥奪であり、府が土地を必要とするならば、その土地を買い上げるべきであるという指摘がなされる。一間引下令の矛盾の本質をつくものだ。それに対して府は、枢要の一一の街路については、引き下げる土地を買収し、実際の道路拡幅を実現する可能性もあることを示しているのである。石田も指摘するように、これはまさに京都における最初の近代的道路計画であったといえるだろう。もちろん、東京でも大阪でもここまで踏み込んだ道路計画は提示されていなかった。

しかし、一間引き下げという手段だけで、そのような道路計画を実現することは不可能である。結局のところ、府会において道路の拡幅については今後も議論することとして、一間引下令は一八八二（明治一五）年に廃止されることになる。府会における府の答弁では、この一間引下令によって、実際に街路から引き下げて家屋を建設した例はある程度存在したことが示されている。したがって、まったく効果がなかったわけではないようだが、実際にはこの一間引下令は、当初の庇地制限以上の実効はともなわないまま終わったと考えてよいだろう。

石田は、日本における近代都市計画法の成立に至る経緯のなかで、この制度が立ちゆかなかった理由を、近代法として考えた場合のさまざまな制度的な不備・矛盾に求め、「道路空間の必要性と正当性が」明らかにされていなかったと指摘した。それはそのとおりなのだが、本書の視点からすれば、この一間引下令の布達から廃止までの過程を、街路空間を近代化しようとする支配権力の意思と、それに抵抗する意思の対立として捉える必要があるだろう。

近代化の挫折とその理由

先述の木戸の廃止も含め、この一連の京都府による街路整備には、京都の街を近代的空間に変えようとする強い意志が表れているといえるだろう。これは、一連の「京都策」のなかに位置づけられるものであった。

この時期の京都の復興・再開発を目指す政策は「京都策」と呼ばれ、明治政府が進めようとした勧業を中心にした近代化策を京都復興策として実施しようとしたもので、実際に他の地方にさきがけてさまざまな分野での事業を実現させている。とりわけ教育施策は積極的であり、先に紹介した『京都新聞』二七号にも指摘されていたように、小学校・中学校・女学校・外国語学校などを全国に先駆けて開設させている。そして、同様に実施されたのが市街地の整備としての街区一新であり、一間引下令であったわけである。それらを推進したのが、京都府の大参事を経て、一八七五（明治八）年に知事となる槇村正直であった。

京都府の初代知事は、公卿出身の長谷信篤であったが、このときから府の事実上の実権を担ったのが長州藩出身の槇村正直であった。京都市編『京都の歴史』（第八巻・一九七〇年）では、廃藩置県で京都府が成立し、槇村が一八八一（明治一四）年に京都府知事を更迭され元老院議官に転じるまでの九年間を称して「槇村時代」とさえ呼んでいる。それほど、一連の積極的な「京都策」には、槇村の意思が強く反映されていたのである。

しかし、槇村ほど毀誉褒貶、浮沈の激しい政治家も少ない。政府や府会との衝突を繰り返すことになるのだが、それは、自らの「京都策」にかける思いが強すぎたためと一般的には解釈される。その思いとは、実学に根ざした徹底した近代化思想にあったといってよい。それは、木戸の撤去や一間引下令にもよく表れているのだが、それらと同じく一八七二（明治五）年に出された以下の「盂蘭盆会の禁止」には、さらに端的にその思想が表れていたといえるだろう。

従来民間ノ盂蘭盆会ヲ修スルソノ事多ク無稽ニ属シ且ツ弊害スル所アルヲ以テ管内ニ布令シソノ炳習ヲ禁停ス
従来の流弊七月一五日前後を以て盂蘭盆会と称し精霊迎霊祭杯迚未だ熟せさる菓穀を采て佛に供し腐敗し易き飲茶を作て人に施し或は送火と号して無用の火を流し（中略）畢竟竟悉く無稽の謬説附会の妄誕にして徒に光陰を費し無益に天物を暴殄し且追々文明に進歩する児童の感をも生し候事に付自今一切令停止候事
壬甲七月　京都府　（明治五年・府史政治部民俗類）

五山の送り火も含め、お盆にかかわる行事の一切を禁止するというのである。それらは、根拠がなくまったく無駄なことであると一蹴している。この禁止令は、槇村が去った後の一八八三（明治一六）年まで続けられた。

こうした旧習を頭ごなしに否定して、近代化を進めようとする姿勢に見られる専制的な強引さに対して、当然ながら町＝共同体の成員である町人たちが相当に反発したであろうことは想像できる。実際に、京都府会が一八八〇（明治一三）年に設置されると、議会から槇村知事の独断的な手法が問題視された。それまで近代化政策をともに導いてきた山本覚馬も、府会議長に就任すると、槇村の府政に対する批判を強めることになり、ついには一八八一（明治一四）年、槇村は政府により更迭されることとなる。

しかし、注意しなければならないのは、一間引下令の廃止をめぐっての議論などでは、必ずしも槇村の専制に対する町＝共同体による反発だけがあったわけではないことである。先に示した、一間引下令は引き下げた土地の私有権の剥奪であり、府が土地を必要とするならば、その土地を買い上げるべきであるという建議は、槇村が京都府を去った翌年のものであったが、それは府会議員の濱岡光哲から出されたものであった。濱岡は、数少ない公家出身の実業家で、商家出身の中村栄助とともに京都商工会議所の設立を担うなど、当時の京都を代表する実業家であった。彼らは府の顧問として槇村の「京都策」を導いた山本覚馬によって政治・経済に目覚めたとされる（小林［一九九八］）。つまり、濱岡は序章で述べたような名望家でありながらも、単純に町＝共同体の利益代表として振る舞うのではなく、近代化政策にも理解を示す実業家であったといってよい。その彼が、一間引下令の矛盾をついたのである。

つまり、一間引下令の廃止にいたる対立は、近代化をめぐる推進とそれに対する抵抗という図式では捉えられないのである。そうではなく、一間引下令に込められた市街の近代化を目指そうとする強い企図が、議会や制度が近代的なものに整備されていくなかで挫折していったと捉えるべきなのだろう。府会という近代議会制度がしだいに成立していくなかでは、槇村の専制的振る舞いは機能できなくなっていったのである。

明治初期、中央政府もしだいに近代国家としての法治体制をつくりあげていく。そのなかで、槇村が当初持ちえた裁量権の幅もしだいに狭まっていく。そのため槇村の近代化への企図は、近代制度の枠組みのなかに矛盾をさらけ出すことになった。それは、府会での議論だけでなく、中央政府との確執にまでいたることになり、槇村が府知事を続けることは困難になっていったのである。

槇村が当初掲げた京都復興策は、勧業、空地の開墾、水運・新街路の建設、近代教育の普及など多岐にわたっていた。これは、京都の復興を近代化策として捉えたものとしては、きわめて妥当なものであった。しかし、そのなかで槇村時代にある程度まで実現できたのは、空地開墾や教育などにとどまることになった。それら以外は、そもそも必要とされる費用も技術も足りなかったのである。それは短い槇村時代では時間が足りなかったともいえるのだが、その費用・技術を獲得するための制度的・計画的な基盤をつくる裏づけや戦略が決定的に欠けていたことも事実である。

とりわけ、水運・新街路の建設など、具体的な都市空間の変容を伴う事業は、近代的な制度と土木技術を前提にした緻密な計画を必要とする。都市の復興のために近代化を遂げようとする思いだけでは実現できないことは確かであった。そのために、槇村時代には、木戸が撤去され開かれた街の姿が現れながらも、町家により構成される都市の基盤的構造に大きな変化をもたらす気配はほとんど見られなかったのである。

写真5は、一九一一（明治四四）年の千本通今出川、写真6は、一九一〇（明治四三）年の烏丸通綾

写真5　1911(明治44)年の千本通今出川

写真6　1910(明治43)年の烏丸通綾小路

小路（拡築される以前の烏丸通）の写真である。こうした町並みの写真は、明治末のこのころからのものしか残されていない。それは槇村時代からは三〇年ほど後の姿になるが、それでも、町並みにほとんど変化がない。もちろん、電柱が並ぶのは大きな変化として指摘できる。明治の早い時期から、ガス灯やその後の石油灯が整備され、さらに、一八九七（明治三〇）年ごろからは電灯が広く設置されるようにもなる（苅谷［一九九三］）。その結果として夜間も明るい街路が実現したはずだ。しかし、中二階の町家が建ち並ぶその町並みの基本的な眺めは、近世からほとんど変わらないままだったのである。

京都は、幕末の大火と東京遷都により、それまでの賑わう都市の姿を失いかけたが、そこからめざましい復興を遂げていく。しかし、そこに現れた空間は、近代という時代の質を獲得しながらも、実際の姿は近世のままであるといえるものだった。近世までの武家・公家・寺社の空間に、町人地がはめ込まれるモザイクのように互いに閉鎖された都市空間の構造は、たしかに政府、京都府といった一元的な権力の支配が実現していくことで、外に開かれた構造に変わろうとしていた（したがって次章以降の説明のなかでは、町人を、町の閉鎖から開放されたという意味で、住民と記述することとする）。

しかし、少なくとも彼らが暮らす街の姿は、旧来までの町人地、すなわち伝統的な町家が連なる姿のままであった。そこに近代という時代にふさわしい変化がもたらされるのは、物理的に都市を改造するための技術と制度、そしてビジョンが必要とされたのである。

第二章　近代を象徴する場となる岡崎

鴨東開発計画

槇村が京都を去った後、一八八一（明治一四）年に府知事として迎えられたのは、北海道、熊本、高知で地方官僚として実績をあげていた北垣国道である。京都府会で、先の一間引下令について、引き下げた土地は府が買い上げるべきという指摘がなされたのは、この北垣が府知事に着任した翌年のことである。したがって、その際に府から出された「枢要の一一の街路」の計画については、槇村の発案ではなく北垣が関与した案であった可能性もある。

実際に北垣は、以下に紹介するように、同様の道路計画を提示するのである。といっても、場所が大きく異なる。それは、京都市内の枢要の場所ではなく、琵琶湖疏水の開削工事が進められていた鴨東、すなわち鴨川の東側に位置する岡崎の周辺であった。

　琵琶湖疏水とは、琵琶湖のある滋賀県から京都府へ疏水を通して水を流すという、明治期のわが国で最大規模の土木事業のうちの一つである（図2）。琵琶湖から水を京都に引いてくるという計画自体は、幕末期からあったが、それを近代土木技術を使うことで成し遂げたのである。一八八五（明治一八）年に着工して一八九〇（明治二三）年に完成する。目的は、水力を活用した機械動力、水上運輸、灌漑、水道など多岐にわたったが、とりわけ水力の活用と舟運は、海を持たない京都市が近代化するために不可欠のものと

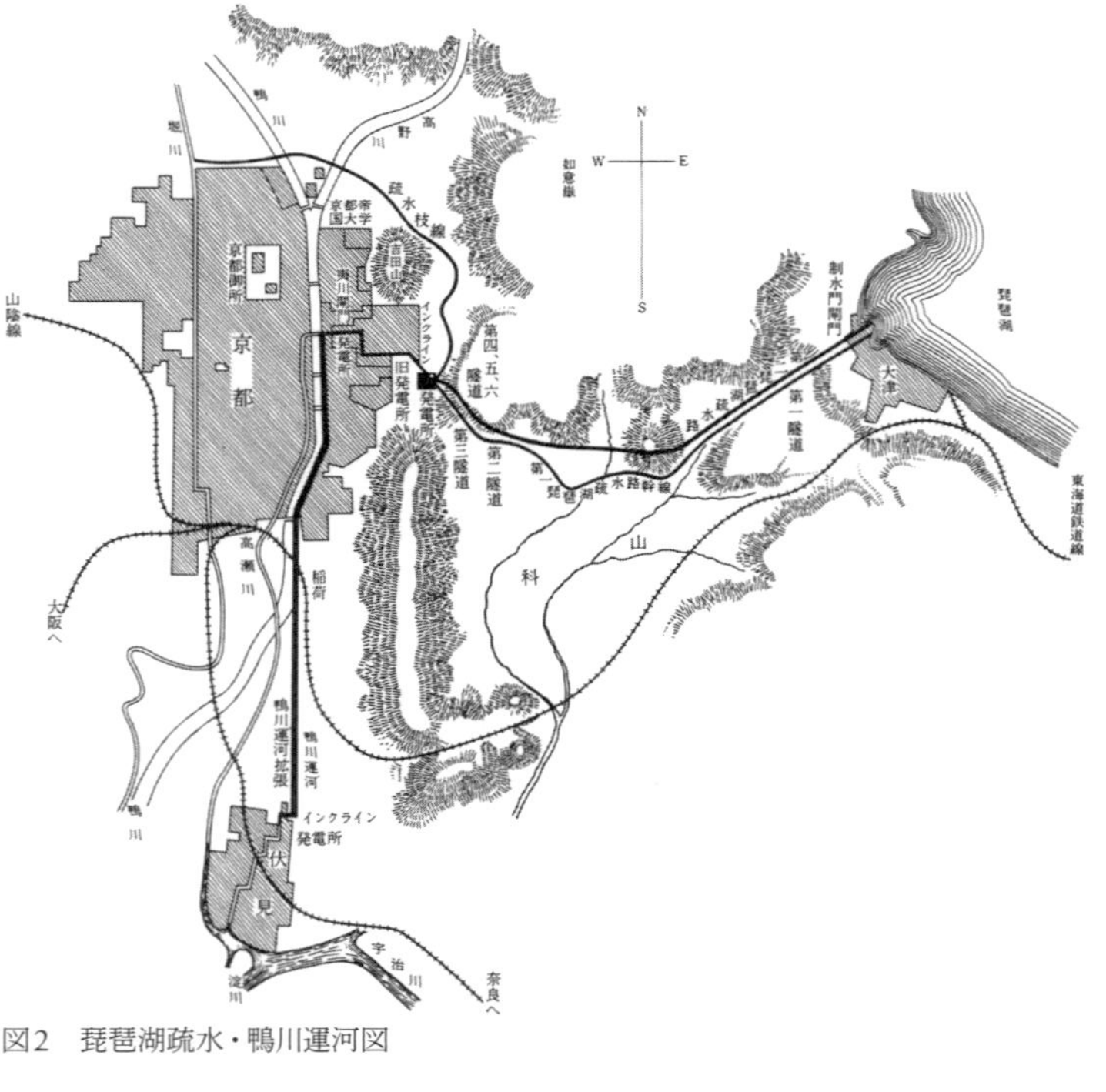

図2　琵琶湖疏水・鴨川運河図

考えられた。その費用は、当初は東京遷都にともない政府から京都市民に下賜された産業基立金と国からの補助でまかなおうとしたが足りず、市民への賦課金も設けなければならなくなる。それでも、先述の濱岡光哲などが当初から奔走し、市内の有力者や商工業者らによる協力組織がつくられるなどして、官民挙げての事業となった。

この事業については、近年詳細な事業史もまとめられ（京都新聞社編『琵琶湖疏水の１００年』京都市水道局、一九九〇年）、また行政史や土木史などの立場からすでに多くの研究蓄積がある。そのなかで、ここであらためて指摘しておかなければならないのは、この事業が北垣国道という新しい知事の強い企図により実現されたという事実である。北垣は、知事として着任するなり、さっそく伊藤博文などの政府有力者に働きかけ、この事業への賛意をとりつけ、その後も一貫して、この大事業の完遂に尽力した。そのため、北垣は琵琶湖疏水事業を実現させた知事として知られるようになる。

もちろん、北垣は琵琶湖疏水を、京都を復興し近代化を実現させるための重要な産業基盤としてとらえたからこそ、その実現に尽力したのである。槇村が企てた事業の多くが、京都府の直営事業として実施されたのに対して、北垣は産業振興を民間にゆだねようとした。そのために、その産業基盤をつくろうとしたのである。ここには、槇村から一歩進んだ近代化への政策手法をうかがうことができるだろう。

したがって、琵琶湖疏水の開削と同時に、その水を使うための基盤を整備することも重要となる。疏水は、トンネルを抜けた京都側の着水点からインクライン（傾斜鉄道）を経て南禅寺船溜《ふなだまり》から鴨川

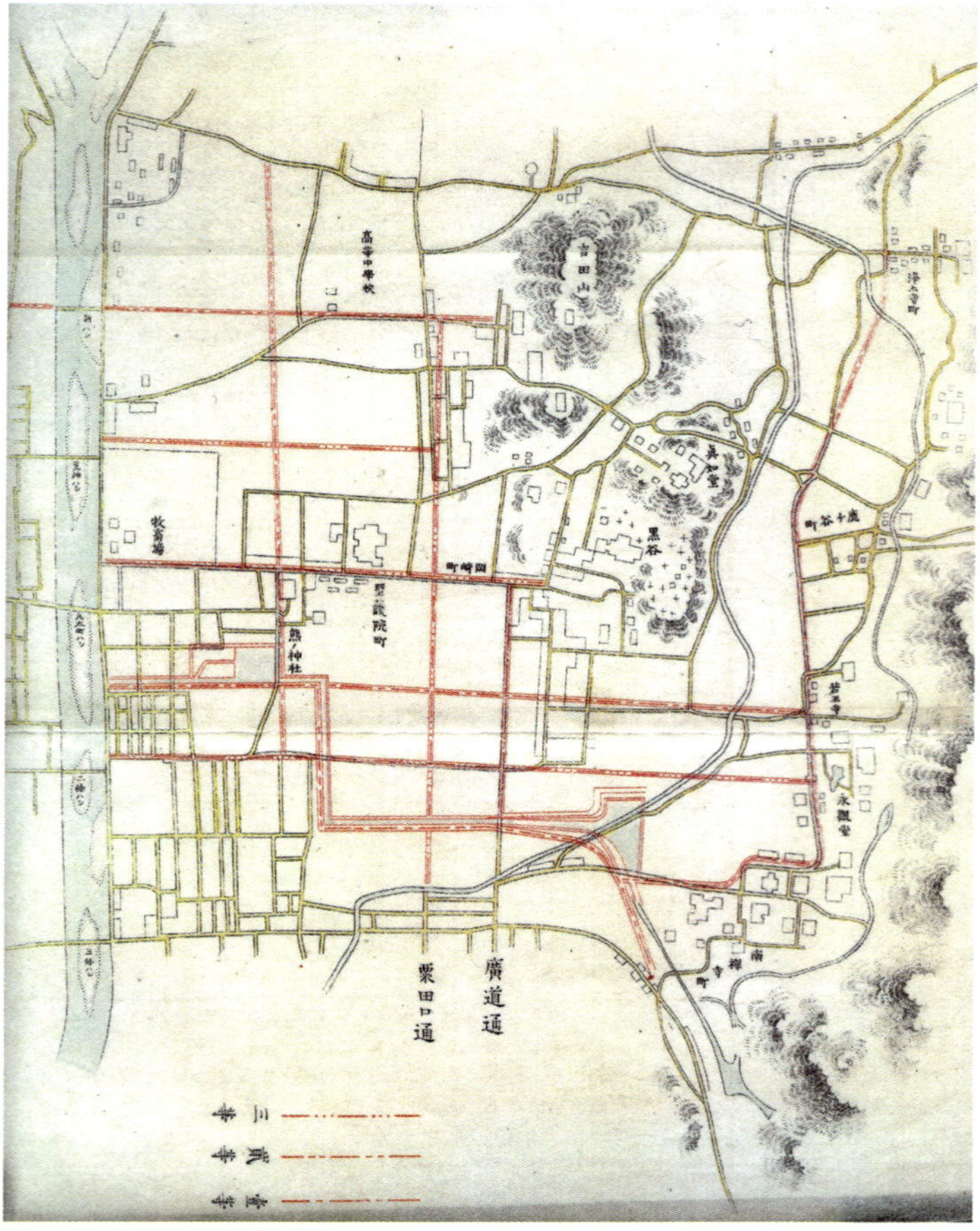

図3　鴨東市街地道路計画案
1から3までの等級に区分された街路計画が朱色で明記されている

に至るまでの流路が計画されたが、その流路沿いの都市基盤の整備は不可欠であった。そのために、この地区での道路計画も立案されていた。これについては、小野芳朗らがその具体的な計画案の存在を明らかにしている（小野・西寺・中嶋［二〇一二］）。それによれば、疏水完成の前年、一八八九（明治二二）年には図3のような街路計画が立てられたという。それは、南禅寺船溜から鴨川にいたる疏水水路に沿った道路を南端に、南禅寺船溜から北側に延びる水路に沿った道路を東端にして、一部には既存の道路の拡幅も含めながら、地域全体を碁盤の目状に整備しようとするものであった。

この明快な道路計画は、単に琵琶湖疏水の流路設定に付随して立案されたものではなかったと思われる。この計画が立てられる前年の一八八八（明治二一）年に、府は、南禅寺町や岡崎町といった、京都市の外側にあったこの地区の七カ村を京都市上京区に編入している。その理由は、琵琶湖疏水の完成後におけるこの地区の開発についても、疏水事業の延長線上に計画しなければならないためだとしている。さらに、道路計画そのものについても、それがなければ、家屋が無計画に建設されてしまう懸念があるからだともしているのである。つまり、この道路計画は、琵琶湖疏水を契機として、この周辺を都市計画として整備しようとするものであったのだ。

ただし、その後の都市計画事業などとは異なり、この道路計画については、実際の測量や用地買収の費用の計上などは伴わず、計画時点で現実性をともなわない計画でしかなかったといえるものだった。しかし、ここに計画された道路の多くは、その後時間をかけて実現されていくことになる。「枢要の一一の街路」計画が幻となったのに対して、この鴨東地区での計画が実現していくのはなぜか。

それは、この地域が市街化・町場化されていなかったからだといってよいだろう。

そもそもこの地域はどのような場所だったのか。現在は岡崎と呼ばれるこの場所には、九世紀から一一世紀にかけて、藤原摂関家の別荘・白河殿が所在し、その周囲には、歴代の天皇により次々と六つの寺院（六勝寺）が建立された。中心となる法勝寺には、八〇メートル以上の高さを誇る八角九重塔もそびえ、院政期における中枢部として栄えた場所だった。しかし南北朝の内乱や応仁の乱などで寺院は焼失し、荒廃した。その後、近世には加賀藩などの武家屋敷が並んだが、東京遷都後にはこれらもなくなり、岡崎は田畑や雑木林が目立つ場所となっていた。

そこに琵琶湖疏水の水路がつくられたのである。空地が広がる場所には、琵琶湖疏水の水力を活用した工場などが立地することは確実であり、鴨東の岡崎は発展が約束された場所になったのである。もちろん、水路や道路計画などで必要となる土地には南禅寺などの境内地であった場所も含まれたが、それらも維新後の上知により官有地になっていた土地が多かったようだ。つまり、この岡崎という土地は、京都の近代化のために用意されたステージであったといえるのだろう。

西洋意匠の導入

では、そのステージにどのような町並みがつくられていったのだろうか。新設されていく水路や道路に沿って、どのような風景が展開されていったのだろうか。

まず、確認しておきたいのは、琵琶湖疏水それ自体がつくり出した風景である。琵琶湖疏水の設計は、工部大学校（現在の東京大学工学部の前身のひとつ）で近代土木を学び卒業したばかりの土木技師・田辺朔郎が担ったものだ。いわゆるお雇い外国人の指導に頼らず、日本人技術者だけで完成させたという意味でも、琵琶湖疏水事業は日本の近代土木にとって記念碑的なものであった。しかし、その琵琶湖疏水には、随所に西洋の意匠が採り入れられている。では、その意匠も田辺のものであったのか。公式な記録には、そのデザイナーについての記載はない。

琵琶湖疏水工事から五〇年後の一九三九（昭和一四）年に京都市電気局が『琵琶湖疏水及水力利用事業』という事業史をまとめているが、その別冊として『疏水回顧座談会速記録』という冊子がある。そこから、その洋風意匠を手がけた人物が特定できる。田辺は次のように述懐しているのである。

疏水の初めの時分と云ふものは殆ど美術問題と云ふものは世の中で考へて居りませんでした。ところが途中から美術問題と云ふものが出来て来た、そこで私共もトンネルの入口だけは美術をやつたらどうかと云ふので、滋賀縣に大原さんと云ふ建築師が居りましたが、其大原氏に相談して、……。

ではこの大原とは誰か。琵琶湖疏水の工事が進んでいたころに、滋賀県ではちょうど西洋建築による庁舎の建設が進んでいた。それを手がけたのは、田辺と同じ工部大学校で造家学科を卒業した小原益知であった。造家学とは現代の建築学のことである。当時、西洋近代の高度な建築学を学んでいたのは、この造家学科の卒業生しかいない。つまり、日本中に数えるほどしかいなかった。ということは、田辺のいう大原とは、この小原益知のほか考えられないということになる。実際に田辺は滋賀県に小原を訪ねていたという記録もある。

いずれにしても、琵琶湖疏水に三つあるトンネルのいずれの洞門にも、本格的な西洋の古典主義的意匠が加えられたのである（写真7）。といっても、前出の『琵琶湖疏水の100年』には、一八八二年にアメリカで出版されたトンネル開削工事をまとめた書に掲載されていた欧米各地の洞門のデザインをそのまま使ったものであることが明らかにされている。西洋意匠を学ぶ途中のこの時期としてそれは仕方がないことだろうが、結果としてきわめて明快な西洋の様式意匠が琵琶湖疏水に加えられることになったのである。

さらに水路閣がある（写真8）。これは、南禅寺の境内に建設された琵琶湖疏水の水路である。疏水トンネルの京都側の着水点から北に流れる支流の一部で、境内のなかに渡された水道橋である。これも、寺院の境内地を横切る構造物であることに配慮して、西洋意匠があえて採り入れられたとされるものだ。水路閣という名前からもわかるとおり、古代ローマの水道橋の形式・意匠を持ち込

写真7　琵琶湖疏水トンネル洞門
米国フーザックトンネル（左）と琵琶湖疏水第1トンネル西口（右）

んだものである。

こうして京都の近代化を象徴する岡崎というステージには、西洋の様式意匠が意図的に持ち込まれたのである。こうした意匠があえて採用されたことについて、建築史の鈴木博之は、それが琵琶湖疏水という土木構築物だったからだと指摘する（鈴木［二〇一三］）。つまり、建築物と異なり、西洋からもたらされた土木構築物はその技術と様式構成がワンセットのものとして理解されたからだとするのだ。たしかにそのとおりなのだろう。琵琶湖疏水の意匠は、まさに西洋の技術の到来を知らしめるものだったのである。

しかし、一方で当初からこうした西洋意匠について批判があったのも事実である。琵琶湖疏水事業は、市内の有力者や商工業者の多くが支援し官民挙げて実現したものだが、高久嶺之介は、松方デフレという大不況下という経済状況なども あり、当時の報道などには、琵琶湖疏水事業への批判も多かったことを指摘する（高久［二〇一一］）。疏水完成の際には、多くの住民が喜び熱狂したようすが伝えられるが、

写真8　水路閣　南禅寺の境内を横切り建設される

一方で建設のための重い賦課金への反発も大きかったようだ。しかし、そうした事業そのものへの批判だけでなく、西洋意匠への違和感も確実に指摘されていたのである。

その指摘は、南禅寺の境内につくられた水路閣に最も顕著であったようだ。たとえば、江戸から明治初期までの京都の地誌をまとめた『京都坊目誌』（一九一六年）には、水路閣について「古風の建造物と欧州式の橋台と相対照して異様の感あり。竟に風致と新事業とは伴随せず。惜むべし」とある。つまり、これまでの伝統的な京都の風致には、西洋意匠は異様なものとして映るというのである。

国風イメージの発信

ところが、一方でその京都の歴史そのものを体現する意匠というのも、その後この場所に現れることになる。琵琶湖疏水の完成から五年後の一八九五（明治二八）年に創建された、平安京の大内裏の建物を再現した平安神宮である。なぜ、神宮という宗教施設が、大内裏の建物の再現としてつくられたのか。このアイデアについては、少しさかのぼって捉える必要がある。

平安神宮は、平安京を造営した桓武天皇の神霊を祀る神社である。その創建を進言したのは、岩倉具視であった。公家出身の岩倉は、維新後に天皇・皇室の擁護を一貫して主張し、一八八三（明治一六）年、亡くなる直前に「京都皇宮保存ニ関シ意見書」を提出している。そこでは、天皇の即位式・大嘗祭などは京都御所で行うことや、桓武天皇を祀る平安神宮を創建することなどが主張された。東京に対して、京都をもうひとつの都として位置づけようとしたのである。ただし、岩倉のアイデアでは、平安神宮は京都御苑内に造営することとしていた。

実は、その京都御苑自体も、大内裏の空間が復元されるように整備され実現されたものだった。一八七七(明治一〇)年に京都に行幸した天皇が、御所周辺(九門内)の荒廃した姿を嘆き、毎年四千円を給することとして、四年ほどかけて整備が行われた。かつては禁裏御所を囲んで公家屋敷が並ぶ街区であった場所が、東京遷都で多くの公家屋敷が空き家になった後に、不用の建物を撤去し周囲を石塁で囲み、あたかも平安京の大内裏のような「御苑」として整備されたのである(苅谷[二〇〇五]、高木[二〇〇二])。里内裏の定着により、平安京の内裏とは異なる場所に成立した禁裏御所を中心に、あたかも平安京の内裏のような空間が再び築かれたのである。それにより、近世までの内裏空間とは性格の異なる、近代国家としての歴史を体現する空間が、それまでの公家屋敷街に代わり生まれることとなった。

そして、岩倉の発案による平安神宮が、やはり平安京の内裏空間を再現するようなかたちで、一八九五(明治二八)年に、場所を変えて琵琶湖疏水の水路が流れる岡崎に造営されることになった。では、なぜ岡崎だったのか。

琵琶湖疏水が完成した二年後、さらなる京都の発展策として二つの事業の開催を目指すことが政治課題として浮上する。ひとつは、殖産興業政策として政府がそれまで三回東京(上野)で実施してきた内国勧業博覧会を京都に誘致すること。もうひとつは、まもなく迫った平安遷都千百年にあわせ、その紀念祭を盛大に実施することであった。これらこそが、京都復興の振興策となると考えられ、京都の実業界をあげた運動が展開されたのである。

結果的に、第四回の内国勧業博覧会は、紀念祭との同時開催という主張が有利に働き、政府の閣議決定を経て実施されることになった。そうした経緯から、二つの事業は連動して行われることになるのだが、その会場として田畑や雑木林が広がる岡崎が会場に選ばれる。博覧会の会場は、ちょうど琵琶湖疏水の鴨川に向かう水路の北側であった（図4）。

そして、さらにその北に隣接し、平安遷都千百年紀念の紀念祭場として建設されたのが平安神宮だったのである。

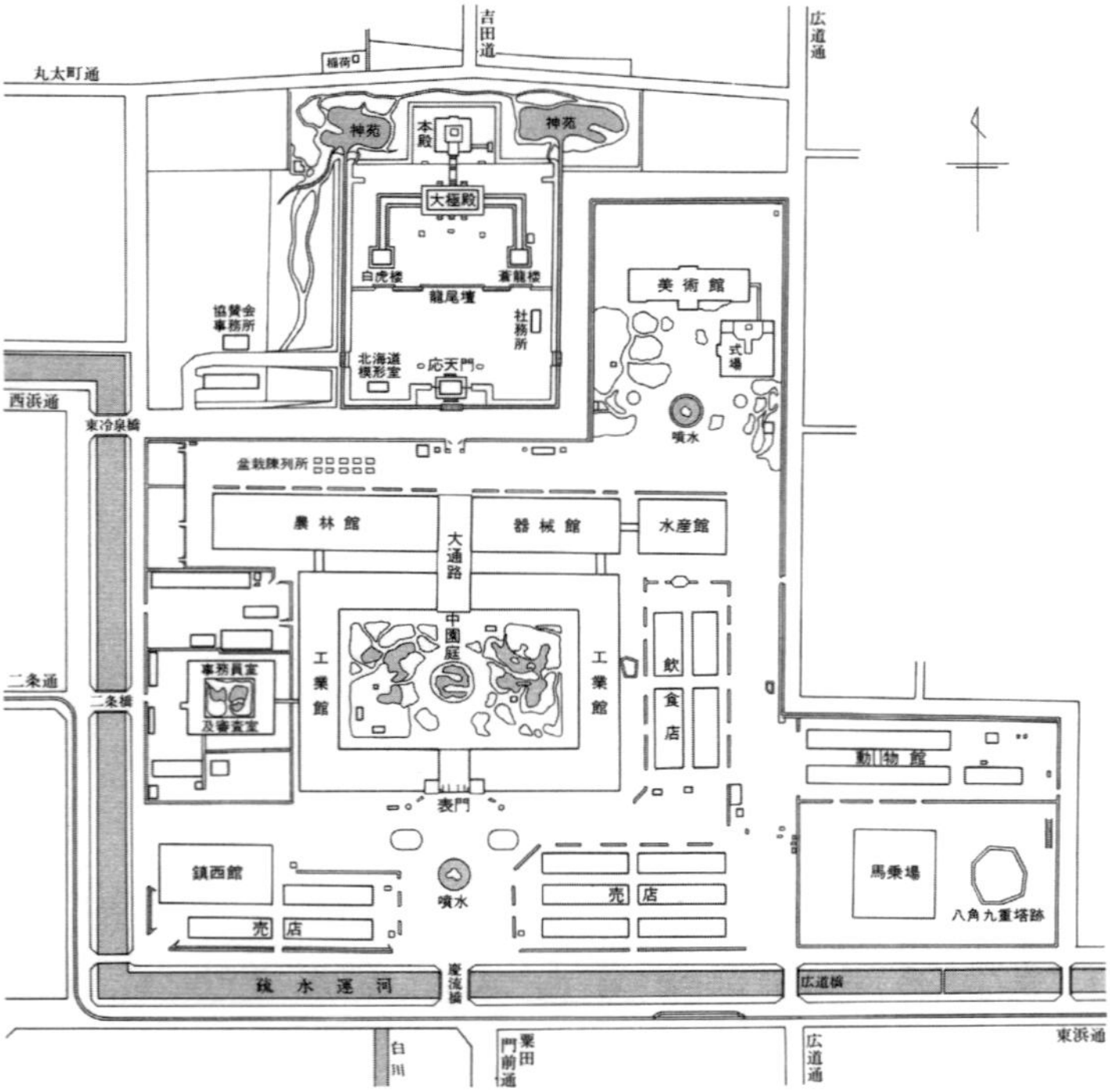

図4　第4回内国勧業博覧会と平安神宮の配置

そのため、平安神宮の社殿は紀念殿として位置づけられ、平安京の大内裏の一部である朝堂院の建物を縮小して再現したものとなった。社殿は、拝殿が朝堂院の大極殿であり、正面の門が朝堂院の応天門となっている。ちなみに、この復元設計を手がけたのは、後に日本建築史を初めて体系化し、建築設計において独自の東洋的世界をつくり上げた伊東忠太であった。当時まだ東京帝大の大学院生であった伊東忠太は、厳密な復元考証に挑んだが、発掘成果の少ない当時では建物の上部構造などには推定が多く、紀念祭主催者からの要請で屋根の形式なども変更を余儀なくされるなど不満も多かったという。しかし、そこに出現した社殿の姿は、人々に平安京の空間を想起させるに十分な質を持つものであった（写真9）。

そして、この紀念殿の建設と同時に紀念祭の後祭として時代行列が企画された。平安時代から幕末までの時代風俗を再現するという行列である。当初は一回かぎりのイベントとして企画されたのだが、評判がよく、翌年から時代祭として恒例化することになった（『京都市政史 第一巻』二〇〇九年）。そ

写真9　平安神宮社殿　平安京の朝堂院を縮小し復元した

して今では京都の三大祭りの一つとして数えられている。

ここで注目したのは、現在、時代祭のようすについて「平安絵巻」のようであると形容されことである。本来は平安朝だけの「時代」ではないはずなのにである。それは、紀念殿が発信する強い平安京のイメージが、広く波及していったからであろう。つまり、平安神宮の創建により、千年以上続く京都の歴史の中で平安京の時代だけが、ことさら顕彰されることになったのである。もちろん、平安京が京都という都市の原点であることは事実である。しかし、そうだとしてもその建物を再現してまで顕彰しようとしたのはなぜだろうか。

それは、国民国家建設への国家アイデンティティの形成と、海外への日本の歴史の発信のために必要とされたアピールであったと解釈できるわけだが、もう少し踏み込んでいえば、そのための図像として特に平安京の「形」が選ばれたということなのだろう。そこには建築であれ衣装であれ、何らかの具体的な図像が求められたのである。高木博志は、それを京都のみならず日本の表象として求められたイメージとしての「国風文化」の形成であると指摘する（高木［二〇〇六］）。このころには、「美術」という概念がようやく成立し、信仰の対象だった寺院や仏像も「文化財」として自立することになる。そうしたなかで、平安京の時代の国風文化こそが、日本の美の神髄として位置づけられていくというわけだ。

そして、京都で生み出されたその国風文化は、はたして京都から全国に確実に発信されることになる。そのことを象徴的に示すのが、武徳殿の存在である。武徳殿とは、もともとは大内裏の馬場の正殿のことを指す。しかし、ここでいう武徳殿は、一八九五（明治二八）年に日本古来の武道を再評価し、武徳を涵養することを目的として、京都府知事や創建されたばかりの平安神宮宮司らによって京都で創設された大日本武徳会が、武道場（演武場）として建設した建物のことである。

当初は武徳殿も、大内裏における大極殿・応天門と同じ位置関係で、平安神宮の敷地内に、やはり再現建築として建造される計画であったようだ。しかし、それでは神宮社殿とのバランスが悪くなる。「神宮の風致を棄損する嫌ある」（『読売新聞』一八九七年五月一四日）とされ、規模が縮小されて独自の建築様式を持つ武道場の設計が行われることになり、平安神宮創建の四年後の一八九九（明治三二）年、平安神宮の境内の西側に隣接する場所に、京都府技師・松室重光の設計により完成することとなった（写真10）。

その外観は、仏堂のようであるが、内部は洋小屋（トラス）を使っていて、広い無柱空間を確保し、また二重の屋根構成により十分な採光を実現するなど、従来の寺院建築

写真10　武徳殿

には見られない工夫が施されている。外観の構成も特徴的で、屋根の構成が裳階のように二重に重なり、上層には千鳥破風が載り、下層の入り口の軒は二段に重ねられている。当時の建築専門誌にも、平等院鳳凰堂や東寺金堂などとの意匠の共通点が指摘されている（『建築雑誌』第一四九号・一八九九年）。平等院鳳凰堂は、まさに「国風文化」の象徴とされるものだ。

そして重要なことは、武道場としてのこの意匠・形式が、その後、日本中に波及していくことだ。大日本武徳会は、その後、府県知事を支部長として、各府県に支部を置いたが、その支部も、明治から昭和戦前期にかけて相次いで武徳殿を建設していった（それは、日清戦争後日本が統治する台湾にもおよんでいる）。そして、その多くが京都の武徳殿をモデルとしているのである。建設そのものは、各支部に任せられていたから、設計者もさまざまなケースがありえたが、多くの場合、京都の武徳殿の意匠や形式が参照されているのである。

たとえば、一九〇九（明治四二）年に建設された兵庫県の武徳殿では、建物の形式を「京都武徳殿に模す」としていて、翌年に建設された大阪府の武徳殿も「建物の設計は大体を京都本部の武徳殿に模し」とされている（『武徳誌』第四編第一二号、一九〇九年）。そのほか、建設経緯の記録が残っていない府県の武徳殿でも、その実際の意匠・形式から、明らかに京都の武徳殿がモデルにされているとわかるものが多いのである。

なお、大正期以降に建てられた武徳殿については、それまでなかった唐破風がつけられているものが多くなる。これは、京都武徳殿が一九一三（大正二）年に車寄せを増築し、そこに唐破風をつけた影響であろう。高木が指摘するように、平安の「国風文化」イメージとともに、その後の京都では、徳川幕府に滅ぼされた豊臣家の再評価から、「安土桃山文化」がもうひとつの京都イメージとして形成されていく（高木［二〇〇六］）。唐破風の図像は、まさにそのイメージを表象するものとして加えられたと考えられるわけだ。

こうして、琵琶湖から近代土木技術をもって引いてきた疏水が流れる岡崎という場所には、その近代化を象徴する西洋意匠がつくられた一方で、国風文化を表象するものとして平安神宮や武徳殿がつくられていった。移入される西洋を伝えるだけでなく、日本をあらためて伝えようとする意匠も、この地に生み出されたのである。

歴史と近代化が出会う場

図5は、一八九五（明治二八）年に開催された第四回内国勧業博覧会のようすを俯瞰した絵図である。ここに

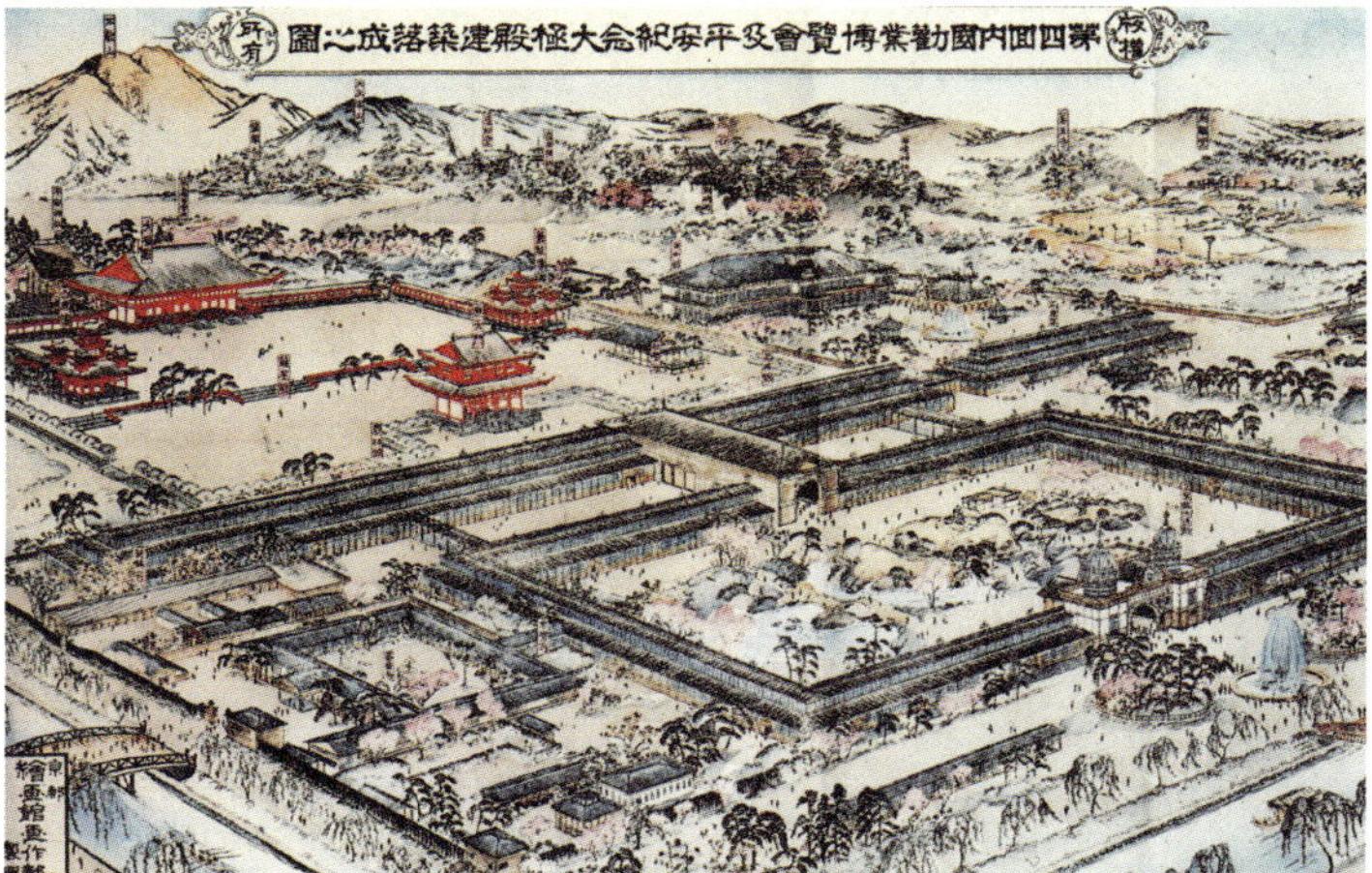

図5　第四回内国勧業博覧会絵図
第四回内国勧業博覧会及平安紀念大極殿建築落成之図

描かれているのはきわめて象徴的な光景である。最も手前に琵琶湖疏水の水路が流れ、中央に博覧会のようす、そしてその奥に平安神宮の朱色の社殿が描かれ、さらにその背後に東山の山並みが連なっている。この博覧会は、百万人を超える来場者が日本中から集まり、京都がその後、観光都市としての地歩を固めていく契機となったとされている。そのなかで、こうした俯瞰絵図（錦絵）が数多く描かれているのだが、その図柄はこれと同様のものが多い。この構図のなかでは、まず京都の近代化の象徴である琵琶湖疏水の流れがあり、琵琶湖疏水の西洋意匠は入っていないものの、博覧会の西洋建築のパビリオンが並び、その奥に描かれた平安京を再現した国風文化の図像が日本の歴史をアピールする。つまり、近代化を示す洋の意匠と、日本の歴史を示す和の意匠が併存し、それがこの時期の京都の新しい姿として示されているのである。

では、博覧会と紀念祭が終わった後に、京都に生まれたこうした独特な風景はどうなっていったのか。現在の京都新聞の前身である『京都日出新聞』は、博覧会開催直前のようすについて次のように指摘している。

従来東山は祇園を以て繁華の中心となしたるが、今其北に当りて大極殿付近の一帯の地は、特に新局面を開き、加ふるに疏水運河の文明事物を添へたれば、今後此地の繁華は、蓋し年々歳々其度を加へ新白川の京は数年を出でずして、太美の勝区とならんか（『日出』明治二八年一月一六日）

つまり、市街化が進んでいなかった岡崎の一帯は、琵琶湖疏水の建設と博覧会開催を契機に大きく発展すると予想されていた。ただし、ここで「疏水運河の文明事物を添へたれば」としている琵琶湖疏水がもたらすはずの「事物」は、琵琶湖疏水事業が当初目的としていたものとは異なるものとなっていった。

琵琶湖疏水事業は、当初その水力利用としてアメリカのホリヨークでの水車利用と工業地の造成などをモデルにして、水路沿いに水車動力を利用する工業地をつくり出す計画であった。実際に、南禅寺船溜から西へ向かい鴨川にいたる水路では、水車がいくつか設置されていたことが確認されている（京都市『京都岡崎の文化的景観調査報告書』二〇一三年）。それを利用して精米、製粉、伸銅などの工場もいくつか建設されたようだ。もちろん水車は現存しないが、今でもこの水路沿いには製麺会社などが残されている。

しかし、かねてより水力発電の可能性を考えていた田辺朔郎は、海外での調査視察によって水力発電の有効性を確信し、帰国後すぐに疏水計画の変更を諮り、すでに工事途中であったが、一八八七（明治二〇）年にいたり発電所を設置することとしたのである。これにより、北へ向かう疏水分流については規模が縮小され、その水路沿いにも想定されていた工業地は生まれることはなくなったのである。

ただし、琵琶湖疏水の当初の計画時にも、この北への分流周辺は景勝地として捉えられていたようだ。先に示したこの地域の道路計画（図3）は、北垣国道の基本計画を示したと思われる「疏水及び編入地域を中心とする市街策定案」によるものだが、そのなかでこの分流の流路については、工業地としての発展の可能性を示しながらも、「京地ニテ最愛スヘキ東山ノ風景佳光ニ遊フ」人が集まる「最良ノ風景ヲ有スル勝地」なのだとしている。つまり、水車により工業地を想定しながらも、景勝地であることが意識されていたのである。

ここでは、前任の槇村正直との認識の違いを確認しておく必要があるだろう。槇村の京都復興策とは、前章で見たとおり徹底した近代化策であったが、北垣国道は琵琶湖疏水を実現しながらも、京都の住民の意識を反映させた政策をとろうとしたとされる。それがよく表れているのが、古社寺保存への尽力である（小林［一九九八］）。つまり、近世までに都としての京都が築いてきた伝統的文化も、京都復興の手がかりにしようと考えたのであろう。

そうした北垣の認識が反映された結果として、疏水分流沿いは工業地とはならなかったといえるのだろう。鴨川へと西へ向かう水路沿いに部分的に水車が設けられたのに対して、発電が実現したこともあり、景勝地としての価値が認められた北への分流沿いには工業のための水車の設置は行われなかった。

それに代わり、この分流の水は日本庭園の水として使われることになる。一八九六（明治二九）年に、疏水完成時の総理大臣でもあった山縣有朋がこの琵琶湖疏水の南禅寺船溜に隣接する敷地に、その水を使った庭を設けた別荘・無鄰菴を完成させる。そこでは、その作庭を手がけた庭師・七代目小川治兵衛が、従来の日本庭園とは異なる独自の庭園美をつくり出す。それは従来の、象徴的な意味を持った役石と池による構成ではなく、琵琶湖疏水の豊富な水を使った浅い流れと、低く刈り込んだツツジや、芝を大胆に使った開放的なものであった（写真11）。

一方で、塚本與三次という実業家が、景勝地として期待された疏水分流の土地、とりわけ南禅寺界隈の土地に別荘・邸宅地としての将来性を見いだし、土地経営を始める。塚本は明治三〇年代の後半から南禅寺周辺の土地を所有しはじめ、自らもその一角に居を構えながら、琵琶湖疏水の水を一部に鉄管も使ったネットワーク（図6）を構築しながら、その水を利用した庭を有する邸宅・別荘を財閥や実業家に斡旋していった。そして、それらの庭は、無鄰菴で独自の日本庭園をつくり出した小川治兵衛に作庭させたのである。さらに、図6でわかるように、そのネットワークは平安神宮にまで延びることになる。そこでは、その水を使い、やはり小川治兵衛の設計による神苑がつくられることになる。

こうした南禅寺界隈の別荘群の形成の経緯については、庭園史の尼崎博正や矢ヶ崎善太郎によって、近年詳細に明らか

写真11　無鄰菴の日本庭園
東山を借景として琵琶湖疏水の水を取り入れている

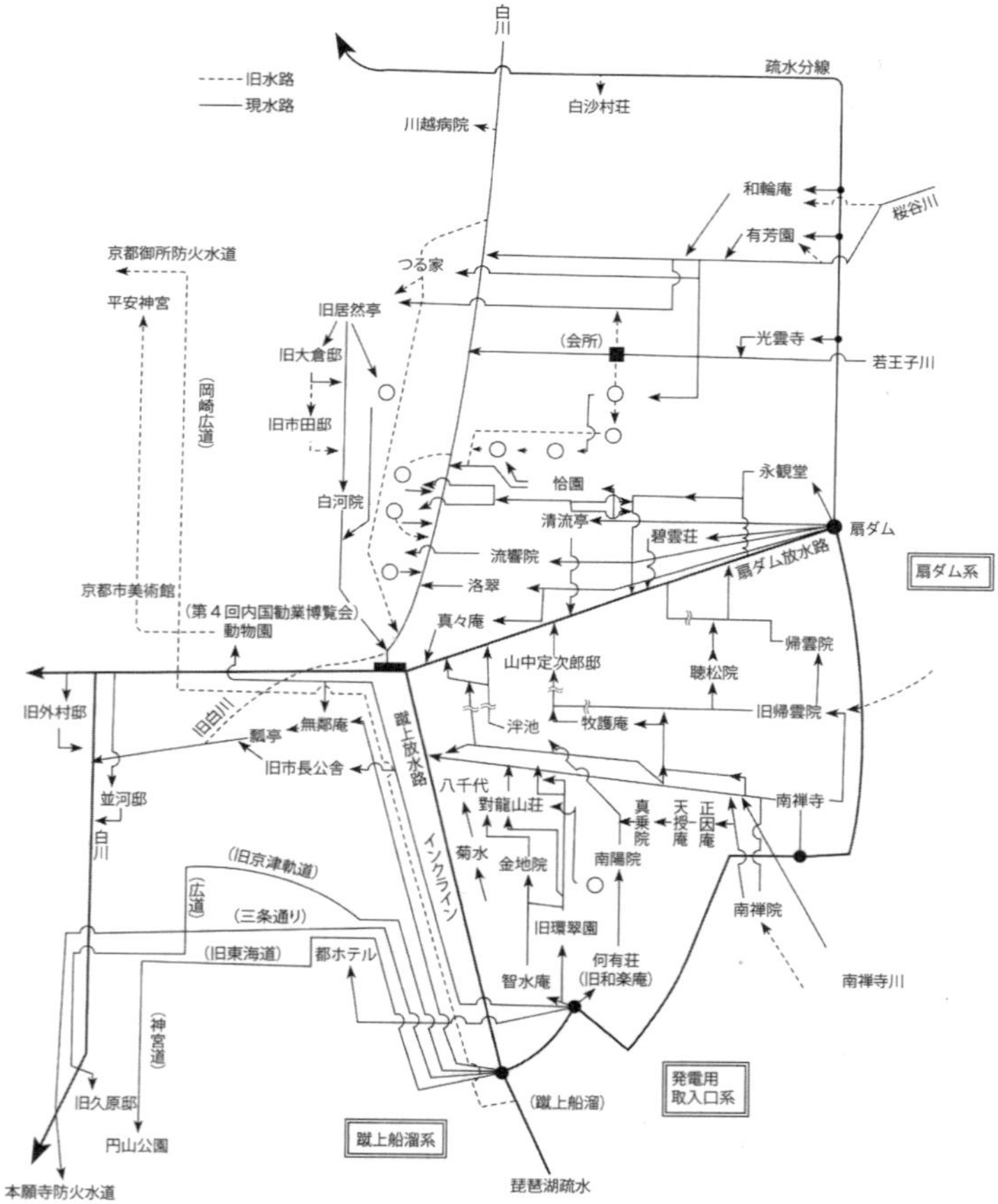

図6　南禅寺界隈邸宅群の琵琶湖疏水の水系ネットワーク(尼崎博正作成による)

にされてきた（尼崎［一九九〇・二〇一二］、矢ヶ崎［二〇〇〇］）。とりわけ、図6の鉄管ネットワークとその形成過程については、尼崎の丹念な調査によるもので、これにより、この別荘群の開発がいかに琵琶湖疏水の水に依存したものであったのかが明らかになる（尼崎［二〇〇二］）。

一方、建築史の鈴木博之は、この別荘群における日本庭園を、財閥や資本家、政治家という、近代的パトロンたちがなぜ好んでいったのかに着目する。そして、彼らの求めた表現は、まさに近代以前に根を持つ和風にあり、そこに日本の近代が求めた私的な文化表現の本質がさらけだされているとしている（鈴木［二〇一三］）。そして、鈴木は、山縣の無鄰菴から始まったこの和風の表現が、平安神宮にまでいたることなどを捉えて、それが日清戦争と時を同じくして現れたひとつの「和風衝動」といった波であると指摘する。岡崎という場所は、日本近代の新しい紳商たちが生み出す文化表現の揺籃になったというわけである。

ただし、別荘群に展開された表現は、その時代の紳商たちに共有された趣味ではあるが、あくまで私的なものであり、別荘の敷地内は一般には公開されないものであった。

では一方で、内国勧業博覧会の絵図（図5）が描き出している、京都の近代が生み出した、和と洋が混在し一体化していくような空間構成はどうなっていったのか。それは、私的表現ではなく、公として広く公開される性格のものであった。位置でいえば、別荘群の西にあたる、内国勧業博覧会の会場として使われた場所だ。そこは、博覧会終了後にはどのように利用されることになったのか。そこで起こったのは、まさしく近代に求められる公の空間の登場であった。

集う空間から公の空間の成立へ

第四回内国勧業博覧会が終了した後も、しばらくの間は、その敷地は博覧会の場であった。博覧会の跡地では、京都博覧会協会により各種の博覧会が一九一二（明治四五）年まで、ほぼ毎年開かれ、少ない年でも十万人の人々をあつめていたという。内国勧業博のように日本中からというわけにはいかないが、少なくとも京都の人々にとっては、この場所は博覧会場として認識される場になっていく。

そもそも、日本で最初に博覧会と名のつくイベントを実施したのは京都であった。それは、京都復興を目指しさまざまな事業を興した有力商人たちが、ヨーロッパで盛んに行われていた博覧会に触発されて、京都の経済的復興の切り札として企画したもので、一八七一（明治四）年から毎年実施された。当初、京都博覧会と命名されたそのイベントの発起には、槇村正直も加わっている。

ここで注目したいのは、その開催地である。当初は西本願寺や建仁寺、知恩院など大寺院が会場となったが、その後は、京都御苑を会場とするようになる。先述のとおり、御苑はその後、内裏空間を再現するような整備が進んでいくが、そのなかで博覧会の敷地が確保されていくことになった。この御苑を会場とした最初の博覧会（一八八一年・明治一四年）には、四〇万人もの入場者がつめかけている。そして、第四回内国勧業博覧会の後には、一八九七（明治三〇）年から岡崎の博覧会跡地が会場として使われるようになった。

博覧会とは、まとまった会場敷地が必要なイベントである。そのため、当初はその敷地として使えるのは大寺院の境内しかなかったが、整備が進んだ京都御苑の敷地が使えるようになる。その後、第四回内国勧業博覧会が、田畑や雑木林を開いた岡崎で開催されることになると、その場所が博覧会「専用」の敷地として使われることとなったわけだ。

つまり、岡崎は京都復興のための博覧会に必要な敷地を提供する場所になっていったのである。いや、博覧会だけではない。そのまとまった敷地は、都市が近代化する過程で、新たに必要となる広場としての役割も担っていくことになる。

写真12は、日露戦争の遼陽会戦の戦勝を祝うようすを描いた新聞記事（『日出』）のイラストである。「帝国萬歳」の文字が掲げられた巨大な櫓が設置されているが、その背後には平安神宮の応天門のシルエットが見える。つまり、平安神宮の前の博覧会跡地の広場に櫓が設置され、そこに多くの住民が押しかけ戦勝を祝ったのである。あるいは、写真13は、次章から詳しく紹介することにな

写真12　平安神宮前祝勝会　日露戦争（遼陽会戦）戦勝祝い（明治37年）

写真13　三大事業竣工記念門(緑門)

写真14　三大事業起工式典

る三大事業という都市改造事業の竣工祝賀会のために一九一二（明治四五）年に設置された巨大な緑門であるが、ここでも背後に平安神宮の応天門が見える。緑門とは、門の前面をスギ等の若葉で飾りつけた門で、日清・日露戦争の終結時などに凱旋門として巨大なものが全国でつくられるようになったものだが、この緑門も高さ二二メートルもあった。

三大事業は京都で最初の大規模な都市改造事業であり、その起工の式典も、竣工の祝賀会も岡崎の平安神宮の前の広場で行われたのである。写真14はその起工式典のようすをとらえた写真だ。この時にも同様の緑門が設置され（デザインは少し異なる）、きわめて多くの人々が集まっているようすがわかる。そして、竣工祝賀会ではにぎわいは夜も続いたようで、新聞は次のように伝えている。

勇ましいサーチライトは岡崎公園の一角、天を突くやうな高塔の上から四方をてらしてゐる、八時過ぎになれば二条橋の橋東は勿論、粟田口、熊野橋通は人で埋められ応天門前は既に身動きもならぬといふ有様、「竣工万歳」とか「開通万歳」とか「三大事業万歳」の声は全市街を圧せん計りに響き渡る、集つた人は大中小の学生あり丸髷あり八字髭ありと言う調子で何れも手に携へた紅灯を高く揚げ万歳を三唱！　勧業館や大緑門《だいあーち》のイルミネーションは昼を欺くばかりの不夜城であつた（『日出』明治四五年六月一六日）

京都中から集まった人々の熱気がよくわかる。この三大事業の竣工祝賀会はとりわけ大規模なものであったが、ほかにも京都全体で祝うべき大きな祝賀会が実施されるときには、必ずこの場所で行われていくようになっていく。

近世までのわが国の都市にも、人々が集まる広場はあった。江戸の広小路などがよく知られている。その多くはもともと火災の延焼防止のため火除明地《ひよけあきち》として設置されたものだが、往来の激しい橋詰めなどでは、床店が建ち並ぶなど盛り場として発展した場所も多かった。京都では、最初の京都博覧会の開催に合わせて、博覧会会場以外の場所にも、京都で最初となる街灯（ガス灯）が設置されるが、それも三条、五条、七条の東西の橋詰めだった（『京都電燈株式会社五〇年史』一九三九年）。それは、こうした橋詰めが、やはり従来からの人々が集まる場所として認識されていたことをうかがわせる。

しかし、博覧会や祝賀会で集まる人の数は、そうした場所に集まる数と桁違いである。写真14に見られるのは、京都中から集まるあふれんばかりの人の波である。それを受け入れることができる場所は、旧来からの都市空間には用意されていなかった。近世までにも、祝祭の空間はありえたが、近代になり一元的な都市支配権力が生まれると、都市住民がこぞって集まる、あるいは都市の外部からの人々も受け入れるために、はるかに大きな広場が必要になっていくのである。近代化のなかでつくられた岡崎という場所は、近代都市が求めるまさにそうした公としての広場を提供する場になっていったのである。

そしてその後、公の広場としての岡崎は、しだいに公の施設が集まる場になっていく。博覧会や戦勝記念などのような、いわばイベント的な空間は、都市が近代化を推進する時点で必要になるものだが、近代の仕組みや制度が整備されていくと、人々が日常の生活のなかで利用できる公的施設の設置が求められるようになる。岡崎は、しだいにそのために求められる敷地を提供する場になっていくのである。

最初は、第四回内国勧業博覧会でパビリオンとして使われた建物を、施設として再利用することから始まる。博覧会の工業館が博覧会館として使われ、図5で平安神宮の横に描かれていた美術館もそのまま美術館として使われることになった。その後、一九〇三（明治三六）年に、後の大正天皇の御成婚記念として、京都市立記念動物園が内国勧業博覧会の動物館の跡地に開設される。それにともない、岡崎の博覧会跡地の大半が公園として指定されることになる（開園は一九〇四年・明治三七年）。そして、一九〇九（明治四二）年に建築家の武田五一の設計で、京都府立図書館が建てられ、翌年には、その東側の現在の京都市美術館の敷地に、やはり武田五一設計の市立商品陳列所が設置される。

その後、平安神宮の神苑拡張のために、そこにあった美術館が、陳列所の南側に移築され、一九一一（明治四四）年に第一勧業館として開設される。さらに、同じ年には、京都府立図書館の西側に第二勧業館が開設され、一九一六（大正五）年には、先述の内国勧業博の遺構でもある博覧会場を撤去して岡崎公園運動場が完成し、一九一七（大正六）年には、大正天皇の即位の御大典の際の大饗宴場を、勧業館の北側に移築して、京都市公会堂がオープンする。そして、一九一九（大正八）年に陳列所と第一勧業館を撤去して、新しい京都市美術館が完成することになる。

このように、次々と公共建築が岡崎に建設されていった。そして、大正の中ごろには、平安神宮の前に広がった博覧会の跡地は、動物園、美術館、運動場、公会堂、図書館、勧業館が集合する文化ゾーンとして完成するのである。そのようすを写したのが、写真15である。

では、そうしてつくられた公共施設は、どのような風景を岡崎にもたらしたのだろうか。次章以降もたびたび登場する建築家・武田五一が設計した京都府立図書館（一部が保存されている・写真16）と市立商品陳列所は、古典様式の簡素化が見られるものの明らかな西洋意匠である。一方で、移築された京都市公会堂は、木造の和風意匠だった。また、一九一九（大正八）年に新設された京都市美術館は、設計競技の条件で「建築様式は四周の環境に応じ日本趣味を基調とすること」とされたことに応え、鉄筋コンクリート造の西洋建築の上に日本風の屋根を載せたものとなっている（写真17）。さらに、移築された京都市公会堂の東館が焼失したために一九三一（昭和六）年に新築された建物も、鉄筋コンクリート造で建物の形式は西洋建築でありながら、瓦屋根や唐破風の車寄せなど、以前の和風の意匠が大胆に取り

写真15　昭和5年ごろの岡崎
平安神宮を中心に美術館、商品陳列所、図書館などが配置されている

写真16　京都府立図書館　1908(明治41)年　武田五一設計

写真17　京都市美術館　1933(昭和8)年　前田健次郎原設計

入れられたものとなっている（現在の京都会館中庭に現存・写真18）。

こうして見ると、岡崎の公共施設の意匠に共通した特徴を指摘するのは難しい。それは、高木博志が指摘した平安神宮などに託された「国風文化」のように、ひとつの表現に収斂していくものではない。しかし、これらの公的施設の意匠は、いずれも象徴的な意味合いを発信しているという点では共通しているといえるだろ。それは、まさに博覧会的といってもよい。

建築家の武田五一は、ヨーロッパ留学で学んだ新しいデザインを日本に紹介した建築家として知られるが、岡崎の建物にもそのことは強くうかがえる。一方で、京都市公会堂は、御大典の大饗宴場としての和風建築の威厳を誇り、また京都市美術館は帝冠様式とも呼ばれる、あえて洋の上に和を載せた様式が用いられた。いずれも、自らの意匠の存在を強く発信しようとしたものとなっている。さらにいえば、戦後のことになるが、京都市公会堂の跡地に建てられた、戦後日本のモダニズム（近代主義）建築を代表する作品となる京都会館（前川國男設計）を、ここに加えてもよいだろう。

写真18　京都市公会堂東館（現・京都市美術館別館）　1931（昭和4）年

こうした建物群にあって、さらに特異な存在としてあるのが、平安神宮の大鳥居である（写真19）。これは、昭和天皇の即位の大礼を記念して一九二八（昭和三）年に建設されたもので、高さは二四メートルにもおよぶ。しかし、さきほどの三大事業の完工式のときに設置された巨大な緑門も二二メートルあった。実は、内国勧業博以降に岡崎で開催された各種の博覧会や祝賀会では、同様に高い門や塔状の構築物が常に建設されていた（写真20）。それらは、イベントのシンボルとしてつくられたのである。この大鳥居の建設もそこに位置づけられるものだ。そして、その偉容が恒久的なシンボルとして残されることになったのである。その存在は、京都の近代化のステージとなった岡崎を最も象徴するものと位置づけられるのである。

岡崎は、人々が集う公の空間としての機能を担うようになる。その後、その集う空間が恒常的な施設として建設されるようになると、そこにはさまざまな意匠が仕掛けられることになった。洋であり和であり、あるいは鳥居であり、帝冠様式であり、いずれも何らかの意匠的な意味を強く発信するものであった。そこには、近代化のなかで求められるようになる公の意匠について、都として千年以上の

写真19　平安神宮大鳥居

歴史を持つ都市だからこそ持ちえた表現の揺れ幅の大きさが示されていたといえるのかもしれない。

ところで、明治二二年（一八八九年）に市制が公布されたころから、京都市内ではいくつかの市政団体が設立されていく。岡崎の開発は、田畑や雑木林を利用して実現したものではあるが、それでもその周辺には近世から続く市街地は残されており、その地域を支配する有力者（名望家）も存在した。そして、その有力者らも、一八九二（明治二五）年には鴨東倶楽部、さらに一八九四（明治二七）年には六盛会などの組織を設立させることになる（小林〔一九九四〕）。いずれも第四回内国勧業博覧会が開催される直前に設立されたことになるが、こうした市政団体はあくまで、市会における市内周辺部の発言力を確保しようとして組織されたものであり、岡崎のイベントや開発行為に主体的にかかわったものではなかったと考えられる。こうした市政団体が、都市空間の変容過程に直接的に関わっていくことになるのは、次章以降における中心部での都市改造事業からであった。

写真20　大正大礼京都博覧会（大正4年）に建設された万歳塔
背後に平安神宮の応天門が見える

第三章　技術を背景とする土木官吏の台頭

近代を受け入れる街

琵琶湖疏水の開削と内国勧業博覧会の開催、平安神宮の創建。京都の復興を目指して明治二〇年代に立て続けに実施された一連の事業は、いずれも鴨東の岡崎という場を舞台とした。そのことで、たしかに岡崎は京都という街の近代化を象徴する場となっていく。そこは、京都に暮らす人々にとって、近代都市として新しく生まれた、日常の暮らしとは別の、「集う」空間として意識されるようになる。

では、それまで築いてきた日常の暮らしの場としての都市空間はどうなったのか。第一章で見たように、明治初頭には槇村正直の積極的な近代化政策により町＝共同体の閉鎖的な生活空間は、大きく開かれようとしたが、少なくとも街の空間構造やそれを基盤とする町並みの景観には大きな変化はもたらされなかった。それが大きく変容するのは、本格的な都市改造が実施される明治末から大正期にかけてであった。ここではその過程について見ていくことにするが、その前に、例外的にではあるがその都市改造の以前から、新しい街が生み出された二つの場所を確認しておきたい。

まず京都御苑の周辺である。御苑については前章で紹介したとおりで、公家屋敷が並ぶ街区が、一八七八（明治一一）年から三年ほどかけて整備され、石塁で囲まれた、あたかも平安京の大内裏のような「御苑」として整備された。しかし、そのさらに周囲に並んでいた公家屋敷や藩邸なども、主のいない空き家となったものが多かった。西陣で機道具屋を営んでいた明治二〇年生まれの住民が、子供の頃のそうした御苑周辺のようすを次のように述懐している。

二、三〇年前の明治維新まで、公卿や武士屋敷であった跡が、定紋付のいかめしい瓦をのせた門や土塀を囲んだ広い空地が草原や竹藪になって方々に残って居りました。そして市内の方々には広い空地も有り、畑地や竹藪も多く、長いお寺の土塀のある通りもあったので、日が暮れると人通りも少なく、寂しい、そして暗い夜路なので、月夜の外は提灯なしでは歩けませんでした。そして暗い場所には、古い狐や狸が時々出て、異様な音をたてたり石を投げたり、美人や坊さんに化けたりして、通行人を大変なやました話が毎晩のようにあったのです。（畑富吉『50年前の思い出を語る』一九六四）

たしかに、前章で見たように一八八一〔明治一四〕年からは、御苑において京都博覧会が毎年開催され人気を博するが、その開催期間は多いときで一〇〇日あまりである。御苑の周囲に広がる都市空間には、その限定的なイベントのにぎわいとは遠い、寂寥たる風景が広がっていたことがうかがえるだろう。

ここにさまざまな施設が進出してくることになるのだが、そこで目立ったのがキリスト教の施設であった。一八七五〔明治八〕年に設立された同志社英学校が、御苑の北に接する薩摩藩邸跡に学寮を建設し、その後、一八八四〔明治一七〕年から明治二〇年代にかけて、彰栄館、礼拝堂、書籍館〔現・有終館〕、ハリス理化学館、クラーク記念館〔いずれも現存・国指定重要文化財〕と立て続けに西洋意匠の煉瓦造校舎を完成させ、当時としては特異なキャンパス景観をつくり出した〔写真21〕。

その校舎の建設が続いていた時期に、御苑の西に接して、日本聖公会の平安女学院が開校する。この学校は、大阪の

写真21　同志社大学キャンパス（1985年ごろ）
手前から彰栄館、チャペル、ハリス理化学館、クラーク記念館と並ぶ

川口居留地に一八七五（明治八）年に開校されていた照暗女学校が京都に移転し、校名を京都らしく改めたものだ。ここでも煉瓦造の校舎（現存する明治館）が一八九四（明治二七）年に建設され、煉瓦造の礼拝堂（聖アグネス教会）も一八九七（明治三〇）年には完成する。

一方、御苑の南側にはその後、一九〇三（明治三六）年に京都ハリストス正教会が木造の聖堂を完成させる（写真22）。ビザンチン様式という、いまでも異彩を放っているその特異な様式の建築を設計したのは、前章で武徳殿の設計者として登場した建築家・松室重光だ。この教会堂以降、全国に建設されるハリストス正教会の聖堂は、この京都教会がモデルとなっていく。ちなみに、松室もまた東京帝国大学造家学科出身であったが、卒業後、京都府技師として雇われ古社寺の調査や修復に奔走しながら、この聖堂完成の翌年に竣工する京都府庁舎（旧本館）の設計もこなしている。当時の建築家が、いかに幅広い能力を持ち、その能力にどれほど期

写真22　京都ハリストス正教会聖堂
1903（明治36）年　松室重光設計

待が寄せられていたかがよくわかる。

そして、御苑の東側には日本組合基督教会の教会として洛陽教会が一八九〇（明治二三）年に設立され、今は建て替えられてしまったが、一九一二（明治四五）年には日本で活躍した米人建築家W・M・ヴォーリズの設計により、木造の教会堂が建設されていた。

つまり、御苑の東西南北いずれにも、明治期にキリスト教の学校あるいは教会堂が建設されたのである。もちろん、それはキリスト教の各宗派が京都での布教を進める拠点として、御苑の周辺に広がった藩邸跡等の空地を利用したと捉えることができるわけだが、御苑という存在も大きかったはずだ。平安女学院が大阪川口の居留地から、わざわざ御苑に隣接した場所に転居してきた事例に典型的に示されるように、岩倉具視の旧慣保存の主張などから天皇の御所としての役割をそのまま引き継ぐことになる京都御所の近くに、その宗派の拠点を置くことは、布教にあたって戦略的にも重要な意味を持ったと考えられる。

こうして京都御苑の周囲には、町家がつらなる人々の日常風景のなかに、キリスト教施設を中心とした西洋建築がはめ込まれていくという、特異な風景が展開されることになったのである。

そしてもうひとつ、町並みにおいて明治初期から大きな変容を遂げた場所があった。それは、三条通を中心とした地区である。いうまでもなく、三条通は江戸期からすでに京都の物流・経済の中心であった。東海道五十三次の西のターミナルである三条大橋からさらに西へ、三条通に沿って旅籠や飛脚問屋、両替商、あるいは東北・北陸への物資を扱う北国問屋などが軒を並べた。また、京都でつくられた製品、あるいは東国から運ばれた各種の物資は、三条通から高瀬舟に乗せられ大坂まで運ばれることになる。

そうした三条通の役割は、明治維新を経てもしばらくは変わらなかった。もちろん、飛脚問屋が郵便局に、両替商が銀行になるなど、近代産業の成立とともに業態は変わることになる。さらに、新しい情報産業として新聞社が続々と設立されるが、その多くも三条通沿いに立地した。ここで重要なことは、そうした新たな業態の店舗が、ことごとく西洋の建築意匠を持ち込んだことである。

それは、産業の近代化だけでなく近代制度の導入も大きな契機となっている。一八七一（明治四）年に発足する郵便制度により、東京、大阪とともに京都にも郵便役所が設けられ、それが京都郵便電信局となり、一九〇二（明治三五）年に錬瓦造でルネサンス様式の華麗な局舎が新築される。それは今でも外壁だけが残され、中京郵便局として三条通のシンボル的な建物となっている（写真

写真23　中京郵便局　1902（明治35）年　逓信省営繕課設計

23)。あるいは、一八八二（明治一五）年に日本銀行が設立されるが、一八九四（明治二七）年にはその京都出張所が設けられ、一九〇六（明治三九）年に三条通に新営業所が、煉瓦造の東京駅や日本銀行本店の設計者でもある辰野金吾の設計により、やはり煉瓦造の西洋建築として完成する（現在の京都府文化博物館別館）。

そのほか、明治期の三条通には、銀行や保険会社、新聞社などが相次いで西洋建築の店舗を構えるようになった。それだけではない。たとえば、時計店のような、近代になり流行する商品を扱う店舗も、こぞって西洋意匠の店舗を構えるようになった。写真24は、その遺構のひとつである家邊徳時計店（一八九〇年・明治二三年築）である。いまは撤去されているが、この洋風の煉瓦造の店構えの上には、立派な時計塔が載っていた。こうした時計塔を戴く時計店は、この店だけでなく何軒か存在していたという。ただし、この店構えの奥にある店主の住まいは、木造の町家の形式のままである。

写真24　家邊徳時計店

もちろん、業態によっては表側も含め町家の形式のままの店構えの店舗も多かった。つまり、従来の町家の町並みのなかに、西洋の意匠を持った大小の店舗がはめ込まれるというかたちの町並みが形成されていったのである。ただし、そうした町並みは、明治期を通じてほぼこの三条通、あるいはその近隣に限定されていたといってよい。それが京都の街に広がっていく契機となるのが、次に見る都市改造事業であるわけだ。

臨時土木委員会での議論

京都御苑周辺へのキリスト教施設の進出や、三条通での西洋建築の建設は、それぞれの事業者が個別に行った事業が積み重なった結果としてあるものだ。それに対して、ここで論じる都市改造の事業には、当然ながら都市全体を視野に入れた政策とそれを支える理念が必要となる。それはどのようにつくり出されていったのだろうか。ここでは、その政策立案にいたる過程に着目することになる。

琵琶湖疏水事業を実現させ、それにともなう鴨東開発計画も立ち上げた府知事・北垣国道は、当然のこととして京都の中心部の都市改造計画もあたためていた。実際に、前章で紹介した、琵琶湖疏水にともなう鴨東地区の都市基盤の整備を示した京都府会での陳述（一八八九年・明治二二年）において、将来的には京都市全体におよぶ都市改造が必要であると指摘している。具体的には、東京の市区改正事業を参考にして、道路拡幅と拡幅した道路への路面電車の敷設を提案しているのだ。

市区改正事業とは、一九一九（大正八）年に都市計画法が定められる以前に都市ごとに実施された都市改造事業である。それは、序章でも示したとおり帝都としての整備が急務であった東京から始まる。一八八八（明治二一）年には、内務省によって東京市区改正条例が公布され、翌年には計画案が公示され、道路拡幅と路面電車敷設の事業が始まっていた。京都でも、それにならい、同様の事業を興したいとしたのである。

ただし、この構想は実現されることはなかった。北垣がその都市改造構想を述べた年から、市制特例が始まる。これは、東京市・京都市・大阪市の三つの市に限っては、政府が強い管理下に置くために、政府（内務省）が任命する府知事が市長の職務を執り行うというものであった。これにより、実質的に都市改造の主体となるべき京都市の実行力が奪われてしまう。もちろん、東京に比べれば、経済基盤はまだ弱く、時期尚早であったということもあるだろう。またそもそも、市区改正条例が東京に限定された制度でしかなかったということもある。いずれにしても、北垣にとってこの都市改造の構想の政策的な優先順位は高いものにはならなかったようだ。実際に、琵琶湖疏水事業の後に北垣が狙っていたのは、京都・舞鶴間の鉄道の敷設であったという（高久［二〇一一］）。

そうした事情から、実質的に都市改造事業の議論が進むのは、市制特例が強い批判を受けて、一八九八（明治三一）年に廃止され、初代の京都市長が誕生して以降のことであった。しかし、実はその前年から、都市改造の議論が京都市臨時土木委員会という場で始まっている。市制特例のもとでは、市会での議論がそのまま政策に結びつかない。そこには市長を兼ねる府知事が介在することになるのだが、市会の下に専門委員会を組織することはできる。そこで設置されたのが、この臨時土木委員会だった。ここでの議論は、その後の実際の都市改造につながる最初のものであったと考えられるのだが、ここで着目したいのは、誰がどのようなイニシアティブをとって計画案の議論を進めたかである。とりわけ注目したいのは、都市改造事業を技術的に支える存在となる土木技術官吏の台頭である。

この点は、本書全体の議論にかかわる重要な論点を含むことになるので、少し詳しくなってしまうが、その京都市臨時土木委員会の経緯を見ることにしよう。この委員会は、都市空間の変容について、序章で述べた議会の公共圏での最初の議論の場となったものであると思われるのである。

この委員会設立の契機となったのは、一八九七（明治三〇）年九月の市会での議決であった。そこでは、伝染病対策と、京都駅と京都御所を結ぶ行幸道路の必要性などの説明があり、市内道路の拡張と下水改良の調査に着手するという議案が可決された。東京・大阪・京都は三都と呼ばれていたが、このころの京都はその三都のなかから脱落するのではないかという不安が漂っていたという（『京都市政史 第一巻』二〇〇九年）。とりわけ深刻だったのは、毎年のように繰り返される伝染病の流行であった。それは上下水道の敷設ができていないことに起因した。東京、大阪はもちろん、このころまでには横浜、神戸、広島などでも上水道はすでに敷設されていたのである。いわゆるインフラ整備において、京都市はきわめて遅れた状態だった。

さらに、近代的交通手段の基盤となる道路の拡幅においても、ほとんど手つかずであった。とりわけ京都の場合には、行幸道路の整備が急務であったはずだが、その計画も進められないままだった。

前章で見た岩倉具視の旧慣保存の主張などから、一八八九（明治二二）年に皇室典範で「即位の礼」と「大嘗祭」は京都で行うと規定されたが、そうなると京都駅と御所を結ぶ道路を整備する必要が生まれたのである。

そうした状況を受けて、京都市会議員と京都府市部会議員による道路拡張と下水改良のための協議会が、五〇余名の議員が出席して開催されることとなった。会では「議論百出容易にまとまらざりし」状況だったが、とりあえず専門家も含めた調査を行うことになり、そこで設置されたのが、臨時土木委員会であったのである（『日出』明治三〇年九月一七日）。

ここで注目すべきは、京都府市部会では、すでに前年に下水改良について議論がなされていたとされ、その議論に、村田京都府技手が作成した「下水道改良高低調査図」なるものが提示されて説明が行われた点である。この段階で、すでに下水道の実測調査ができる専門技手が存在していたことがわかる（この村田技手については後に詳述）。

では、臨時委員会の委員の人選はどのように行われたのか。協議会の翌日に開催された市参事会では、市参事会、市会、市の「公民」から委員を選出することが決まり、次の市会で、それぞれ三名、七名、一〇名の委員を選出することとなった。ここでの「公民」とは、議員以外で当時の選挙権を持つもので、結局、議員になっていない、前章までに紹介した濱岡光哲をはじめとする、市内財界の有力者の七名が選出されている（『日出』明治三〇年一〇月七日）。

しかし、その後、臨時委員として有識経験者一五名が追加で嘱託されている。そのメンバーは、東京帝国大学土木工学科出身で、一八九七（明治三〇）年に設立されたばかりの京都帝国大学理工科大学土木工学科の初代教授となった二見鏡三朗や、京都帝国大学理工科大学土木工学科の助教授となる大藤高彦、東京帝国大学地質学科出身で京都帝国大学採鉱学科助教授になる比企忠など、事業に必要な各技術分野の専門学者が含まれていた。ただし、ここでの彼ら専門家の役割は、監督者として専門知識とそれに基づく調査データの提供に限られており、具体的な計画立案に携わる立場ではなかったようだ。彼らは、求めに応じてそれぞれの調査報告を説明し、委員会が最終的に市参事会に提出する答申（取調書）に、彼ら専門家の意見書を併載するにとどまっている。

それに対して、技師や技手などの専門官吏は、委員会での審議に欠かせない存在となっていく。委員会は、「臨時」と名がついていながら、答申を提出する一八九九（明治三二）年一〇月まで約二年間にわたり七五回も開催されており、そのほとんどの回に土木技師や同技手が出席している。ただし、市制特例下の京都市には、土木の専門技師・技手は存在しない。そこで最も重要な役割を果たすことになるのが、京都府の土木官吏であった谷井鋼三郎や、先述の村田五郎技手（後に京都市技手）であった。彼らは京都府の官吏でありながら、市の主催による臨時土木委員会に出席を要請され、調査とそれに基づく計画案、その経費見積もりなどについて常に説明を求められている。

もっとも、彼ら土木官吏が調査だけでなく、計画立案にも関与したとしても、この時点でその立場はそれほど大きなものではなかったと考えられる。臨時土木委員会における、道路拡張の議論では、当初は新設された京都駅や二条駅（京都鉄道）付近の整備のために周辺道路の部分的な新設・拡張を行う計画を立案するにとどまっていた（『日出』明治三〇年一一月一二日）。

その後、一八九八（明治三一）年にいよいよ市制特例が廃止され、初代民選京都市長が誕生する。それにともない、市役所の機能も独立し、いよいよ都市改造の計画案策定に向けた気運が盛り上がることになる。一八九九（明治三二）年一月の市会において、議員の一人（堤弥兵衛）から、後の道路拡張で実際に拡張される道路のひとつとなる烏丸通を、臨時土木委員会での調査対象から分離して、行幸道路としてすみやかに改修計画を立てるように建議がなされ、可決される事態が起こる（『日出』明治三二年一月一五日）。

これを受けて、市参事会はすぐに市制特例廃止後も継続していた臨時土木委員会に対して、烏丸通の拡張について調査するように指示している。ここでは、改造の計画立案を、市会の議員が積極的に主導するかたちになっていたことがわかる。しかし、市参事会の指示を受けた臨時土木委員会では、「既に他の調査も出来せる」として、四路線の拡張計画と、その予算を明らかにしている。すなわち、（一）烏丸通を一〇間幅にする、（二）その比較計画として、烏丸通より東側にある堺町通を一〇間幅にする、（三）烏丸通と直交する東西に通る御池通を一〇間幅にする、（四）その比較計画として、御池通より南側の三条通を一〇間幅にする、というものであった（『日出』明治三二年一月二六日）。これは、行幸道路だけでなく、南北と東西にそれぞれ拡張した道路を据えるという、きわめて都市計画的性格の色濃い案である（各通の位置は図7参照）。

注目すべきは、この臨時土木委員会の報告が、建議が可決されてからわずか一〇日後のことであっ

図7　三大事業以前に拡張が計画された道路（破線）と
同事業で実際に拡張され電気軌道が敷設された道路

た点だ。かなり以前から、こうした計画案の調査が進んでいたことがうかがえる。この時点で、ここまで計画的で詳細な事業案をつくることができる能力を有していたのは、土木事業の専門知識と経験を持つ、技師や技手の土木官吏以外にはありえなかったはずだ。ただし、計画立案の方向づけも彼らが行ったかどうかはわからない。上記の烏丸通の拡張計画のように市会議員がその計画案を主導する状況のもとでは、政策的な立場から計画案の策定を指示する人物が存在したと考えるべきであろう。

市長の構想と土木官吏の役割

市制特例が廃止され、最初の京都市長に就任したのは、有力呉服商であった内貴甚三郎である。実は、件の京都市臨時土木委員会も、市参事会から選出された内貴が、当初は委員長を務めていた。ちょうど一年後に京都市長に就任することになり、別の市参事会選出委員（大澤善助）に委員長が代わることになるのだが、市長となっても、都市改造に対する意志は強固なものであったようだ。なにより、市長就任時に、槇村正直の教育・勧業策を評価し、北垣国道の民業の発達のための琵琶湖疏水事業を評価し、そのうえで自らの当面の課題として、道路の拡幅と下水道の建設を都市構想として掲げたのである（『京都の歴史』第八巻　一九七五年）。

そして、内貴市長は、その後も一貫して都市改造のプランをリードすることになる。先述した臨時土木委員会が提示した南北と東西にそれぞれ拡張した道路を据えるという道路拡張案について、市参事会で市長自らその案を提起し可決されるにいたるのだが、その案は、臨時土木委員会の案よりもさらに踏み込んだものとなっていた（『日出』明治三二年二月一一日）。地価騰貴がはげしい状況を受け、下水改良や実際の拡張工事は後にまわしても、とりあえず道路拡張用地の買収だけでもしておくべきであるとし、臨時土木委員会が一〇間幅とした拡張計画も一二間幅にするべきだと指摘している。さらに、この内貴の提起を受けて二日後に開催された臨時土木委員会では、当時の京都市街の西端を南北に通る千本通と、京都駅北側に隣接して東西に通る七条通も拡張して「京都の大道を恰も井の字形と為し」という案さえ提起されている（『日出』明治三二年二月一五日）。これは、その後の実際の都市改造のプランにさらに近づいたものであった。

しかし結局、内貴市長の提起は市会で認められなかった。内貴は、その年の三月の市会で、烏丸通と御池通改修費を含む予算案を提出するが、道路拡張については、「断行派」と「延期派」に意見が分かれ、また拡張する道路を変更すべきなどの意見も出てまとまらず、結局次年度の予算案には組み込まれずに終わってしまう（『日出』明治三二年三月一七日）。これはまさに、市会での議論が利害の調整・調停に終始している状況を示すものだったといえるだろう。

実際に、利害をぶつけあう調停だからこそ、そこでの議論は住民からもきわめて注目されるものとなった。報道では、市の大問題である道路拡張について、賛否の意見の応酬が繰り返される状況は「殺気を含み」、その「光景も却々凄ましく」とされている。そして、この市会の傍聴人は二五〇名にも達したという（『日出』明治三二年三月四日）。

また、この市会では、道路拡張延期の建議が市長および市会議長に提出されているが、その理由としては、莫大な土木費について住民の負担が大きすぎることと、道路拡張により「家屋の構造に変化を起し」、それが「衛生上に害を与ふる」ことを挙げている（『日出』明治三二年三月一日）。結局、市会も住民も、この時点では都市改造の必要性は認めつつも、それをただちに実行することに強い抵抗を示したといえるだろう。

この市会での否決の後も、それを受けて半年以上、市の臨時土木委員会は審議を続け、一八九九（明治三二）年一〇月に市長宛の答申を提出し、役割を終える。この答申には、上下水道改良の計画・改修案も含まれたものとなっているが、道路拡張については、提起されていた「井の字形」案が、わずかに修正されただけで記載されている。ただし、工期を二期に分けて、烏丸通・御池通を第一期の事業とし、千本通・七条通（または松原通）を第二期の事業とするべきとしている（『京都市上下水道・市区拡張・道路改良取調書』一九〇〇年）。

その後一九〇〇（明治三三）年になり、市参事会はあらためて、烏丸通だけの拡張と下水道改良を合わせた予算案を、一五年計画として市会に提出した。そしてその年の六月に開催された市会では、前年と同じように傍聴人が二三〇余名も押し寄せ、警官も出動するさわぎにまでなった（『日出』明治三三年六月二七日）。しかし、この案は、当時の資本主義恐慌という状況にもかかわらず、前年の市会に提出された案よりさらに予算規模が拡大していた。それもあり、市会においては道路拡張の必要は認めるものの、財政上、下水改良と同時にはできないので、下水改良だけ起工する、ただしそれも三分の一を国庫補助に求めるという修正がなされてしまう。そして、結局は、国庫補助も得ることができず、両事業とも執行不能となった（『京都の歴史』第八巻）。内貴市長の掲げた都市改造の計画案がすべて挫折した瞬間であった。

ただし、この市会で注目すべきは、内貴がこの一五年計画に関連した事項であるとして行った説明である（『京都市政史 第1巻』二〇〇九年）。内貴は「京都策」として一時間あまりにわたって、自らの構想を述べた。そこでは、烏丸通や御池通を拡張道路として選んだ理由や、さらに東西南北それぞれに「三筋ノ貫通線ヲ必用ナリ」といった将来構想も述べている。これにより、一八九九（明治三二）年の臨時土木委員会で一挙に提示された、南北と東西にそれぞれ拡張した道路を据えるという計画案が、やはり内貴が描いたプランをもとにしたものであることが強くうかがえるのである。そして、市域拡張により市の東側を「風致保存」し、西側を工場地帯あるいは商業地域として開発する、さらには名所旧跡の積極的な保存策の必要性まで指摘した。

この構想の提示により、内貴市長が京都の将来的な都市計画・政策に明快なプランを持っていたことがわかる。市長にとっては、烏丸通の拡張と下水道改良というプランは、その最初の足がかりとしての事業として位置づけるものであった。臨時土木委員会での市全体を含む広域な街路計画の立案は、こうした内貴市長の都市計画に対する意志があったからこそ可能となったものであるはずだ。一八九九（明治三二）年の事業費の予測も含めて提示された、南北と東西の道路拡張案にしても、一九〇〇（明治三三）年の市会に示された烏丸通だけの拡張案にしても、それらは土木官吏たちによる調査・立案によるものではあるが、あくまで市長の構想を前提にしたものであったと理解できる。

そうした内貴市長の構想を具体的に実施案として立案していく土木官吏のなかでも、最も重要な役割を果たしたと思われるのが、村田五郎である。一八九八（明治三一）年一〇月に開庁式が行われ新たにスタートした京都市役所では、当初からスタッフとして技師・技手を任用した。京都府技手であった村田五郎は、このときに京都市技手の一人として採用されることになる（『村田五郎履歴』京都府立総合資料館所蔵京都府庁文書）。採用理由がわかる資料は残されていないが、以上見てきた臨時土木委員会での村田の活躍から考えれば、妥当な採用であったといえるだろう。二年間にわたる臨時土木委員会において、少なくとも内貴が市長であった後半期間の多くは村田五郎が中心となり、内貴市長の提起する土木事業の調査・立案を行ったと考えられるのである。

しかし、この村田をめぐっては、次に示すような土木技師としての資質が問われる事件が起きてしまう。それは、専門官吏のあり方をあらためて問わなければならない事態をもたらすのである。

伝統的土木技術の破綻

さて、一九〇〇（明治三三）年の市会に提示された烏丸通拡張と下水改良事業が実現できなくなった後も、京都の都市改造を目指す動きは、市役所内部では進められ、市の助役である大槻龍治が、その年よりヨーロッパ・アメリカの視察を行い、その報告書を翌年に市参事会に提出している。そこでは、上下水道と道路拡張について、ベルリンを日本の参考になる例としてとりあげ、積極的な都市改造の提言が行われている（『京都市政史 資料編 四』二〇〇三年）。大槻は、農商務省の官僚から京都市助役に就任した人物で、技術系の官吏ではないが、車道と歩道の分離など、その提言には都市計画技術にかかわる内容も含むものであったことが注目される。

また、この大槻の提言にも含まれていた、拡張した道路に敷設する市街鉄道を市営で行うべきという建議案が、一九〇二（明治三五）年の市会で可決され、さっそく議員による調査委員会が設けられる。さらに、琵琶湖疏水の流量を増強するために第二琵琶湖疏水を建設する案についても、一九〇二（明治三五）年の市会で建設願が可決され、内貴市長から府知事への請願が行われている。

しかし、一九〇四（明治三七）年に次の市長が就任するまでの間、実際の都市改造の事業は何も実施されなかった。この原因について、内貴甚三郎市長の「自らが強いリーダーシップを発揮して積極的な事業を展開させるという意欲には乏しかった」という消極的性格によるものだったとする指摘もある（伊藤［二〇〇七］）。もちろんそうした側面もあるだろうが、事業が展開されなかった要因のひとつとして、ここでは一九〇二（明治三五）年に起こった事件に注目したい。それは専門官吏の果たす役割が、都市支配の再編過程において大きく変化するようすを端的に示すものである。

一九〇二（明治三五）年の春の市会に、京都市西南部の不便を解消するためと、翌年大阪で開催される第五回内国勧業博覧会の準備のために、京都電気鉄道会社の路線を西洞院通の四条通より南に敷設する（図7参照）という建議が議員から出された（写真25が完成した姿）。同社は、一八九五（明治二八）年に日本で最初の営業用路面電車を走らせた電鉄会社で、道路拡張以前の狭い道路のまま、京都市内にいくつかの路線を敷設していた。この議決により、市参事会はこの電鉄会社と交渉を行い、西洞院通に流れる西洞院川を暗渠化し、そこに線路を敷設する計画を立て、約一二万円に見積もられた工費の半額を電鉄会社が寄付をする了解をとりつけ、設計案を市会に提出し決議された。

しかし、いよいよ起工しようとして内務省の工事認可を得るために、先ほどの臨時土木委員会の委員にも任命されていた京都帝国大学の大藤高彦に顧問を嘱託し、工事内容を調査させたところ、まったく不完全な設計であると指摘され大問題となる（『大阪朝日新聞京都付録』明治三五年七月三〇日）。一九〇二（明治三五）年の市参事会において、大藤高彦は、市の設計の勾配では大雨のときに十分に排水できず、また電車に乗客を満載するときには、その重量に耐えられないと指摘し、このまま工事をするのであれば、自分は顧問を辞退すると述べたのである（『日出』明治三五年七月三〇日）。ここで問題となったのは、追加で必要となる工費である。それはおおよそ一二万円、つまり当初の工費とほぼ同額が必要であることがわかり、市会では、この工費をどのように捻出するのか、そして、この不祥

写真25　京都電気鉄道西洞院通

事の責任は誰がどのように負うのかで紛糾する（『日出』明治三五年八月一日）。

追加の工費については、電鉄会社に同じように半額を寄付させることはできないだろうとして、結局、追加分も合わせた総額の三分の一を寄付してもらうこととなった。一方で意見が分かれ紛糾したのが責任問題である。欠陥のある工事設計を見逃したのは市参事会であるので、そのメンバーは責任をとり全員辞職すべきという意見や、もともと市会でも議員による調査委員会を設けて決定した工事なので、参事会だけでなく市会にも責任があるはずという意見がある一方、技術上のことは素人にはわからないので、その過ちにいちいち議員が責任をとる必要はないという意見も出された（『日出』明治三五年八月五日）。結局、市参事会の責任については、それを代表するかたちで市長が市会に陳謝することで決着した。

では、この欠陥のある設計を行った土木官吏は誰であったのか。その設計は、村田五郎がもっぱら担当したものであった。先述のとおり、京都市に採用される時点で技手であった村田は、一九〇一（明治三四）年からは京都市の主任技師に昇格していた。村田は、大藤の欠陥の指摘を受け、海外視察で都市改造の提言をまとめ、この事業の担当助役だった大槻龍治とともに辞表を市長に提出することになる（『朝日新聞京都付録』明治三五年八月三日）。どちらも受理されずに、村田に罰金千円が課せられるだけで決着するが、結局村田は京都市を去ることとなった。

村田には同情する意見が多かった。村田は、技師とはいえども「深く専門の学科を修しと云に在らず」、「市に於ても平素より技師として十分の待遇を与へ居るにあらざれば」重大な責任を負わせるのは残酷であるとされたのである（『日出』明治三五年八月六日）。そして、「将来市に於て各種の工事を経営するに就ては学術よりも寧ろ実地の地理歴史等に精通せし村田技師の如き人も必要なりとて矢張其儘任せしむる事となりしよし」として、辞職はむしろ市の損失になると評価されたのである。

では、深く専門の学科を修めていない専門官吏とはどのような存在であったのか。村田の履歴は、京都府時代のものが残されている（『村田五郎履歴』京都府立総合資料館所蔵京都府庁文書）。それによれば、村田は一八五八（安政五）年山口県に生まれ、一年間の警視庁勤務を経て一八八一（明治一四）年から山口県に御用掛として雇われている。その後、土木掛を命じられ、一八八四（明治一七）年に「道路改修ノ為非常勉励」につき賞与月給半額を下賜されている。この道路改修とは、一八八四（明治一七）年五月に竣工した、山口県の萩と大田を結ぶ鹿背隧道の工事であった。

ここで注目されるのは、琵琶湖疏水事業との関連である。山口県では、鹿背隧道に続いて、三田尻港と山口の間に、さらに大規模な鯖山隧道を一八八六（明治一九）年に完成させる。この二つの工事は、ともに同じ工事業者の石組職・石田亀吉が請け負っていた（『山口県史 資料編 近代4』二〇〇三年）。そして、鯖山隧道は当時日本人の手だけで掘削されたトンネルとして、琵琶湖疏水の工事の参考事例となり、一八八五（明治一八）年に琵琶湖疏水の設計者である田辺朔郎らが調査を行っている（『訂正琵琶湖疏水要誌全』一八九六年）。さらに、琵琶湖疏水工事の技術者集めに苦労していた田辺らは、山口県に依頼して鯖山隧道工事に従事した職人たち六名を雇い入れた。それが石組職・石田亀吉の職人であった（京都新聞社編集『琵琶湖疏水の１００年』一九九〇年）。

村田は、理由は不明だが、鯖山隧道の完成前の一八八五（明治一八）年に山口県を依願退職していて、その後八年ほど経歴がわからない。その後、岡山県の雇を半年間つとめた後に、一八九四（明治二七）年に京都府技手として採用されている。確証はないが、琵琶湖疏水事業との関係などからして、京都府は、村田の鹿背隧道や鯖山隧道での山口県土木掛としての実績を評価して、彼を採用したことが考えられる。

いずれにしても、こうした経歴から、村田五郎は特に土木の専門教育を受けたわけではなく、実際のトンネル掘削事業等の現場で実践的な技能を身につけた官吏であったといえるだろう。そして、その技能は、近世から続く伝統的な技術を基盤としたものだったはずだ。排水の処理や電車の荷重に対する耐力計算など高度な技能を必要とされた西洞院通暗渠化の設計においては、そうした伝統的な技能だけでは通用しないことが露呈してしまったといえるわけだ。もちろん、そうした伝統的な技能だけで土木官吏をつとめていたのは村田だけではないはずである。

明治後半期の都市改造が必要となる時代においては、そこに求められる近代技術を背景として、こうした旧来の土木官吏たちの役割が終わり、それに代わり近代土木技術を修めた技師が台頭していくことになったと考えられる。そのことを明らかにするには、村田も含めた京都府、京都市の技師たちがどのような人材で、どのようにその役割を変えられていったのかを確かめる必要があるだろう。そこで、作成したのが表1である。これは、内閣官報局編『職員録』などをもとに作成した、京都市の臨時土木委員会から実際の都市改造事業が始まるまでの期間の、京都府・京都市の技師の一覧である。

年	京都府技師	京都市技師
1895	谷井鋼三郎	市政特例で市技師はなし
1896	谷井鋼三郎、佐藤代吉(京都府農学校)、平田専太郎	
1897	谷井鋼三郎、佐藤代吉、平田専太郎、大日方晴希	
1898	(『職員録』がこの年の分だけ欠けており不明)	
1899	佐藤代吉、望月龍三、松室重光、木村良、粕谷素直	なし(技手2名)
1900	石田二男雄、佐藤議長、望月龍三、松室重光、木村良、川村注、神谷彦太郎	松室重光、植村常吉
1901	石田二男雄、佐藤議長、望月龍三、松室重光、木村良(京都府農会)、河村注(警察衛生技師)、細田多次郎(府立農学校教諭)	松室重光、植村常吉、村田五郎
1902	石田二男雄、佐藤議長、望月龍三、松室重光、木村良、河村注、細田多次郎	松室重光、植村常吉、村田五郎
1903	石田二男雄、新荘三郎(農事試験場)、望月龍三(警察獣医)、松室重光、木村良、河村注、細田多次郎、米丸忠太郎(農事試験場)	井上秀二、松室重光、植村常吉、阪田時和
1904	石田二男雄、新荘三郎、岡本桂次郎(通信技師)、松室重光、木村良、古川元直(警察衛生技師)、河村注、米丸忠太郎、早阪恒太郎(府立農林学校教諭)	井上秀二、植村常吉、阪田時和、山田忠三、松室重光
1905	石田二男雄、鏡保之助(農事試験場技師)、新荘三郎、木村良、武田五一(京都高等工芸学校)、河村注、古川元直(衛生技師)、早阪恒太郎、松平次郎(農事試験場技師)、柿沼平吉(蚕種検査員)、木幡茂	加藤勇次郎、井上秀二、植村常吉、山田忠三
1906	鏡保之助、木村良、武田五一、河村注、利根川守三郎(通信技師)、古川元直、早阪恒太郎、松平次郎、柿沼平吉、木幡茂	井上秀二、大瀧鼎四郎、境田賢吉、中村輪、山田忠三
1907	鏡保之助、木村良、武田五一、利根川守三郎、古川元直、寺崎新策、早阪恒太郎、松平次郎、木幡茂、松平次郎、森下馬助(農事試験場技師)、斉藤勝蔵(林業技師)	井上秀二、大瀧鼎四郎、境田賢吉、大杉齢次、多田耕象、原全路、永田兵三郎、中村輪、山田忠三
1908	鏡保之助、武田五一、寺崎新策、古川元直、井堤疇一(衛生技師)、木幡茂、松平次郎、柿沼平吉、亀岡末吉(古社寺修理監督)、佐藤捨三郎、中条一資(電気事業検査員)、斉藤勝蔵、森下馬助(農事試験場)	井上秀二、大瀧鼎四郎、境田賢吉、大杉齢次、多田耕象、原全路、永田兵三郎、中村輪、山田忠三、安田靖一

表1　京都府および京都市の技師

表中、土木および建築系の官吏として確認できた者をゴシック体で示してある。この表からは、京都府と京都市が都市改造に向き合う状況の変化を端的にうかがうことができて興味深い。

このなかで、土木系の京都府技師で、西洞院川の暗渠化をめぐる事件が起こる一九〇二（明治三五）年までに在籍した者は三人いることになるが、この三名は以下のとおりいずれも東京帝国大学出身である。当時は、まだ京都帝国大学に土木工学科も建築学科も存在していないので、この三人だけが土木系の専門教育を受けた学士であったと考えられる。

表から、臨時土木委員会の始まる前の一八九五（明治二八）年には、京都府で唯一の技師であったことがわかる谷井鋼三郎は、東京帝国大学土木工学科を一八八八（明治二一）年に卒業している。先述のとおり、谷井は臨時土木委員会では委員を任じられるが、京都市役所が実質的にスタートしてから、府技師を辞している。それに代わるように府技師に採用されるのが、東京帝国大学造家学科を卒業した松室重光である。前章で武徳殿やハリストス正教会の設計者として紹介した人物だ。松室は一九〇四（明治三七）年に竣工する京都府庁舎の設計を担ったことでも知られるが、一八九七（明治三〇）年に制定された古社寺保存法を受けて、京都における古社寺の調査と修理に必要な人材として雇われた技師であり、京都府、京都市の両方の技師を兼任していた（石田・中川［一九八四］）。また、一九〇〇（明治三三）年から京都府技師となる石田二男雄も、東京帝国大学土木工学科を卒業し、その後、東京山林学校で測量・土木の教授をつとめた後に京都府に採用されている。

一方で、京都市の技師は、京都市役所が開庁した一八九八（明治三一）年以降に雇用されることになるが、京都府技師を兼任した松室を除けば、西洞院川暗渠化の事件の一九〇二（明治三五）年までに技師となった二人とも、京都府技手から採用した人材で、専門教育を受けた学士ではなかった。村田より前に一九〇〇（明治三三）年から技師となった植村常吉も、京都株式取引所などを手がけた建築家だが（『明治大正建築写真聚覧』一九三六年）、明らかに地場の建設業から選ばれて官吏となった人物であった。

この後、京都府の技師はその数を増やしていくが、その兼務先でわかるとおり、そのほとんどは農業、通信、衛生などの分野である。逆に、石田二男雄が退任した一九〇六（明治三九）年以降では、都市計画事業を担うと見られる土木系技師はいなくなる。一方、京都市も技師の数を増やしていくが、そのほとんどが土木・建築系であり、なおかつ技手の数も確実に増やしていく。つまり、京都市役所が開庁して以降、急務となる都市改造・都市計画の調査・計画業務は京都府から京都市に移り、京都市では数多くの土木・建築系の技師や技手を採用することとなった。しかし、技師の給与として確保できる予算が、京都市では限られており、東京帝国大学で近代的技術を学んだ学士を採用することが困難であったという状況を見てとることができるのである。そのために、伝統的な技能を基盤とする技師の限界を露呈してしまったということであろう。

実は、こうした状況は京都市だけのものではなかったと考えられる。西洞院川の暗渠化の設計不備に対する市参事会の責任を追及する新聞報道のなかで「先年大阪にても下水道工事の失体に関して市参事会員一同責を負ふて引退し即日直ちに再選されし例もあれば」と指摘している（『日出』明治三五年八月一日)。この大阪の下水道工事の失態とは、一八九五(明治二八)年に発覚したもので、工事中の大雨で仕上げたモルタルの各所に亀裂が生じて水がもれ、施工ミスであるとして市会が紛糾した事件である。この工事は、巨費を投じたわが国最初の大規模な下水道工事であったが、未熟な土木技術のために不備が生じたもので、その施工状況を内務省衛生局の顧問技師だったバルトン(W.R. Burton)に確認してもらい、問題がないとしてようやく解決する(『大阪市下水道事業誌 第1巻』一九八三年)。この例からもわかるように、府県ではなく市町村単位で都市インフラの整備が求められるようになる明治中期以降、その設計を担う市町村の土木官吏が、西洋近代の土木技術を持ち合わせないために、求められる設計能力に応えることができないという事態が生じていたと考えられるのである。

迎えられる学士の土木専門官吏

そこで京都市では、西洋近代の土木技術を専門的に学んだ専門官吏が求められることになる。それまでの伝統的な技能を基盤とする専門官吏ではなく、近代土木技術を修め、それを駆使する専門官吏が必要となったのである。西洞院川の暗渠化設計の不備に関して新聞報道では「市長は予て市に学識経験卓抜の技師を聘せんとて其俸給を三十五年度予算に組込みたるに、市参事会は之を不用とし削除したる事実ある由」と報じている(『朝日新聞京都付録』明治三五年八月三日)。しかし、一九〇二(明治三五)年の市参事会では、市に適当な技師がいないことが西洞院川暗渠化の不祥事のなによりの原因なので、新たに工学士三名を技師に任用することを決議している（『日出』明治三五年八月一七日）。そして、市会においても、大槻助役より将来市において経営すべき工事も増加するだろうからと説明があり、専門の知識を有する学士を技師として聘雇する案が提起され可決される。ただし、その数は一名に変更されていた（『日出』明治三五年八月二一日）。

ここで新たに雇用する技師の年俸は一二〇〇円とされている。この年の村田五郎技師の年俸は六〇〇円であり、翌年の京都府技師の最高年俸（石田二男雄）が一〇〇〇円であることを考えると、この待遇は破格のものであったといえるだろう（内閣官報局編『職員録』）。その高給で京都市技師に迎えられたのが、井上秀二であった（写真26）。それはどのような人物だったのか。そして、高給で迎えられ期待された役割を、どのようなかたちでこなしていったのか。京都の都市改造事業の内実を明らかにするためには、この人物に着目する必要があるだろう。

井上秀二は、一八七六（明治九）年に仙台で生まれ、一九〇〇（明治三三）年に京都帝国大学理工科大学土木工学科を第一期生として卒業し、そのまま助教授に採用されている（『土木学会誌』第二九巻第五号　一九四三年）。西洞院川暗渠化事件の際に再調査を行った顧問のメンバーとして、京都帝大の恩師である大藤といっしょに名前も挙がっていた。おそらくは、大藤の推薦もあってのことだろう。教え子の井上が、そのまま京都市の技師に就任することになった。そしてこの井上は、後述するように、

写真26　井上秀二

その後の京都市の都市改造事業の成功に、最も貢献した技術者とされる人物となるのである。

ここで注目したいのは、その井上の技師としての貢献が、村田五郎の場合とは大きく異なることになったと考えられる点である。村田は、内貴市長の構想を計画案・設計案として具体化する仕事を担っただけであったが、井上は、そのうえでさらに積極的に事業のイニシアティブをとろうとする動きを見せる。

井上が京都市技師に任命されたのは、一九〇三（明治三六）年である。最初の仕事は、むろん西洞院川暗渠化の設計のやり直しであったが（明治三七年・一九〇四年竣工）、その後、さまざまな土木工事にかかわっていく。もちろん、村田五郎技師と同じように内貴市長の構想に基づく調査も担当する。都市改造が実現できない状況が続き、その批判も強くなるなかで、内貴は市会で時期尚早として否決された烏丸通の拡張事業を、一九〇四（明治三七）年度の予算に再度盛り込もうとして市参事会で議論が行われた。東本願寺前から五条通までというごく一部の拡張計画だったが、内貴としては、これを契機にして「数年のうち漸次烏丸通を南北の大道と為し然る後御池通は東西の大道に改める心算」であった（『朝日新聞京都付録』明治三六年一一月一九日）。結局その計画案は実現されなかったが、そのための調査・設計は井上秀二技師に任されていた（『日出』明治三六年一一月一四日）。

しかし一方で、井上自身が構想や計画理念を示すこともあった。たとえば、就任直後の一九〇二（明治三五）年の四条大橋で計画された改修工事設計では、それを報じる新聞紙上に「井上工学士は語って曰く」として、現在の橋梁の技術や材料の可能性などを詳しく披瀝し「東京、大阪、京都の三府中橋梁の不完全なるを京都市とす」として「四条大橋の改修は真に刻下の急務」だと指摘している（『日出』明治三五年九月一六日）。つまり、ここでは自らの知識を背景に計画の技術的合理性やビジョンを主張しているのである。

そして、井上秀二技師のそうした政策ビジョンまでも積極的に示そうとする姿勢を最も鮮明に打ち出したと思われるのが、『都市の経営』という二九二頁にわたる翻訳書の出版である。井上は「米国市民叢書の一編にして、彼の国知名の士『ベーカー』氏の」著作である『都市の土木及衛生事業』という本を翻訳し、これを『都市の経営』と改題して、市参事会に提出した。市参事会は「訳者の微衷を察し」これを市参事会発行として、一九〇四（明治三七）年一〇月に出版したのである。

原著のデータが記載されていないが、内容からしてこれは、一九〇二年にニューヨークで出版されたMoses Nelson Baker著の「*Municipal Engineering and Sanitation*」であることがわかる。Moses Nelson Bakerは、米国の"Engineering News"誌の編集長を務めたエンジニア系のライターであり、この著作にはタイトルどおり、交通、給水、汚水処理、防火、公園、衛生・土木政策など、地方自治に必要な土木・衛生事業が網羅的に論じられている。

井上は、訳書の「自序」で、封建時代ではない現在の自治行政の時代においては「如何に都市を経営し、如何なる事業をなし、如何なる方法を採り、以て市民の福祉を増進せしむべき」かが二〇世紀の一大問題になっているのだと主張している。つまり、この本で紹介される衛生・土木のさまざまな事業こそが井上が理解する都市の経営そのものであったのだ。

では市参事会から出版されたというこの本は、はたしてどれほど読まれたものであったのか。たとえば、わが国における都市美運動をリードした橡内吉胤の『都市計画』（大正一五年・一九二六年）では、都市に関する図書として五一冊を取り上げているなかで、片山潜の『都市社会主義』の次に『都市の経営』を挙げている（著者は井上秀二となっている）。また、著名な教育者として知られる湯原元一が著した『都市教育論』（大正二年・一九一三年）でも、都市を論じた著作として挙げられた九冊のなかに『都市の経営』が含まれている。たしかに、この本は、訳書ではあるものの都市を扱った著作として、わが国で先駆的なものとして知られていたようである。

土木官吏の台頭が意味するもの

しかし、この後の都市改造事業の計画立案に、井上のこの本がどれだけの影響を与えたかは、実のところよくわからない。少なくとも、市会の議論や井上の主張などに、この『都市の経営』が参照される場面は見あたらない。ただしそれは、次に示すように、実際の都市改造事業が実施される時点では、衛生・土木事業のあり方にさかのぼって都市経営の議論を行う段階ではすでになくなっていたということを物語っているともいえるだろう。

では、その実際の都市改造事業とはどのようなものだったのか。まずそのことを確認しておこう。それは、三大事業と名づけられ、一九〇八（明治四一）年一〇月に起工式が行われ、一九二六（明治四五）年六月に竣工式を行った事業である。三大事業とは、琵琶湖疏水の電力供給を増強する必要から主に計画された第二琵琶湖疏水を建設すること、またその疏水の水を利用して上水道を市内に敷設すること、そして市内の道路の拡幅とそこへの電気鉄道の敷設の三つを同時に行った事業である。内貴市長の時代に実現できないままになったために、京都の都市改造は、帝都・東京だけでなく大阪からも大幅に遅れをとっていた。そこで、三つの事業を合わせて一度に実施したのが三大事業であった。

この三大事業は、内貴甚三郎の後に一九〇四（明治三七）年より京都市長となる西郷菊次郎のもとで実現した事業である。西郷菊次郎とは、西郷隆盛の子として一八六一（文久元）年に生まれ、日清戦争後の台湾で事務官として治水事業や上水道建設などに手腕を発揮した人物である。京都とはそれまで縁のないこの人物を市長に抜擢したのは、前章で見た琵琶湖疏水事業を成し遂げた北垣国道であったという（『京都市政史 第1巻』二〇〇九年）。府知事を辞任した北垣は、それでも京都発展への思いは強く、とりわけ都市改造などの事業に実績を持つ人材を広い視野から探して推薦したという。三大事業の内容には、内貴甚三郎の時代に構想されたものが多く含まれるが、それを実質的にまとめあげ、強力な実行力で実現させたのが西郷菊次郎だったといえるだろう。

実際の三大事業が本格化するのは、日露戦争が終結した後である。西郷市長は一九〇六（明治三九）年の市会で、初めて「三大事業」という名称を提示し、同年の市会で、第二疏水と上水道の建設予算が可決する。さらに、市街電車の民営か市営かの対立にようやく調整がつき、翌年の市会で、道路拡幅と市営の電気鉄道建設の予算案が可決される。しかし実際の事業は、欧米の金融事情の悪化から、予定していた外債募集が困難となり進まず、一九〇六（明治三九）年にフランス外債の契約が成立した後に、ようやく本格的に始動していくことになった。

技師の井上秀二は、内貴市長から引き続き、西郷が市長になった後も土木技師を務め、三大事業を技師として支えていくことになる。しかし、その過程において、井上が事業計画立案のイニシアティブをとる場面はきわめて限られていたと考えられる。たとえば、三大事業のなかで最も理念やビジョンが求められるはずの道路拡張の計画立案でも、井上がかかわった時点では、すでに施工方法の検討や利害調整の段階になっていた。西郷が三大事業の構想を説明する以前、一九〇五（明治三八）年に府市部会から京都府知事あてに道路拡張を要望する意見が提出され、府と市の合同で道路拡張調査委員会が設けられ、京都市助役や京都府技師らとともに井上も主査となり、実質的な審議が行われている。しかし、そこでは、将来の道路拡張の際の買収や立ち退き経費などについて実地に調査することを決めただけで、拡幅道路の選定などを含む案は「去る明治三一年京都市役所に於て調査したる案を参考に」とされている（『日出』明治三九年二月一七日）。この市役所の案とは、すでに示した、一八九九（明治三二）年、内貴市長の時代に市臨時土木委員会が立案した烏丸通、御池通の南北・東西の道路拡張案を指すと考えられる。

その後の、市営電鉄の敷設や拡張道路案の審議においても、井上は、計画案の修正やその説明に追われることになる。結局、井上秀二がかかわる三大事業については、すでに内貴市長の時代に構想からおおまかな具体案まで示されていたものが多く、残る作業は予算見積もりや利害の調整、施工手段の検討などであり、『都市の経営』で示した井上のビジョンを発揮できる場面は少なかったと考えられるのである。そしてもうひとつ、井上にとってやっかいだったのが、次に示すような事務官との確執であった。

市会で事業予算がすべて成立する一九〇七（明治四〇）年三月以降、市会では会派の再編や勢力図の変化が起こり、西郷市長も市会の支持基盤を失う事態となる（伊藤［二〇〇七］）。そうしたなかで、東京帝国大学法科出身で西郷が信頼を寄せてきた川村鉚次郎助役が、一九〇八（明治四一）年九月に辞任して南満州鉄道株式会社に就職してしまう。川村は、第二琵琶湖疏水と上水道建設のための組織として設置していた臨時事業部の部長でもあった。そこで、川村に代わる新事業部長には、井上秀二を推す声もあったが、結局、京都府警察部長であった六角耕雲が就任し、井上は技術長となる。表1からわかるように、この年一九〇八（明治四一）年より二人の京都市技師が新たに加わっているが、ともに京都帝国大学を卒業した学士であり、それぞれ臨時事業部の電気課長、水路課長を任じられた。それにより、臨時事業部は、井上のもとに近代技術の知識を身につけた専門官吏を集めた組織となったが、当初から事業部長である六角耕雲と技術長の井上秀二の間の確執が深刻となり、実際の事業が停滞するようになってしまう（伊藤［二〇〇七］）。

そこで、一九〇九（明治四二）年に市長は、六角耕雲と井上秀二、それに監督責任者としての総務課長も合わせて三名を諭旨免職としてしまう。新聞は、臨時事業部の職制が設計と事務とに完全に分かれてしまって、技術者側の事業計画について、技術を理解しない事務側で決済がおりないという事態が続いていたと報じている(『日出』明治四二年一一月一二日)。しかし、一方で井上に同情する者は少なかったとして「井上氏は技術者に非ずや」、「技術者の範囲を脱し居れり」と指摘するものもあったと報じている(『朝日新聞京都付録』明治四二年一一月一三日)。

もちろん、井上の性格による側面もあるだろうが、ここには、近代土木技術を修めた専門官吏が、その知識を背景に事業のイニシアティブをとろうとした強い意志を読みとることができるだろう。井上らの辞職と同じ時期に、道路拡幅と市電敷設を進めるために道路拡築部が開設されるが、その部長について、市会は事業を統括する専任を置かず、市長が兼摂することとした。六角耕雲と井上秀二の確執の二の舞を避け、市会が工事に関与できるようにしたのであるが、井上のような独自に事業を進めようとする専門官吏の台頭を拒否しようとしたという側面もうかがえる。

しかしその後の三大事業の推進において、井上が技師を去ったことによる支障はそれほどなかったようだ。新聞は「今日井上氏去りしとて之が為め工事の前途に差支を生ずるが如き事、素よりあらざる可く」としている(『日出』明治四二年一一月一四日)。すでに事業設計を終えている段階で、井上の存在はそれほど必要とされなかったということだろう。実際に、井上が辞めて一年七ヵ月後の一九一二(明治四五)年六月に、無事に三大事業は竣工し、祝賀会が行われている。

ただし水道事業だけは不安があったようだ。新聞は「独り水道課は先に井上氏欧米に於ける新式工事の模範を視察して設計する処ありし」としている。しかし「経験を有する原技師が今日迄井上氏と共に其任に当り居りし事なれば工事の前途決して差支なきのみならず」ともしている(『日出』明治四二年一一月一四日)。この原技師とは、原全路のことで、表1にあるように、一九〇七(明治四〇)年から任用されているが、やはり京都帝国大学土木工学科の出身で、大阪市、広島市で水道事業に携わってきた技術官吏であり、京都市を辞した後には、内務省土木局下水課長、東京市水道局長などの要職についている(『土木人物事典』二〇〇四年)。

新聞報道では、井上が欧米における水道の新式工事を視察したとされているが、それは、一九〇七(明治四〇)年から一九〇八(明治四一)年まで欧米各国およびエジプトでの視察のことである。紛糾した市会での拡張道路の選別が決着した後、井上が臨時事業部の技術長になる前である。そして、視察により得られた知識をもとに急速濾過装置を導入するが、それはわが国初のものとして注目されることになる(『京大土木百年人物史』一九九七年)。

京都市を去った井上秀二は、横浜市水道技師長に迎えられ、同市の水道第二期拡張工事を設計・監督する。この工事も、新しい技術・手法が積極的に使われ、画期的な工事として今でも評価が高い。その後は、電灯会社の技術顧問や横浜市水道、名古屋市水道、函館水道などの顧問を歴任し、一九三六(昭和一一)年に土木学会会長にまで上りつめる。一九四三(昭和一八)年に死去するが、その功績は、もっぱらわが国の水道事業に果たした貢献であるとされる(『京大土木百周年記念誌』)。

しかし一方で、京都帝国大学土木工学科で助教授をつとめていたときの井上の担当科目は「道路」だった(『京大土木百周年記念誌』)。たしかに、この時期の土木技術者は、あらゆる領域の技術を担ったが、井上が水道技術にその専門を特化していくのは、京都市技師の時代であることは間違いない。そのとき、道路の計画は、すでに技術開発をともなう設計の段階ではなく、利害調整や施工管理を行う状態であった。それに対して、水道は、まだ新たな技術が求められる発展途上の段階であったと思われる。したがって、井上にとっては、道路ではなく、水道の技術開発こそが土木技術者としての使命になっていったということであろう。

以上、村田五郎や井上秀二、あるいはその他の京都市技師の足跡をたどることで、京都の都市改造事業の特質を明らかにしようとしてきた。そこでは、土木技術の近代化が何よりも求められ、それにより技師の人材も、従来の伝統的な技能者から大学で知識を身につけた学士へと大きく変わることになった。新聞報道によれば、三大事業を推進する臨時事業部などには、三つの「流派」が存在したという。ひとつは、琵琶湖疏水（第一疏水）以来、その設計者である田辺朔郎のもとで経験的に土木技術を修めた者で、村田五郎がこの流派の典型となろう。もうひとつは東京帝国大学出身の学士、そしてもうひとつが、京都帝国大学出身の学士であるという（『朝日新聞京都付録』明治四二年一一月一四日）。そのなかで、最初の流派の官吏がしだいに姿を消していったということになる。

いずれにしても、この一連の都市改造事業における経緯を見てみると、専門官吏としての技師の存在が大きくなり、実際にその数もしだいに増えていったことがよくわかる。それは序章で示した「都市専門官僚制」の特徴を示すものであるといえるだろう。一方、伊藤之雄は、こうした専門技術官吏の増強という現象は、一九世紀後半のドイツで生まれ欧米に広まった「都市経営」という概念の影響を受けたものだとする（伊藤［二〇〇六］）。

ただし、都市専門官僚制にしても都市経営にしても、社会政策も含む幅広い専門技能者がかかわることが想定されているが、京都市の三大事業における専門官吏は、土木に集中することになったという特徴がある。しかも、彼らは市当局の政策的な企図に基づいて集められたというよりも、必要に応じて迎えられたという事情が見てとれる。井上秀二が、自らの訳書をあえて『都市の経営』としたのは、たしかに欧米に広まっていた都市経営思想に基づくものであったと考えられるだろう。しかし、それは迎えられた側が主張した思想であり、市当局がそうした思想を理解し、その影響下に戦略的に彼を雇い入れたという状況は見えてこない。わが国において都市経営の考え方が本格的に普及していくのは、都市計画法の制定に携わった池田宏が一九二二（大正一一）年に著した『都市経営論』の影響が及んでからだとする指摘もある（関野［一九九七］）。

こうしたことから考えれば、この時期に見られた京都市における土木技師の台頭は、都市行政が新たな体制に変わっていく過渡的な状況を示すものであったといえるのであろう。

内貴市長の時代においては、議会の議論が「断行派」と「延期派」に分かれたことに象徴されるように、都市行政は名望家支配による地域の利害調整の調停にしたがう段階にあったといえるだろう。そうした状況が近代土木技術が求められることで変わっていくのだか、そこには市長の権限と議会の関係に変化をもたらす制度の改変による契機もあったことも確認しておく必要があるだろう。

市長の行政権限は、このころに実施された市制の改正により大きく変わることになる（持田［二〇〇四］など）。一八八九（明治二二）年に施行された市制では、序章でも指摘したように、市の執行権限は名誉職による合議制の参事会に置かれていたが、このシステムでは複雑化・多様化する都市行政を担うことがしだいに困難となっていった。そこで、一九一一（明治四四）年に市制の全文改正が行われ、市参事会は市会の補助機関となり、市長は行政権者の代表者となった。つまり市長が、市会や参事会と対峙できる構造が構築されたのである。関一大阪市長を中心とした先進的な取り組みなどは、まさにこの市行政の構造改革によって可能となったのである。つまり、都市専門官僚制の成立は、この市長の行政権限の強化を前提としたものであったといってよい。

この全文改正が行われたのは、京都の三大事業の竣工式の前年であり、すべての計画決定が終わったときだった。したがって、内貴にしても西郷にしても、市長が計画の政策的なイニシアティブをとることは、行政の仕組みとして難しかったといえるのである。参事会・市会の議会での調停としての利害調整に、彼らの企図はさまざまな妥協を余儀なくされていった。ただし西郷は、この議会での支持基盤を失うことで、結果的にではあろうが、事業決定の主導権をある程度握ることができたとも考えられるのである。

いずれにしても、この全文改正以降の京都市による都市改造事業がどうなるのかを明らかにしなければならないだろう。それについては第九章以降にあらためて見ることになる。その前に、まずは、こうした経緯の都市改造の事業が、実際に施工される現場において、どのように受容されていったのかを次の章で検証することとする。

第四章　近代的空間再編の受容過程

道路拡築に対する住民

三大事業と命名された京都における初めての本格的な都市改造事業は、前章で見たとおり、明治末に実施されることとなったが、それは、起工式（明治四一年・一九〇八年）から竣工式（明治四五年・一九一二年）まで四年弱という期間で完遂した事業であった。帝都・東京の市区改正事業では、市区改正条例という制度を準備して実施したにもかかわらず、実際の施工は遅々として進まず、計画を縮小させながら二五年ほどもかかってしまっている（大正三年・一九一四年にほぼ完成）。それを考えると、この四年弱で実現というのは、きわめて短い期間であったといえるだろう。

前章で見たとおり、京都市における三大事業の計画決定は、紆余曲折を経て一〇年以上かかってしまっている。内貴甚三郎市長が構想した都市改造は、市会による執拗な抵抗を受け頓挫する。その後、西郷市長のもとでようやく計画決定にまでこぎつけるが、先述のとおり事業実施の直前には、市長は市会の支持基盤を失っている。しかも、後に見るように、京都市による事業実施の実務的な体制の整備にも混乱が生じた。そうした困難な状況のもとでも、実際の施工はたちどころに完了させてしまったということになるわけだ。その背景には、その改造を受け入れた住民側の特徴ある動向があった。

三大事業のなかでも、ここでは道路の拡幅とそこへの市電敷設について取り上げることとする。それが、住民の生活や空間再編に直接かかわったからだ。とりわけ道路拡幅は、それまでの町＝共同体の空間構成を破壊してしまう可能性を持つものだった。だからこそ、内貴市長の時代の抵抗があったと考えられるわけだ。なお、ここでは道路拡幅ではなく、道路拡築とする。三大事業においては、道路を単に拡幅したのではなく、市電の敷設も同時に行うために、あえて「拡築」という言葉が使われたので、ここでもそれに従うことにする。

まず、その道路拡築の施工の状況を知るために、住民がこの道路拡築の立案段階にどのように反応していったのかを検証しておく必要がある。前章で計画決定にいたるまでの、主に都市行政の側の動向について見たのだが、ここでは、住民の側の視点からその動向をあらためて見直すこととする。

それは、二つの時期に区切って理解することができそうである。まず、内貴市長の時代に計画案が否決された一八九九（明治三二）年と翌年の市会までの状況である。前章で見たとおり、どちらの議会にも、傍聴人が多数つめかけて警官が出動するさわぎにまでなっていた。都市改造に対する、住民の関心の高さがうかがわれる。

このころの京都の市政団体は、上京・下京などの地域ごとの利益代表がさまざまな会派をつくり、それらが離合集散を繰り返していた。そこでは、町＝共同体を基盤とする、名望家支配による議会の体制が続いていたといってよい。内貴市長もその基盤の上に乗っていた。したがって、内貴市長の計画案も、彼ら名望家とともに構想したものであったとも指摘される（伊藤［二〇〇七］）。そこで、名望家支配のもとに組み込まれる住民も、その利益代表が議論する市会にこそ着目し、結果的にその計画案を否定したと解釈できるだろう。実際に、この時期には次項に紹介するような、住民からの直接的な請願や反対運動はほとんど見ることができない。

しかし、西郷市長が強力なリーダーシップを発揮して、計画実施に尽力するようになるにしたがって、住民の動きは異なるかたちをとるようになる。西郷市長はもともと伝統的な地域支配勢力を基盤とせず、市会の会派においてもしだいに支持基盤を失っていく。そうなると、住民は従来の利益代表を通じて議会を見守るのとは別のかたちで、さまざまな対応をとるようになっていく。

そうした事態を、最もよく示すと思われるのが、以下に見るような議員による直接的な民意の集約である。市会の有力議員の西村仁兵衛は、すでに三大事業の起工式が終わって、道路拡築のための用地買収の準備が進められていた一九〇九（明治四二）年の一一月の新聞紙上で、拡築する通りについて、烏丸通を堺町通へ、四条通を綾小路通など、ほかの通りへ変更することを提唱した（『朝日新聞京都付録』明治四二年一一月一八日)。そして、同時に住民に向けたアンケート調査のようなことを実施しているのだ。具体的には、(一)烏丸通に代えて堺町通を拡築する、(二)東西の中心軸として計画されていた四条通は繁華な通りなので、これを拡築工事するのは経済的損失が大きすぎるため、その北か南の通りを拡築する、の二点について、市内の公同組合長から意見を集約するというものであった(『朝日新聞京都付録』明治四三年一月二二日)。公同組合とは、後に詳述するが、一八九七(明治三〇)年から京都市内の各町に設置されることとなった行政補完団体である。

最終的な結果は、(一)の賛成が二八一町(六九パーセント)で不賛成が一二五町(三一パーセント)、(二)の賛成が二五〇町(七一パーセント)で不賛成が一〇一町(二九パーセント)であったという(『朝日新聞京都付録』明治四三年二月一二日)。当時の公同組合はすべての町が設置していたわけではないので、総数がどれほどであったか正確にはわからないが、西村は一五〇〇名以上の公同組合長に送付したようだ。したがって、それほど高い回答率とはいえないが、それでも四〇〇前後の公同組合が回答を寄せていたことは、この問題に対する関心の高さを物語るといえるだろう。いずれにしても、回答した約七割の町が烏丸通・四条通ではない通りの拡築に賛成していることになる。

その後半年ほどたって、西村は三三名の市議の賛成を得て、市会に、京都御苑の正門にあたる堺町通を、行幸道路として最もふさわしいものとして拡築すべきだという建議を行っている(『京都市三大事業誌・道路拡築編』一九一四年)。行幸道路であれば堺町通を拡築道路とすべきとする案は、それまでも市会や調査委員会で繰り返し提案されてきた。前章で紹介した京都市臨時土木委員会においても、比較検討の対象として検討されている。しかし、アンケート後に出された西村の建議では、堺町通の拡築について「現在計画セラレッツ拡築道路ノ外、尚拡築を要スル」としている。つまり、南北の拡築道路として、烏丸通の拡築は認めながら、それと同時に堺町通も拡築すべきだとしているのだ。これは、アンケートの質問とその結果からはかなり後退したことになる。

その後退の理由はよくわからないが、いずれにしても西村のこの一連の行動は、それまであった地域ごとの名望家による利益代表が市会をリードして行政を動かすという体制がうまく機能しなくなったことを物語っているといえるはずだ。従来まであった住民と市当局（市長）が市会を介して構築してきた関係が崩れることで、公同組合という新たな組織を使って直接的な意見集約を試みる必要があったと解釈できる。報道によれば、個々の公同組合では人々を集めて賛否を決定したところも多かったとしている。

結局のところ、西村仁兵衛による上記の建議は、市会において可決されるも実現されることはなかった。京都市北域の発展を考えれば、京都御苑で行き止まりになる堺町通ではなく、御苑の西側を南北に通る烏丸通を拡築するのが妥当であるというのが京都市当局の計画構想であったが、それが貫かれ、その近辺の通りの拡築も追加されなかったのである。ただし、アンケート調査で問われた四条通を拡築からはずすという意見については、建議に含まれることもなかったが、その後、以下に見るような住民運動につながっていくことになる。

組織的反対運動

前章で見たように、市長が市会における支持基盤を失うなかで京都市による三大事業は、道路拡築予算が可決した後にも、その事業実施体制の確立が進まないという状況が続いた。そうした状況下で、住民は議会を介さないさらに直接的な反応を示すようになっていく。西村仁兵衛によるアンケート調査が実施された直後の一九一〇（明治四三）年の二月に、四条通の拡築に反対する四条変更期成同盟会なるものが結成されているのだ。

すでに繁華街として定着している四条通をではなく、いまだにぎわいのない他の道路を拡築すべきだという意見は、それより以前からあった。道路拡築の計画案が最終的に決定された一九〇六（明治三九）年の一二月の時点でも、すでに四条通付近の各町が請願書を市役所に提出することが報じられ（『朝日新聞京都付録』明治三九年一二月一九日）、実際に市会においてもそうした請願が届けられていることが報告されている。しかし報道によれば、用地買収が始まる直前に結成された、この四条変更期成同盟会の活動は、そうした請願などの動きに比べ、はるかに大規模なものであったとされる。

新聞報道によれば、四条変更期成同盟会は、祇園から四条大宮にいたる市内の四条通のほとんどを含む二八もの町の住民が「決起し」結成されたもので、一つの町から二〜四名の代表委員を選出し、「陳情書を知事、市長、市参事会員、市会議員其多の有志者に配布し、委員等は各自に手を分ち当局者議員を歴訪して意見を叩き」、「徹頭徹尾所期の目的を貫徹せんと熱心に奔走し」たというのである

(『日出』明治四三年二月二八日)。詳しく見ると、この団体も三つの組織に分かれていたようだが、少なくとも陳情書は同じ内容となっている(岩本[二〇一四])。

この四条通拡築の反対運動には、それを主導する学者がいたことがうかがえる。報道では、四条通・御旅町の藤井大丸呉服店の店主が四条変更期成同盟会の「主唱の一員」とされていたが(『朝日新聞京都付録』明治四三年六月一日)、その店主の回顧録(『花の百年(藤井大丸百年史)』一九七〇年)によると、「京都帝国大学の市村教授が、この四条通りの拡張案に反対し」周囲の店主にも反対の意見が広がっていったと記されている。市村教授とは、当時、京都帝国大学法科大学教授であった市村光恵のことである。市村は、後の一九二七(昭和二)年に市長に就任するが、琵琶湖疏水事業以来の土木技術官吏がリードする「技術者万能主義」を排除しようとして土木局・電気局の幹部などを大量に馘首したことで議会を混乱させ、その責任をとり、わずか八五日という京都市政史上最短の在任期間で辞職を余儀なくされた人物である(詳しくは第八章)。

たしかに市村は、四条変更期成同盟会が結成される二ヵ月ほど前の新聞紙上で、四条通の拡築がいかに不合理なものかを主張している。その理由として、ベルリンなどの例を挙げて、土地・建物の所有権の確立した先進国の都市改造においては、既存の街路は保全され、それ以外の場所に新街路が建設されるのが一般的になっているとして、個人の権利を守る立場からしても、さらには事業経費や法的処分の煩雑さからしても、すでに繁華街である四条通の拡築は不合理であるとしたのである(『朝日新聞京都付録』明治四二年一一月二九日)。

この記事は、「道路拡築問題」というタイトルで、関係する識者や有力者に意見を述べさせる連載のひとつであったが、他の論者のほとんどが道路拡築の目的や意義について指摘しているなかで、市村の意見は一人だけ異質なものとなっていた。そして実際に、四条変更期成同盟会の陳情書で主張される四条通の拡築に反対する意見には、以下のように、市村の指摘が反映されていると思われる箇所が多い。

陳情書ではまず、「市の側より見たる不利益」として、碁盤の目の都市構造を持つ京都では、拡築する通りは必ずしも四条通のような繁華な通りである必要はなく、近接して走る街路を広げるほうが買収費用もかからないと指摘する。また、繁華な通りに市電を敷設するのは危険性が高いこと、祇園祭の山鉾巡行にも支障をきたすことなどが主張されている。これらは、市村の説く既存市街地の保全の主張を根拠にした反対理由であるといえるだろう。

しかし、ここで興味深いのは、その次に述べられる「沿道住民の側から見たる不利益」としての主張である。そこでは、商品を店頭に並べる小売業者にとっては、むしろ狭隘な道路こそ繁栄を招くのだと指摘され、また市電の開通により発生するほこりが商品を汚損すると主張している。ここには、市村のいうような都市政策的な観点からではなく、伝統的な生活や生業のスタイルを、空間の近代化から保守しようとする主張となっているのだ。旧来からの町＝共同体による体制を維持することが主張されているわけではないが、少なくとも伝統的な商業空間を維持することが強く主張されている。

これらの主張に対して、この陳情書を掲載した『京都日出新聞』は、三日間にわたり批判記事を掲載している（『日出』明治四三年三月一一～一三日）。そこでは、街路を広げることのメリットについてまったく理解していないこと、東西に市内を貫いている四条通こそが拡築の対象になるべきであること（写真27）、そして不利益と主張されるさまざまなことも、いずれも対処が可能であるとして、すべての主張を退けている。

結果的にも、この四条変更期成同盟会の陳情は受け入れられることはなく、一九一〇（明治四三）年一一月から四条通の道路拡築のための用地買収が始まるのである。しかしいずれにしても、三大事業の道路拡築における東西街路の中軸として位置づけられた四条通の拡築について、議会での議論とは別に、住民が直接に大がかりな反対運動を組織したことは注目すべきことである。

ただしこの反対運動を、町に残された町文書や地籍図などからミクロ的に分析した岩本葉子は、ここでの陳情書は、土地所有者や借家人が実質的な利益を得ようとするものではなかったかとしている（岩本［二〇一四］）。つまり、道路拡

写真27　四条大橋付近より見た道路拡築後の西へ続く四条通

築の用地買収や補償について有利になることを誘導する目的から、そのための大義名分として四条通の拡築の反対があったのではないかというのである。たしかに、従来からの繁華街である四条通は小売業中心の町ばかりであり、彼らにとって自らの営業の賠償をより多く求めようとする動機は十分にうかがえるだろう。

新聞報道のなかにも、住民の拡築反対の動きを「表面のみ」であると評するものもあった。「烏丸通にせよ四条通にせよ其の十中の八九迄は最早今日にては拡築の当然避くべからざるものなるを覚悟し」ており、買収を有利に進めるために路線の変更を主張したりしていると断じている（『朝日新聞京都付録』明治四三年六月一日）。そして実際に、後に見るようにこの反対運動に加わった町のなかには、拡築の事業に積極的に加わろうとしていた住民もいたのである。

こうした賠償交渉を優位に進めたいという動機については、東西の四条通と同時に拡築されることとなった南北の烏丸通の反対運動において、より明確に見てとることができる。烏丸通では、四条変更期成同盟会の半年後に、烏丸中央同盟会なるものが結成されているのだが、これは烏丸通の拡築そのものに反対するものではなく、京都市による用地買収において、「正当な権利を主張し各自の利益を防衛せん」として弁護士を中心に結成されたものであった。

具体的には、烏丸通の三条通から松原通までの土地所有者が集まり、一八条からなる規約書をつくり、団結して買収交渉にあたろうとしたものである。各町より委員を二名ずつ選び、京都市との買収交渉において、その委員の四分の三以上の賛成がなければ応諾しないという、かなり強引な手法を打ち出した（『日出』明治四三年九月九日）。同地域の土地所有者は一〇四名いたが、そのうちの九〇名が加盟したという（『日出』明治四三年九月一二日）。加盟率は実に八六パーセントにも達する。

これに対して、新聞報道はこの組織を、自己の利益を守ろうとして買収価格を不当につりあげようとする「悪徳地主の寄合い」であり「市事業の敵」とはげしく糾弾している（『朝日新聞京都付録』明治四三年九月一六日）。結局、所轄の五条警察署が、その強引な手法について取り調べを行い、解散を余儀なくされるにいたったようだ（『日出』明治四三年九月一三日）。

たしかに、この組織は土地所有者の露骨な利益誘導のために組織化されたものであり、拡築事業に反対する意見が示されているわけではない。しかし一方で、町ごとに委員を出して組織をつくるという方法は、四条変更期成同盟会と同様である。その点から捉えれば、この二つの同盟会は共通して、近世から引き継がれてきた強固な町＝共同体を単位としながら、行政による支配とは別の場所で、共同利益の確保のために新たに試みられた組織化であったといえるだろう。

用地買収の実際

では、実際の用地買収はどのように進んだのか。三大事業を記録した『京都市三大事業誌・道路拡築編　第5集』（一九一四年）では、道路拡築事業にとって最大の困難は、用地の買収にあるとして、「買収が終われば、拡築事業も半ば完成したということもでき」と指摘している。たしかに、限られた予算のなかで、しかも数多くの土地所有者に個別に交渉をして用地を買収することは、きわめて困難な作業であろうことは容易に想像がつく。しかし、その困難は、行政と住民が直接に交渉を行うことに由来することを考えれば、そこには、住民の事業への反応が直接的に現れることが期待できるだろう。

そこで、道路拡築の東西・南北、それぞれの中心軸として位置づけられた烏丸通・四条通の用地買収について検証しよう。この二街路は、最初に行われた買収交渉でもあったため、その交渉が日々進んでいく状況は新聞に連日のように報道されていた。そこでわかる経過からは、以下のような事態が把握できる。

まず確認しておかなければならないのは、三大事業における買収交渉では、それを困難にする厳しい状況があったことだ。先述した西村仁兵衛による公同組合へのアンケート調査の結果があり、さらには前項で見たような組織的な反対運動や買収価格をつり上げようとする運動が展開されていたことはもちろんだが、それに加えて買収を担当する道路拡築部の混乱もあった。

西郷市長は、一九〇九（明治四二）年一一月に市に設置された道路拡築部に大物の専任部長を置いて多少専制的になっても工事を推進しようと考えたのに対して、市会側は工事にできるだけ議員が関与することを望み、専任部長を拒否した結果、先述のように市長がその部長を兼任するという事態になっている。そして、そのほかの幹部職員の着任も遅れた。

実際に、道路拡築部の業務が始まってから、道路拡築予定街路のうちの、烏丸通・四条通・丸太町通の工事着手の認可がおりるまで、半年以上もかかっていた。しかも、その工事設計は、すでにあった設計案に多少の変更を加えるだけのものだったので、当時の報道では、この道路拡築部の怠慢が指摘され、組織改革の必要さえ主張されていた（『日出』明治四三年六月一一日）。

さらに、市の策定した買収計画では、拡築予定の街路の沿道のどちらか一方を取り払うか、あるいは両方を取り払うかなど、街路により、あるいは場所により多様なケースが計画されたので、買収も複雑な対応が必要となった（伊藤［二〇〇七］）（写真28）。また東本願寺から、参詣者の安全を確保するためとして、万年寺通と七条通の間だけを小公園のように拡張することが請願されたが、この経費をめぐって市と東本願寺の交渉が難航するという状況もあった（『日出』明治四三年一二月二四日）。

しかし、こうした困難な状況のもとでも、用地買収は意外にも着実に進んでいった。実際の買収の方法は、一八八九（明治二二）年に制定され、一九〇〇（明治三三）

写真28　拡築工事が終わった直後の四条通
八坂神社から西を見た写真で、通りの南側が拡築されているようすがわかる

年に改正された土地収用法の適用を受けて進められることになる。つまり買収といっても、公益事業のために土地を収用する法律に従うことになった。具体的には、京都市の責任において詳細な調査に基づいた買収価格が提示されるが、その後はいっさいの価格交渉には応じず、もし不服であれば土地収用法による土地収用審査会（会長は地方長官）の審議に従うことになるというものだった。事前の反対運動などの状況からして、報道では、その交渉は困難な事態になるだろうと予想されていた（『日出』明治四三年六月一八日）。しかし、以下のように実際の買収はスムーズに進んだのである。

最初に買収が始まったのは、烏丸通である（写真29）。一九一〇（明治四三）年六月から、烏丸通の沿道の地域をいくつかに分けて、それぞれの関係者を集め、設計図および買収用地地図などを閲覧させ、各地権者に封書で買収価格・家屋移転料を順次発送するので一〇日間で買収に応じるかどうかを回答しなければならないことが説明された（『日出』明治四三年六月二一～二四日）。

京都市による買収価格の発送が遅れたため、一挙に応諾者が集まったわけではなかったが、四ヵ月後の同年一〇月末までには、対象となる二八五名のうち、応諾者は二一五名を数えるまでになっている。実に、七五パーセントの土地所有者が応諾しているのである（『朝日新聞京都付録』明治四三年一一月一一日）。さらに、一二月末には二五七名（九〇パーセント）が応諾し（『朝日新聞京都付録』明治四三年一二月二五日）、最終的には、翌年五月末の時点で九名の者が応諾を拒んだだけになった。そして、この九名に対して、土地収用審査会が開かれ、一名を除き京都市の主張が認められることとなった（『朝日新聞京都付録』明治四三年七月一三日）。その後、このうちの六名は、この結果を不服として民事訴訟

写真29　烏丸通拡築前と拡築後のようす(上総町付近)
田畑の土地が近代的街路に生まれ変わった

を起こしている（『京都市三大事業誌・道路拡築編　第4集』一九一四年）。

次に始まったのが、四条通の買収交渉である（写真28）。こちらは、一九一〇（明治四三）年一一月二三日から始まっている（『朝日新聞京都付録』明治四三年一一月二三日）。やはり四ヵ月ほど経過した翌年四月四日の時点では、対象となる二八六名のうち、応諾者は実に二七八名（九七パーセント）を数えるまでになっていた（『朝日新聞京都付録』明治四四年四月八日）。そして、最終的に応諾しなかったのは四名のみとなり、同年七月一五日に土地収用審査会が開かれ（『朝日新聞京都付録』明治四四年七月一四日）、一部の建物を除き、京都市の主張が認められている（『京都市三大事業誌・道路拡築編　第5集』一九一四年）。

なぜ困難な状況のなかでも、これほど短期間に買収交渉が成功したのか。新聞記事のなかには、これを「一に市民の多数が事業其のものの性質を知悉して公共的観念より奮発したる結果」であると評するものもあった（『朝日新聞京都付録』明治四三年九月九日）。しかし、買収が始まる五ヵ月前に行われた西村仁兵衛による意向調査では、およそ七割の公同組合が烏丸通・四条通とは別の通りの拡築を希望しており、また用地買収や補償が有利になる目的があったとしても、四ヵ月前には四条通で沿道の多くの町を巻き込んだ反対運動もあった。そうした状況と、住民が買収に進んで応じる事態には大きな隔たりがある。

ここでは、そこに買収応諾を積極的に進めようとする政策がとられていたことに着目したい。連日報道された買収交渉の記事からは、買収を促進させたと思われる仲介者の存在が浮かび上がってくるのである。

烏丸通での買収交渉が始まった後の一九一〇（明治四三）年七月三日には、買収交渉を円滑に進めるためには、市の評価額が公平かどうかを調査する第三者委員会を組織すべきであるとして、公同組合長などの有志が協議中であると報じている（『日出』明治四三年七月三日）。これは実現しなかったようだが、同七月二九日に開催された京都市臨時事業委員会では、用地買収をよりすみやかに進めるためにさらに積極的な委員の嘱託が提言され、それを市長に建言することとなった。

この時点では、烏丸通で買収に応諾した者は、わずかに一五、六名と、買収交渉はほとんど進んでいない状況だった。それを打開するための方法として、「其区内に於いて公同組合長など云へる人々の外更に徳望ある人一二名を選び市長より嘱託して交渉委員とし斡旋せしむる」ことが提言されたのである（『日出』明治四三年七月三〇日）。この提言は、さっそく実行されたようで、各地域において「有力者若しくは名望家等」が交渉委員として嘱託されるようになった（『日出』明治四三年八月九日）。

先述のとおり、買収交渉は、各土地所有者に個別に買収価格等が郵送されるという方法がとられた。しかし、実際には、その交渉の相談に乗ったり、他の被買収者との調整をはかったりする仲介者が存在したのである。そして、その仲介者は、実際の買収促進にきわめて大きな役割を果たしていたと思われるのである。

新たに交渉委員として嘱託された者だけではない。それ以前から買収交渉の、いわば世話役として働いていた公同組合長も、この交渉委員制度の導入を契機として、さらに積極的に交渉促進を請け負う役割を担うことになったようである。たとえば、烏丸通の丸太町通南に位置する大倉町では、買収に応諾していなかった住民が、公同組合長（石田重助）の尽力により、買収に応じることになったと報じられている（『日出』明治四三年八月四日）。

烏丸通・四条通の用地買収交渉が、多くの困難がありながらも短期間に完了できた背景には、さまざまなことが考えられる。しかし、いずれにしても、この公同組合長に代表される交渉の仲立ちを担う存在が、買収交渉を促進させた要因であったことはまちがいないであろう。彼らは、市と土地所有者が直接交わす交渉であったはずの買収交渉を、地域に開き共有する、いわば開かれた交渉へと変える役割を果たしたともいえるのである。

公同組合の役割

さてここまで、京都市の三大事業における道路拡築が施工される過程において、都市住民がどのように反応しどのような行動をとったのかについて見てきたが、そこにおいて、きわめて重要な役割を果たしていたと思われるのが、公同組合という組織の存在であろう。一九一〇（明治四三）年一月に実施された、西村仁兵衛のアンケート調査は、公同組合を調査単位として実施された。また、同じ年の六月から始まった用地の買収交渉が予想以上の短期間で実現できた背景には、公同組合長が交渉促進を担う役割を果たしていたという状況があった。

しかし一方で、同年二月に結成された四条通の拡築に反対する四条変更期成同盟会や、同年八月に結成された烏丸中央同盟会などには、町ごとに委員の選出を行っているが、町単位ごとに組織される公同組合の名称はいっさい登場しない。

では、そもそも公同組合とはどのような組織としてつくられたものなのか。それは東京でも大阪でも見られない、京都の都市住民の伝統に根ざした全国で唯一の組織であった。第一章でも見たように、京都では、戦国期以来の伝統を持つ町＝共同体の伝統が、明治維新以降も維持された。そのことが最もよく表れたのが、町組《ちょうぐみ》を再編しながら小学校の学区としたことであろう。町組とは、中世の京都において、町の自衛・自治を目的に町々が地域的に連合した自治組織のことで、それが明治の町組改正により、上大組三三番組と下大組三二番組に再編された。ただし、近世までの町組は相当に複雑な編成となってしまっていたので、この再編では、一つの番組に二六〜二七町が属することを基準として整然とした編成に一新させている（辻［一九九九］）。とはいえ、番組は従来の町組という組織体系を基盤としており、それを小学校の学区とすることで、一八六九（明治二）年にわが国最初の小学校を開校させたのである。

その学区は、当初は京都市の行政の末端を担った。さらに、この学区の下に各町があり、その役場としての機能を代表する町総代が存在した。ところが、一八八九（明治二二）年の市制施行により、行政事務のいっさいは京都市（上京・下京の両区役所）に移管されてしまう。しかしそうなると、それまでのように町が行政的な要請に応えることができなくなる。また同時に、それまで強固だった町組織の紐帯が形骸化してしまうことも懸念された。そこで、一八八七（明治二〇）年に、コレラの流行などを受けて衛生意識を高める目的で京都府が町単位に設置させた衛生組合を基盤にしながら、そこにさまざまな行政に関する補助的役割を担わせる組織の設立が市会に建議され、一八九七（明治三〇）年に、京都市による公同組合の規約標準が定められたのである。

ただし、ここで注意しなければならないのは、このときに決められたのはあくまで公同組合の規約標準であり、各町にその標準にしたがって公同組合をつくることが奨励されただけであったことだ。したがって、当初は公同組合を設けない町も存在した。一般的には、公同組合とは、市制施行前に存在した町組織の再建と解釈されやすいが、小林丈広は、行政的役割を奪われても旧来からの町の組織は残っていた事実を捉え、公同組合は、それとは別な役割を担う行政補完組織として登場したと考えるべきであると指摘している（小林［一九九六］）。

では、その役割とは何であったのか。小林は、公同組合とは、ひとつは行政的要請に基づいて住民の動員を図る必要が生じた際に、もうひとつは「良慣好習」や「隣保団結」を回復するという自治的・主体的な要請から必要となったものと考えられるとしている（小林［一九九六］）。ただし、公同組合が各町に設立された後に、実際にどのような役割を担ってきたのかについては、まだ詳しい検証はなされていない。

翻って、以上に見てきた京都市三大事業の道路拡築における公同組合の役割はどのように解釈できるのであろうか。

実は、道路拡築の計画は当初から公同組合の組織を起動させていた。一九〇九（明治四二）年に設置された道路拡築部が最初に行った業務は、道路拡築の計画を住民に伝えることだったが、その時点で、西郷市長は公同組合幹事などを招集して伝えようとした。公同組合幹事とは、各公同組合が学区単位でまとまり組織される連合公同組合の幹事である。しかし、これに対しては直接利害関係のある、つまり用地買収の対象となる町ごとの公同組合長全員に直接説明するほうが合理的ではないかという批判も出たようだ（『日出』明治四二年一一月一六日）。いずれにしても、ここでは、公同組合が京都市からの情報伝達の単位として機能している。それは、まさしく行政機能を補完する機能だったといえるだろう。

逆に、四条変更期成同盟会や烏丸中央同盟会が、町ごとの単位に公同組合を使っていないのも、公同組合が行政機能を担うものと認識されていたためと理解することができるだろう。道路拡築の計画は、公同組合という組織を利用することで、はじめて住民との関係を築くことができた。その計画に反対したり対峙したりする行動で、そうした組織を機能させるわけにはいかなかった。そこで、行政機能の役割をすでに失っていた町が使われたのであろう。

これについては、烏丸通の用地買収が始まった直後に見られた少将井町の住民の行動にも同様のことが指摘できる。被買収者の同町住民たちは申し合わせて、市の買収価格の評価額が不当であると判断した際には、個別に行動せず一致して収用審査会の判断を仰ぐこととしたという（『日出』明治四三年六月二八日）。これも町を単位とした動きであるが、やはり公同組合の名前は出てこない。組織の規模の大小にかかわらず、こうした市と対峙することが想定される交渉では、市の行政補助を担う公同組合の単位を使うことはできなかったということだろう。

これに対して、一九一〇（明治四三）年一月に実施された、西村仁兵衛のアンケート調査で、公同組合が調査単位とされたことはどう捉えるべきであろうか。このアンケートの主体は行政ではない。一議員の、いわば自主的な調査である。であるならば、正式な行政単位としての町ではなく、自主的な組織単位としての公同組合がふさわしいものとして判断されたのではないだろうか。

一九一〇（明治四三）年六月から始まった用地の買収交渉で、公同組合長が交渉促進を担う役割を果たしたことはどうだろうか。その後、そのほかの有力者にも交渉委員が嘱託されたことからもうかがえるように、ここでの公同組合長には地域の有力者の一人としての役割が任じられていたと理解することができる。しかし、それだけではない。もし公同組合が京都市行政の完全なる下部組織として組み込まれていたのであれば、交渉媒介人にはなれなかったはずだ。つまり、ここでは、公同組合が行政と住民の間の、第三者機関として位置づけられていたことがうかがわれるのである。そして、第三者の立場だからこそ、旧来からの町組織にあった「隣保団結」が発揮され、都市改造が持つ「公共的観念」への理解を求め説得にあたることができたともいえるのである。

経済史の松下孝昭は、公同組合や衛生組合の役割を論じるなかで、それらの組織の長が市会議員を兼ねる者もしばしば見受けられたとして、そうした有力者はそれぞれの役割を使い分けたことを指摘した（松下［二〇〇六］）。つまり、市会の公の立場としての活動を行う一方で、その立場から離れながらも市政上の問題にかかわる際には公同組合などの立場を使ったというわけである。

こうした、行政から独立した立場であるという位置づけが公同組合に与えられることは、少しさかのぼるが、道路拡築に合わせて敷設される市街電車を市営にするか民営にするかの議論が続いていたときにもうかがわれた。そこでは、市営でもなく民営でもない「市民直営」とすることとして、公同組合による経営にするべきだという請願が市会に提出されたのである。一九〇七（明治四〇）年のことである。その請願では、電鉄を形式的に株式会社とするが、公同組合を基盤としたものとし、利益を市民に還元するものにすべきとしていた（伊藤［二〇〇六］）。つまり、ここでも公同組合は、市行政とは別の組織として捉えられているのである。

以上のことから、京都市の道路拡築事業において機能した公同組合については、以下のような整理ができるであろう。まずは、都市全体をまきこむ大規模な事業に住民を動員するための役割があった。これは、行政の補完機能といえるものである。しかし、一方で行政の機構の外部に成立したものとして、第三者的な役割も担っていた。それは、町ごとの自治的・主体的な行動を支えるものともなった。そして、この二面性は、都市改造のような、近代に登場する都市全体をまきこむ大がかりな事業においてこそ求められるものであったといえるのである。

都市改造へ動員させるシステム

こうした公同組合の役割は、三大事業が完工した直後の一九一五（大正四）年に実施された大正大礼でも明確に見てとることができる。大礼の奉祝事業は、京都府や京都市が中心となり進められたが、各戸、各町内、各学区が国旗や幔幕をどのように設置するのか、あるいは設置する国旗や提灯はどのようなものにするのか。そうした住民による奉祝行為の具体的な標準を定め、住民の奉祝事業への参加を促し同時に統制する役割を公同組合が担ったのである。図8は、そのうちの提灯の標準を示したものだ。大礼における住民の行動については、第六章で詳しく見ることになるが、もともと、公同組合の必要性があらためて認識されたのも、一八九七（明治三〇）年の英照皇太后大喪においてであったという（小林［一九九六］）。そこでは、町単位での幔幕の設置や防火などの統制、さらには自発的な行動を奨励する必要から、それを担う組織が求められるようになったとされる。まさに公同組合とは、こうした都市イベントや事業を推進する時点で、住民を統制し動員することと、町ごとの主体的な動きを促すという二つの役割を担うことで大きな意味を持っていたと考えられるのである。

序章でも紹介したが、『京都市会史』（一九五九年）は、一八九八（明治三一）年から一九一一（明治四四）年、つまり第三章、四章で扱った時期を「都市行政の整備」の時期だったとし、それを代表する

図8　公同組合により標準化された提灯のデザイン

事業として三大事業を挙げているのだが、実はもう一つ公同組合の設立も挙げているのである。明治後半期、産業資本主義の確立を前提として、日本の大都市はどこも、都市行政制度の確立と、基盤整備事業を相互に関連させながら実現させていくことになる。とりわけ、東京・大阪・京都では、市制特例が一八九八（明治三一）年に撤廃されることで、自前の都市行政システムの確立が目指されることとなった。京都の場合には、それが公同組合の設立と三大事業となって現れたということなのであろう。

しかし、旧来の町組織に新たな枠組みを与えた公同組合の設立と、都市基盤整備のための都市改造は、一見するとあまり関係するものとは考えにくいようにも思えるだろう。しかし、この章で見てきたように、京都市の住民をいや応なく巻き込むことになる都市改造、とりわけ道路拡築と、新たな町組織としての公同組合は、密接に連携するものであった。

近世までの町＝共同体の組織を再編させながらも、引き継ぐかたちとなった京都市では、その伝統的な組織の破壊につながるであろうと考えられた道路拡築は、住民にとって当初は受け入れがたいものであった。したがって、町＝共同体を基盤とする名望家支配が議会で続けられ、自身もその勢力を支持基盤としていた内貴初代市長の任期では、市長自らが都市改造を訴えても、市会での強い抵抗を受け実現させることができなかった。しかし次の西郷市長は、結果的に議会の支持基盤を失うことで都市改造事業を成し遂げる。ただし、混乱する議会とは別に、当初は住民からの反発も強かった。彼らは、都市改造の意義を理解しつつも、具体的な用地買収の時点で、旧来からの町組織を単位として団結して市に対峙する行動をとることとなった。

ここにおいて必要とされたのは、都市基盤の近代的再編という行政課題に住民を動員させるシステムであった。それが公同組合であったと理解できるだろう。公同組合は、行政側の要請に基づいて住民の動員を図るためにつくられたものである。しかし一方で、その設立は強制ではなく、住民の自治的・主体的な行動を促そうとする目的もあった。この二面性が、都市改造を住民が主体的に受け入れていく素地をつくり出していったのである。実際に、用地買収交渉では公同組合長などが重要な役割を果したのである。

それでは、そうして三大事業に住民が動員されていくことが実現した後に、そこに現れる都市空間を人々はどのように理解し受容することになったのだろうか。そのことを明らかにするためには、そこに現れる空間の形態・意匠について検討していく必要があるだろう。道路拡築が実現したとしても、そこには何らかの具体的なデザインが必要となる。そこにどのような都市の姿を創出していくべきなのか。その問いにこそ、都市の近代化についての意思のありようが示されることになるはずだ。

もちろんそれは、最初は行政側の課題として始まることになる。本章では、近代的都市空間を実現させるための行政的手続きについて扱ってきたが、その先には具体的な都市の造形を示すことが求められた。そして、その示された景観を住民側がどのように理解するのか。その提示と理解に、都市空間の近代化がもたらす行政と住民の新しい関係構築を見いだすことができるはずなのである。そこで、次章ではまず行政側のデザインの提示を見ていくこととする。

第五章 「歴史」のデザインをめぐって

風致をめぐる府と市の対立

第三章、四章を通じて、明治末に実施された、京都では初めてとなる本格的な都市改造事業を見てきた。それは三大事業と命名されたが、そのなかでもとりわけ道路拡築の事業は、京都の都市空間の近代化にかかわる人々のさまざまな関係構造をわれわれの前に示すこととなった。第三章では、土木官吏に着目し、彼らが地方行政に強く関与していく体制がつくり上げられていく過程を示した。そして、第四章では、事業に対する都市住民の意識や行動が、新しい住民組織を発動していく過程を明らかにした。つまり、この事業を契機にして、行政、そして行政と住民の関係のあり方が大きく変容していく様子がわかってきたのだが、では、そうした変容が、具体的な都市空間の造形デザインにどのようにつながっていたのか。

そこでまず着目するのが、橋梁のデザインである。たしかに道路拡築において、新しい造形として登場するのは、拡築後の町並みであるといえるだろう。しかし、そのほとんどは、個々の土地・家屋の所有者にゆだねられたものだ。それに対し、道路拡築・市電敷設にともない必要となった、鴨川を中心とした橋梁の架け替えは、行政がそのデザインを直接的に担わなければならない。そこに都市、とりわけ歴史を背負った都市をどのように近代化のなかに位置づけていくのか、そのビジョンが示されることになったはずである。

では、そのビジョンは、どのように読みとることができるのか。三大事業を実施していた当時の京都において架橋された橋梁には、実は、明快に二つに分けられるデザインの傾向が存在した。その差にこそ、歴史や伝統のなかに近代社会を定位させようとする都市ビジョンの差を読みとることができると思われるのである。

その差を考えるうえで前提になるのが、当時顕在化した京都府と京都市の都市改造事業における対立である。それが最も決定的となったのが、鴨東線をめぐるものであった。京都市は、一九〇九（明治四二）年に、三大事業の第二琵琶湖疏水の流路としてつくられる鴨川運河（第二章・図2参照）東側堤上の五条から丸太町にかけて鉄道軌道を敷設する計画を決定したが、その申請を京都府の大森鐘一知事が内務省に進達しなかった。つまり事実上、認めなかったのである。京都市は府に陳情を繰り返したが知事は応じず、結局、一九一一（明治四四）年に敷設を五条から三条までに縮小する修正案が市会で可決された。その後、五条まで延長していた京阪電鉄と契約が進み、一九一五（大正四）年に、現在の京阪三条駅まで鴨川畔に電車が開通することとなった（苅谷［一九九三］、『京都市政史 第1巻』二〇〇九年）。

なぜ大森知事は、この鴨東線を認めようとしなかったのか。それは風致保存に好ましくないと判断したからだった。東山を望む鴨川畔に電車が走る姿は、京都の風致を乱すものだと主張したのだ。この府と市の対立は、きわめて深刻なものとなったようで、この対立が三大事業を実現させた西郷菊次郎市長が辞任に追い込まれる要因になったとの指摘もある（『京都市政史 第1巻』二〇〇九年）。西郷が強いリーダーシップをとって推進した三大事業だったが、事業完工の直前、一九一一（明治四四）年に西郷は病気を理由に辞職してしまう。その原因に鴨東線をめぐる府との対立があったとするのである。

ただし、こうした府と市の対立は、京都だけに限ったものではなかった。日露戦争後の都市化の進展によりさまざまな公共事業が増大していくなかで、その認可権を持つ国の出先機関としての役割も担う府県と、実際に事業を行わなければならない市との間には、常に対立が表面化してしまう制度的矛盾をはらんでいたといってよい。したがって、程度の差はあるものの、府県と市における同様の対立は、東京や大阪、さらには兵庫県と神戸市の間などでも生じていたのである（山口［二〇一〇］）。こうした事態を背景として、大都市の自治体が、府県から分離・独立しようとする特別市制運動が起こっていくのであるが、この鴨東線をめぐる対立は、そうした府県と市の制度上の矛盾から生じる対立を示す典型的な例として捉えることができるであろう。

しかし、ここで注目したいのは、この京都府と京都市の対立の根拠に「風致」の保全があることである。たしかに、それまでも、景観保全の主張は京都府において一貫したものであった。苅谷が指摘するように、一八九五（明治二八）年の東山地区の鉄道敷設計画に対して、府議会が「東山の景勝」が破壊されるとして内務大臣に建議書を提出したり、一九一〇（明治四三）年に市が認めた丸山公園から東山に登る索道計画を府が認可しなかったということがあった（苅谷［一九九三］）。

ただし、鴨東線の問題は、そうしたケースとかなり異なるものだ。大森知事は、電車を敷設することになる鴨川東岸の第二琵琶湖疏水路に関する京都市の建設計画は認め、すぐに内務省に進達している。これも、鴨川の景観を大きく変えてしまうことになるはずなのに、その工事は認める。しかし、その上に電車を敷設することは認めない。その代わりに「柳桜を植えることそよろしからん」と主張したのである。新聞紙上などでは、大森知事のこうした主張は一貫性を欠いており、それまでの府と市の対立を引きずった「感情論」であるとさえ指摘している（『朝日新聞京都付録』明治四四年四月一二日）。

しかし一方で、京都市としては、この一貫性のなさに残された可能性を見いだしていたとも思われる。京都市は電鉄敷設をあらためて府に申し入れるにあたって、風致の配慮を十全に行うことを主張している。前章で見た各町に設置が推奨された行政補完団体・公同組合の連合会も、市とは別に府に陳情書を提出しているが、そこでは、鉄道敷設は「其装飾設備の方法により之を補は寧ろ或は一段の風趣を加ふるに至らん」とさえ指摘している（『日出』明治四四年七月九日）。

この対立がどれほどの「感情論」であったのかを判断することは難しいが、そこに風致に対する認識の差があったこともたしかであろう。つまり、インフラ整備事業によって必要となる新しい構築物をつくるにあたって、府（大森知事）は、その必要性は認めつつも、風致を害するものを徹底的に排除しようとするが、一方でインフラ整備を積極的に進めようとする市の立場からすれば、風致の保全は、あくまで配慮するものとして認識されるものであった。これは、保全に対する認識の程度の差として捉えられるわけだが、歴史を背負った都市において、近代的なインフラ整備を進めようとする都市支配権力にとっては、その差はきわめて重要な意味を持ったと考えられるのである。

三大事業が進む明治四〇年代は、一九一一（明治四四）年制定の「広告物取締法」や、同年の「国立公園開設」と「史蹟天然記念物保存」の建議などもあり、風致の保全は社会的に大きなテーマにもなっていた。そこにこの鴨東線の問題が起こったために、京都ではとりわけ風致をめぐる議論が盛んになったと思われる。そのことは、三大事業の工事が進みつつあった一九一〇（明治四三）年から二年ほどの間に、新聞紙上に巻頭記事などで風致の話題が数多く取り上げられていることからもわかる。

ただし、その論調は必ずしも明快なものにはなっていない。京都の新聞紙上で最初に正面から風致や景観について論じたものは、一九一〇（明治四三）年六月二〇日の『京都日出新聞』の巻頭「都市美論」であったと思われる。ここでは、アメリカの都市美運動にならい「都市美」の重要性を説き、京都は「歴史都市なり」として、そのために「都市美を重んずべき地位にある」としている。そして、その都市美のためには「都市醜の排斥」として屋外広告の取り締まりが必要であることを指摘している。これは明らかに「広告物取締法」を受けてのものであろうが、鴨東線の問題が顕在化してくる一九一一（明治四四）年になると、さらに踏み込んだ論調が増えてくる。

『朝日新聞京都付録』では、五月二八日から四日間にわたって、「市の道路―都市美観問題」が掲載される。ここでは、「今日の京都は建設中の都市なり、昔ながらの風致に如何に物質文明調和し加味すべきかの過渡時代なり」として、工事が進みつつある三大事業は受け入れなければならないとし、その都市美観をつくる「調和」のために広告や電柱の乱立を抑え、路傍樹などを整備する必要性が指摘されている。さらに、六月一九日の『京都日出新聞』の巻頭「風致とは何ぞ」では、鴨東線問題をストレートに扱い「電車なるものは殺風景」なのかと問い、美醜の価値観は相対的なものであって、一方的に電車は風致を害すると決めつけるのは「悪しき復古主義」だと指摘している。

さらに、九月一日の『京都日出新聞』の巻頭「風致の研究」では、「近頃都市美又は都市の風致に注意せんとする傾向を見る、誠に喜ぶべし」としながら、「都市の風致に就ては人によりて見る所同じからず」として、やはり一方的な決めつけはよくないと指摘した。そして、同月一二日の『京都日出新聞』では、道路が拡築され電車が敷設された寺町通の景観を「寺町新観」として論じ、電車が走る風景は必ずしも殺風景なものではなく、新しい都市美を発見できるものでもあるとしている。

こうした論調に通底しているのは、風致や都市美は絶対的なものではないという認識だ。近代的施設とその景観が急速に広がろうとしているなかで、都市美や風致の重要性が指摘されるが、その価値判断は相対的なものでしかないとしているのである。ただし、これは大森府知事の電車は風致を害するので認めない、という判断への批判としてあったことも事実である。

市が架け替えた四条大橋と七条大橋

では、歴史的に築いてきた風致に新たに近代文明を調和させることとは、どのようにすればできるのか。その立場による都市デザインを提示したと思えるのが、京都市により鴨川に架橋された橋であった。

三大事業による道路拡築は、鴨川に架かる橋の架け替えも必要となる。具体的には、北から丸太町通の丸太町橋、四条通の四条大橋、七条通の七条大橋の三橋である。なかでも、四条大橋は、京都を代表する橋として、その設計に注目が集まった。当時最新の技術としての鉄筋コンクリート造でつくられたこの四条大橋については、すでに設計者に関しても明らかにされている（白木［二〇〇五］など）。意匠設計は、台湾総督府の技師・森山松之助が行い、東京帝国大学の柴田畦作が構造設計を担当した。ここでは、その橋梁デザインが持ちえた意味を読みとるために、その意匠がどのように企てられ、どのように受け入れられていったのかを、主に新聞記事から追うことにしよう。

四条大橋の設計が台湾総督府技師に依頼されることになったのは、道路拡築の設計が終わり、用地買収がすでに始まった一九一〇（明治四三）年六月であった。新聞は「新設の四条橋は最も意匠を凝らし京都の一大美観とする筈にて其設計を台湾総督府技師森山松之助氏に依頼何にか京都の歴史に因みたる意匠にて」、「丸太町橋及び七条橋も美術的の者となす筈にて其意匠を矢張森山技師に嘱託し」と報じている（『日出』明治四三年六月一〇日）。四条大橋だけでなく、市が建設する三橋はいずれも同じ技師に設計を依頼したのである。

この台湾総督府技師については後述することとするが、なぜ市役所外部の技師に設計を依頼することになったのだろうか。設計依頼のことが明らかにされた翌日の『京都日出新聞』も、三大事業の道路拡築を担う京都市の道路拡築部の不合理さを批判するなかで、「京都には大学もあり高等工芸学校もあり美術工芸学校もありて学者美術家意匠家等決して少なからざるに係はらず四条大橋、丸太町橋、七条大橋等を美術的な者とし市の美観を添んとて其設計を台湾三界の名の知れぬ技師に嘱託するなど馬鹿馬鹿し」と指摘している（『日出』明治四三年六月一一日）。しかも、構造設計も、市の技師でもなく京都帝国大学でもない、東京帝国大学土木工学科教授の柴田畦作に依頼することも、その後明らかにされる（『日出』明治四四年七月一三日）。

それまで、三大事業で必要となるさまざまな設計は、市の技師・技手らがあたってきた。それにもかかわらず、設計を外部に委託したのには、考えられる理由がひとつある。第三章で見たとおり、この設計依頼が明らかになる前年に、本来ならば設計にあたるはずだった技師を西郷市長自らが免職にしてしまっていたのである。京都市は、第三章で見たとおり、京都帝国大学土木工学科出身の技師・井上秀二を、事業部長などの事務方と常に衝突したために、免職してしまった。井上は、技師就任直後に四条大橋の改修工事にあたり、「東京、大阪、京都の三府中橋梁の不完全なるを京都市とす」として「四条大橋の改修は真に刻下の急務」だと指摘していた。しかも、四条大橋で採用された鉄筋コンクリート技術の専門家でもあった。実際に、高瀬川に規模は小さいものの鉄筋コンクリート造の人道橋を四橋完成させているし（いずれも昭和の初めに撤去）、わが国で最初の鉄筋コンクリート技術の専門書『鉄筋コンクリート』も著している（山根［二〇〇〇］）。

西郷市長は、井上を免職にした後に、後任技師の人選を問われて「土木工事を起こすに当り技術者万能主義とすれば兎角弊害生じ易し要するに技術者は技術者として其範囲を出でしめざる可らずなり」と語っている（『日出』明治四三年二月二七日）。つまり、西郷は、大規模な橋梁の設計を担えるような卓越した技術者は市の内部に抱えず、そうした仕事はあえて外部に発注するべきであると考えたのであろう。ただし、構造設計を東京帝国大学の柴田畦作に任せたことは、まさにそのように解釈できるだろうが、美観を添えるという目的で、その意匠設計までも外部に委託した点については、また別の理由があることも考えられる。

その疑問については、実際に登場するデザインのありようから読みとることができそうだ。四条大橋の実際の設計案が完成するのは、台湾の森山技師に依頼することが明らかにされてから八ヵ月後の一九一一（明治四四）年の二月であった。そのデザイン案を紹介する記事の表現が、きわめて興味深いものとなっている。「要するに設計者の意を用ひしは橋の欄干、橋脚其他局部々々には少しも美術的意匠を加へず橋全体を構成して初めて美術的の者たるを示さんとするに在りて輓近独逸辺に於て流行せる極めて新しき意匠に依りし者なりと」しているのである（『日出』明治四四年二月八日）。ここで「独逸辺に於て流行せる極めて新しき意匠」とはセセッションのことを指すのだろう。セセッションとは、一九世紀末にドイツ・オーストリアに興った芸術運動で、過去の芸術様式からの分離をめざし、近代の新しい造形を志向したものだ。橋が竣工する際の報道でも、その造形は「セセッション式」であると紹介されている（『日出』大正二年三月二四日）。しかし驚くのは、「新しき意匠」とするその前の部分で、橋の細部には美術的意匠、つまり装飾を加えず、全体の構成で美を示すという説明は、まさに近代主義デザインの思想を端的に表したものである。

実際に登場した橋梁のデザインは、写真30でわかるように、たしかに装飾的要素が極力排除されたモダンなものであった。当初「京都の歴史に因みたる意匠」としていた部分は、橋脚の上に設置された電灯用の「燈籠」に託されているが、これも「古雅なる燈籠型とせる和洋折衷」（『日出』明治四四年二月八日）とされているものの、曲線を用いたモダンなデザインは明らか

写真30　竣工時の四条大橋

にアール・ヌーボーである。

この意匠案が公表されると、さまざまな戸惑いが表明される。まず、装飾部分が少ないために工費が安くなることへの懸念があった。ちょうどこのころ、三都それぞれを代表する橋梁が架け替えられている。東京では、日本橋が竣工したばかりで、その坪単価は一〇〇〇余円であった。大阪では、二年前の一九〇九（明治四二）年に心斎橋が竣工するが、坪単価は七〇〇余円。それに比べて、京都を代表する四条大橋が、このままでは坪単価三〇〇余円にしかならない。これでは都市としての対面が保てないのではないかというのである（『日出』明治四四年二月八日）。

また、装飾を廃したデザインに対して、新聞は某土木学者の批評として「此の意匠が果たして京都の市街其他の美術工芸品及び京都の風致と調和するや否や或は日本座敷の真中に純然たる洋風のストーブを据え付けしが如き奇観を呈するに至る可し」と指摘している（『日出』明治四四年二月二一日）。こうした感想は、広く住民にも共有されていたようで、一九一三（大正二）年三月に橋が竣工した際にもこのような「ハイカラな構造」にしなくてもよかったのではないかという意見が紹介されている（『日出』大正二年三月二一日）。さらに、単純なアーチが連続する意匠も批判された。先の某土木学者は「鴨川の如き河川にアーチ型、而も疏水運河を合すれば四個迄も半楕円形を描きし橋梁を架設せんとするが如き抑も誤まれり」とした（『日出』明治四四年二月二一日）。疏水運河とは、府と市が対立した、鴨東線の電車が走る基盤となる鴨川堤の運河のことである。この運河にも四条大橋と直交するかたちでアーチがつくられたため、四条大橋のアーチと合わせて連続（実際には五連）することになるわけで、その景観が鴨川にはふさわしくないとしているのである。たしかにこのアーチの連続は、鴨川を東岸で十字に区切る特異な景観の誕生であった（白木［二〇〇五］）。

なお、同時に改築が行われ、四条大橋と同じ一九一三（大正二）年に竣工した丸太町橋は、当初は、四条大橋と同じく鉄筋コンクリート造で森山松之助技師に意匠設計を依頼する予定であったが、河床が浅いために、鉄筋コンクリートでは洪水時の通水が妨げられるおそれがあるとして、鉄製とされ、森山の設計でもなくなっている（『日出』明治四四年三月一七日）。しかし、七条大橋は、四条大橋と同じく鉄筋コンクリート造で森山松之助技師の意匠設計、柴田畦作の構造設計でつくられ、同じく一九一三（大正二）年に竣工している（写真31）。意匠もきわめてよく似たもので、一五・二メートルのスパンという同じ基本構造が採用されている（吉田［二〇〇九］）。四条大橋は、その後、一九三五（昭和一〇）年の鴨川大洪水の被害による鴨川改修計画で架け替えが決まり、一九四二（昭和一七）年に新しい四条大橋に替わるが、七条大橋は、細部の改修は受けながらも、現在も使われつづけている。

写真31　竣工時の七条大橋

いずれにしても、四条大橋や七条大橋の先進的ともいうべき、装飾を排したデザインは、設計者の考案によるものとはいえ、同時に、その設計者に依頼した京都市の企図に基づくものでもあったはずである。京都の歴史的な風致に対して、市電や鴨東線の電車が走るという近代文明の景観をどのように調和させるのか。それはむしろ、歴史的風致に対して、コントラストをつけるようなものを対置すべきであると、市は考えたのではないか。

設計者をめぐって

しかし一方で、森山松之助という技師が台湾で設計した建築は、いずれも濃密な装飾に特徴を持つものであった。森山は一八六九（明治二）年に大阪に生まれ、東京帝国大学建築学科（入学時にはまだ造家学科）で学び、一九〇六（明治三九）年に台湾総督府嘱託技師となり、一九二一（大正一〇）年まで在籍した。この時期の日本統治下の台湾では、本格的なインフラ整備が行われ、大量の公共施設が建てられていた。そのなかで、森山は野村一郎技師とともに総督府営繕課の「二本柱」とされ、数多くの建築を設計している（黄［一九九三］）。その特徴は、赤煉瓦と白い花崗岩を組み合わせる、東京帝国大学の師である辰野金吾が好んだ「辰野式」を基本にしながらも、それを台湾の気候風土に合わせ、よりデコラティブなものにしたものだった（黄・村松［一九八八］、吉田［一九八八］）。

帰国後の昭和期の作品はともかく、少なくとも、現在判明している台湾での森山の作品に、セセッションのような近代主義に向かう装飾を排したデザインを見つけることは困難である。つまり、セセッションのような西洋近代の新しい潮流のデザインを森山が四条大橋に採用したのは、発注者、つまり京都市側から依頼されたことによるとも考えられるのである。

しかし、そうだとしても、なぜ台湾総督府技師の森山だったのか。これについては、西郷菊次郎市長が、一八九五（明治二八）年から一九〇二（明治三五）年まで台湾の地方官として植民地経営に携わっていたこととの関連が指摘されてきた（白木［二〇〇五］）。しかし森山は、西郷が台湾を去った後に総督府技師として台湾に渡っている。むしろ森山が鉄筋コンクリート造のエキスパートであったことが最も大きな理由であったのではないかと考えられる。森山は一九〇八（明治四一）年に鉄筋コンクリート造の建築（台北電話交換局）を手がけているが、これは植民地だけでなく、日本国内も含めてきわめて早い鉄筋コンクリート造建築の実現例であった。また、台湾におけるシロアリ対策に床下にコンクリート層をつくる技術を提唱したのも森山だった（西澤［二〇〇八］）。

そもそも、四条大橋・七条大橋が鉄筋コンクリート造でつくられたこと自体にも大きな意味があった。土木学会の『日本土木史』（一九六五年）では、「大正・昭和時代の最初の鉄筋コンクリートアーチ橋は京都に登場し、五経間の四条大橋および同型七経間の七条大橋がそれであって」としている。両橋の構造設計を担当した柴田畦作はわが国における鉄筋コンクリート工学のパイオニアとされるが、両橋の設計後、東大で鉄筋コンクリート工学の授業を開設し、そのなかで、両橋について特に力を入れて詳述したという。つまり、四条大橋・七条大橋は、その後のわが国の橋梁架橋技術において画期をなすものであったと考えられる。そして、そうした先進的な技術を積極的に取り入れようとしたことも京都市の企図であったと考えられるのである。だからこそ、最も早く鉄筋コンクリート構造を使った建築を手がけた建築技師に意匠設計を託したのではないか。

しかし、台湾総督府の技師に依頼するというのは、現実的に困難なことではなかったのか。打ち合わせや図面のやりとりだけでも、当時は相当に時間とコストがかかってしまうだろう。実は、意匠を依頼した当時、森山は東京にいたことが考えられるのである。森山は、台湾総督府技師として、日本で開催された博覧会・共進会における台湾館の設計もいくつか手がけている。その際には、日本に滞在し設計・監督を行ったはずである。一九〇七（明治四〇）年の東京勧業博覧会の台湾館もそうだが、黄俊銘の研究では、一九一〇（明治四三）年に名古屋で開催された第十回関西府県連合会共進会の台湾館も森山の設計であるとされている（黄［一九九三］）。だとすれば、京都市が四条大橋等の設計依頼をした時点で、森山は日本にいた可能性が高い。完成した設計図面について当時の新聞も「予て台湾総督府技師森山松之助氏に依頼中なりしが此程漸く設計成り東上中なりし清水技師同地に於て森山氏より受取り帰郷し」と報じている（『日出』明治四四年二月八日）。

また、構造設計の柴田畦作は「装飾意匠は工学士森山松之助、工学士山口孝吉両氏の考案に係り特に山口氏は各部制作及工事の監督をなせり」としており、工事請負人は東京市太田組工業事務所としている（柴田［一九一四］）。この山口孝吉とは、東京帝国大学建築学科で森山松之助と同級生で、その後東大の営繕課技師として校舎の設計を手がけていた建築家である。さらに読売新聞の報道では、四条大橋の橋上の装飾の設計者は森山工学士だが「東京帝国大学技師山口工学士が監督の下に東京市本郷区元町二丁目鋳造家久野留之助師の鋳造工場に於て制作し其の勾欄は全部総磨きの青銅製にして」としている（『読売新聞』大正二年三月一八日）。つまり、四条大橋・七条大橋の設計は、東京の森山、山口、柴田を中心にしたチームにより、装飾部分の作製まで含めて東京で行われたことがうかがえるのである。

なぜ、京都ではなく東京で設計チームが結成されたのかは不明である。しかし、いずれにしても、京都市は当時、最も先鋭的な構造とデザインの橋梁を実現させようとし、市の外部のチームに設計をゆだねたのである。そして、そこで目指した先鋭さに、京都の風致に近代文明を調和させる試みを託したことがうかがえるのである。

府が架け替えた三条大橋と五条大橋

先に、一九一三（大正二）年三月に四条大橋が竣工する際に、このような「ハイカラな構造」にしなくてもよかったとする感想があったことを紹介したが、この新聞記事をさらに正確に紹介すると「『四条大橋などは斯かるハイカラな構造にせずと三条や五条橋のようにすれば良いと』言っている者もあるようだ」としているのである（『日出』大正二年三月二一日）。ここで挙げられている三条（大橋）や五条（大橋）は、四条大橋・七条大橋とほぼ同じ時期に、京都府によって架け替えられたものである。つまり、京都府も橋梁のデザインを提示しており、それは「ハイカラ」と対比をなすものとして捉えられる意匠であったことがわかる。ここに、府と市の風致に対する認識の決定的な差を読みとることができそうだ。

一九一五（大正四）年に発行された『京都府誌 下巻』には、その当時の国道、県道、里道という三つの分類による橋梁表が掲載されている。この分類は、一八七六（明治九）年の太政官たちにより定められたもので、このうち、京都府は県道だけでなく、国道についても国に代わって維持・管理を担わなければならなかった。鴨川に架かる橋としては、東海道の起点でもある三条大橋が国道、醍醐街道の五条大橋が県道であったため、市の三大事業の工事と同時期に、京都府による両橋の架け替えが行われたのである。ただし、最初に京都府による橋梁架け替えのプランが明らかになったのは、宇治川に架かる国道の宇治橋であった。

宇治橋は、六四六（大化二）年に初めて架けられたという伝承があり、織田信長が改造したときに、擬宝珠がつけられたとされる。明治維新後は、府費で土橋を架橋したが、一九〇六（明治三九）年に大規模な修理で板橋として、高欄に青銅製の擬宝珠をつけた（『京都府誌 下巻』）。しかし、一九一〇（明治四三）年の府会で、全面的な架け替えが決まり（『日出』明治四四年七月九日）、ちょうど四条大橋・七条大橋の工事が進むなか、一九一二（明治四五）年五月に竣工している。

こうした由緒ある橋梁の架け替えであるため、その橋梁デザインは「名勝を保存するの要ありと」して（『日出』明治四四年七月九日）、幅員などは拡張し擬宝珠もすべて新調しながらも「範を天正時代の造営に取り」デザインが行われた（『京都府誌 下巻』）。基本の構造には、鋼製の桁を採用しているので、鉄橋といえるものだが、橋脚には木柱を用いており、鋼製の桁には木製の「桁覆」をかぶせているので、外観は木橋のように見える。『京都府誌 下巻』でも「木橋」とされている。

こうした復古調ともいうべきデザインは、その後の三条大橋、五条大橋の架け替えにも引き継がれていく。三条・五条の橋は、もともと豊臣秀吉によって架けられた、初めての石柱橋だとされる。しかし、その後何度も流失を繰り返していた。京都府は、やはり三大事業の工事が進むなかで、本格的な架け替え工事を実施し、五条大橋が一九一一（明治四四）年一二月、三条大橋が一九一二（大正元）年一〇月に、それぞれ竣工している。

三条大橋は、「宇治橋と同じく桃山式の形をとりたる雅致ある構造となすべく」とされた（『日出』明治四五年三月二一日）。すなわち、宇治橋と同様に、鋼製の桁（H形鋼）を用いて幅員を広げ、やはり雨覆板を張り木橋のように見せる。橋脚はもともと石柱であったものを、鉄筋コンクリート柱にしたが、外側の部分だけは

写真32 竣工時の三条大橋

石柱とした（『京都府誌 下巻』）。こうした工夫により、写真32に見るように、古いままで規模だけ拡大したように見える三条大橋が完成することになった。

一方五条大橋は、明治維新後に高欄や擬宝珠が取り除かれ平橋となったようだが、一八九三（明治二六）年に旧状に復した。しかし朽腐が進んだため、架け替えることになったのだが、やはり旧状を再現する「桃山式」が採用された。鋼製の桁を使い幅員が広げられ、雨覆板を張り木橋のように見せることになった（写真33）。ただし、こちらは鴨川東岸の、市の鴨川運河の工事が進んでいたので、橋は二つに分割されることになった。なおかつ、分割された運河上の小橋の工費は京都市に負担させている（『京都府誌 下巻』）。

いずれにしても、写真32、33を見ればわかるとおり、鴨川に京都府が架けた二つの橋は、きわめて似通ったデザインのものとなった。「桃山式」と呼ばれた、そのデザインは、まさに伝統的な風致を守ろうとする京都府の意志の表れであったといってよいだろう。京都市の四条大橋・七条大橋と比べるとき、そのデザイン

写真33　竣工時の五条大橋

の差は歴然である。しかしなぜ「桃山式」なのか。

第二章において、高木博志が指摘する京都をめぐる二つのイメージの形成を取り上げた。ひとつは、平安神宮に代表される、「国風文化」を表象し視覚化する表現であり、もうひとつは、徳川幕府に滅ぼされた豊臣家の再評価から形成された「安土桃山文化」の表現であった（高木［二〇〇六］）。そして、武徳殿に唐破風が増築されたのは、その「安土桃山文化」を象徴したものであった可能性を示した。その「安土桃山文化」のイメージは、とりわけ三大事業が結実し新しい京都の姿が見え始めたこの時期に顕著となったとされるが、京都府による橋梁デザインにおける「桃山式」の採用は、まさにそのイメージに従うものだったといえるだろう。

もちろん、市の架橋した橋と工費を比較すると、四条大橋が二五万四〇〇〇円、七条大橋が一九万八〇〇〇円なのに対して（『本邦道路橋輯覧』一九四四年）、三条大橋は四万円、五条大橋は一万六〇〇〇円（市負担分も合わせて）であり（『京都府誌 下巻』）、大きな隔たりがある。それは、本格的な都市インフラの整備に必要とされた橋梁と、整備には直接かかわらない橋梁の更新という差にもとづく隔たりであったということなのだろうか。

しかし、京都府も橋梁の架け替えを契機にした道路拡築を実施している事実もある。市の三大事業が進むなか、一九一一（明治四四）年一一月の京都府会市部会において、三条大橋架け替えを契機にして、国道の三条通や県道の五条通の幅員を広げる拡築案が提起され（『日出』明治四四年一一月二六日）、同年一二月に、三条通の三条大橋西の木屋町から同橋東の青蓮院までの区間での拡築が決定された

(『日出』明治四四年一二月一九日)。その後すぐに、三大事業と同様に用地買収から立ち退き、拡築工事と進められている。しかし、市と府が同様の道路拡築を、別々に実施することに対して批判が起こり、京都市が京都府に共通した方針を定めることを申し入れるという事態も起こっている(『日出』明治四五年二月六日)。

つまり、京都府による三条大橋・五条大橋の架け替えは、単に由緒ある橋の復興ではなく、京都市と同様に都市インフラの整備としての目的も持っていたのである。都市の近代化にあたって、必要なインフラとして橋梁の架け替えを行う。京都府は、その目的のもとにあえて復古調(桃山式)のデザインを提示したといえるのである。それは、同じ目的において行われた市の四条大橋・七条大橋での西洋近代の先進性を示すデザインと、あまりにも大きな差があった。その差に、京都の風致に対する認識における府と市の大きな違いを読みとることができるであろう。

府技師の橋梁設計

では、こうした復古調のデザインは誰の設計によるものであったのか。まず宇治橋については、そのデザインの検討が始まった時点で「府土木課にて之が設計につき考案中なるが」としている。また、三条大橋の設計も「当局者の手許に於て設計を行ひ」とされている。つまり、府が架橋した橋の設計は、意匠も構造も内部、つまり府土木課で行ったと考えられるのである。さらに、宇治橋の設計については「長く後代に伝ふべきの価値あるものなること、今回京都府に於て宇治橋架換工事を行ふに当り広く旧記を尋ね諸種の記録を猟りて初めて之を明らかにする」としていて、復古調のデザインの歴史的根拠も含めて、府土木課で研究したとされている（『日出』明治四五年三月二三日）。

しかし、そうして復古調の意匠が設計できたとしても、実際には鋼製の桁や、一部に鉄筋コンクリートも使うなど、近代的な技術を駆使して、そのデザインを実現させているのであり、その構造技術を担える高い能力を持った技術者が必要であったはずだ。実は、京都府は市外の山間部において、この時代に、鉄筋コンクリート造の橋梁を実現させている。一九一二（明治四五）年三月に竣工した鞍馬街道の市原橋と、一九一四（大正三）年二月に竣工した鞍馬川に架かる二之瀬橋である。前者が鉄筋コンクリートのアーチ橋で、後者は鉄筋コンクリートでトラスを組んだトラス橋であった。四条大橋などと比べれば規模は小さいが、どちらも、わが国の鉄筋コンクリート造の橋梁としてやはり早い例である。

土木史の山根巖によれば、これらの橋梁の設計を行ったのは、一九〇八（明治四一）年から一九一二（大正元）年まで京都府技師であった原田碧であるはずだという（山根［二〇〇〇］）。原田は、長崎市の長崎港湾改良事務所で鉄筋コンクリート橋の佐世保橋（明治三九年・一九〇六年竣工）の設計にかかわるなどしており、橋梁技術の専門家として京都府技師に雇われたと思われる。一九一二（大正元）年には、『実用鉄筋コンクリート工法』という専門書も編纂している。こうしたことから、宇治橋、三条大橋、五条大橋は鉄筋コンクリート造ではないものの、その構造設計は、この原田が担当したことが考えられるのである。宇治橋の竣工式には、当時の府の土木課長である寺崎新策が工事概要を説明しているが、山根によれば、原田はこの寺崎に次ぐ主任技師であったという。

興味深いのは、この原田が、京都府技師から山口県技師に転じた後に設計を手がけた、臥龍橋（大正五年・一九一六年竣工）である。この橋は、錦帯橋と同じ錦川に架橋されたもので、原田は、洋風意匠や鉄橋は風致を害するとして、鉄筋コンクリートの橋脚に、檜造りの擬宝珠欄干を取りつけた、まさに復古調のデザインを採用している（原田［一九一八］）。そして、その姿は、京都府が架設した三橋にきわめてよく似ているのである（図9）。

ただし、その意匠設計は、当時京都高等工芸学校教授であった建築家の武田五一に依頼している。宇治橋、三条大橋、五条大橋は、いずれも歴史的な形状を範とする復古のデザインが採用されているが、この臥龍橋は、新しい創作として復古調を採用している。旧状を踏襲してのデザインではなく、新たな和風がデザインされたのである。そのために、建築家が求められたのであろう。つまり、逆に考えれば、京都府の復古調デザインの設計には、あえて意匠設計の専門家は必要な

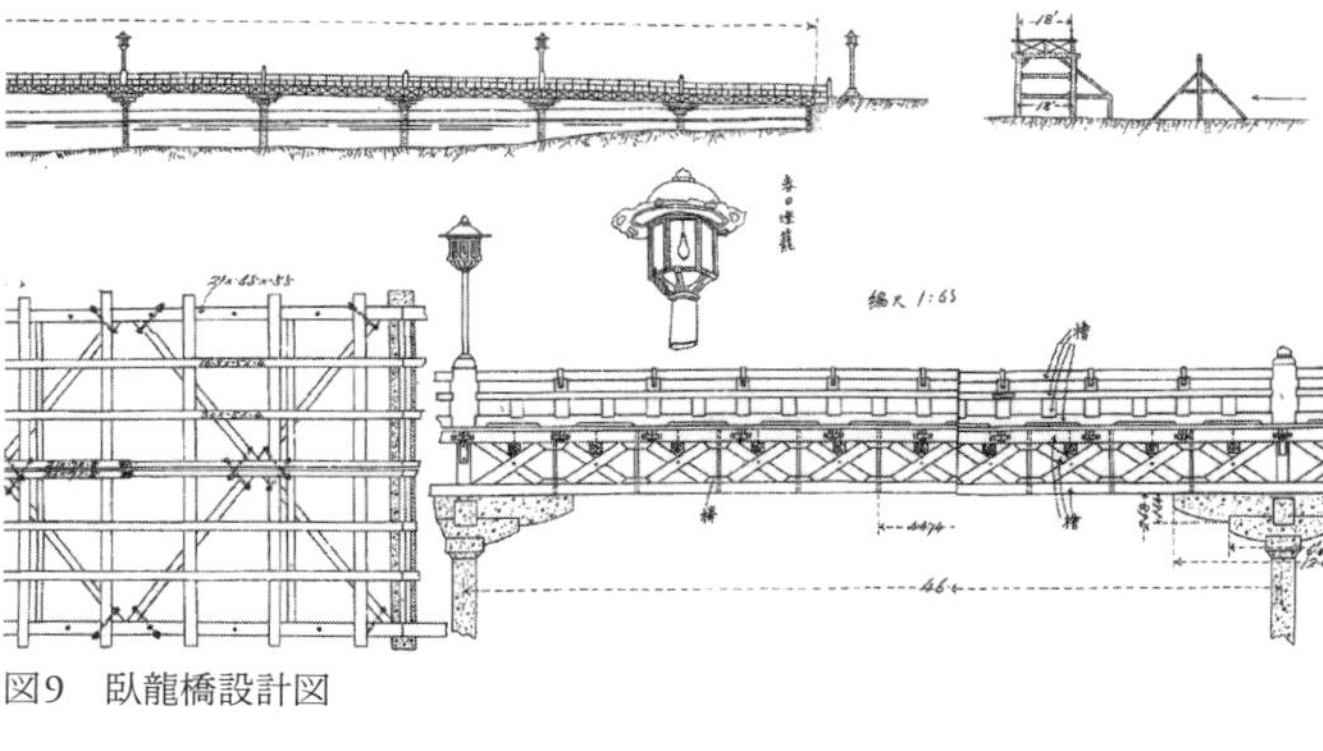

図9　臥龍橋設計図

かったと判断されたとも考えられるのである。

第三章では、京都市が井上秀二を技師として迎えた一九〇三（明治三六）年以降、三大事業が進むなかで、土木系の技師が京都市に増えていき、一方で京都府の技師には土木系は減っていくことを指摘した。しかしその後、京都府は一九〇七（明治四〇）年に、井上の後輩となる京都帝国大学土木工学科卒で後に土木課長となる寺崎新策を技師として雇い入れ、さらに翌年には橋梁のエキスパートである原田碧を長崎から招いて技師としている。彼らにより、鉄筋コンクリート造の橋梁が架橋され、さらに京都府綾部市の由良川には、当時最大規模のアーチ橋がつくられている。その報告は、寺崎新策の名前で専門誌にも掲載されている（寺崎［一九一二］）。つまり、道路拡築や電車敷設、上下水道といったインフラ整備事業のための土木技術は京都市が必要としたものだったが、国道・県道の整備のための土木技術は京都府にとっても必要になったのであり、その中心が橋梁技術であったと考えられるのである。

京都府は、そうした架橋事業の展開のなかで、市内における橋のデザインは、歴史に範を求めたのである。郡部で新しい技術による架橋を積極的に試みる一方で、市内ではあえて復古の意匠を採用したということなのだろう。そこには、京都市の積極的に西洋近代を受け入れる先鋭的な意匠とはまったく異なる公共デザインの認識があった。

デザインの根拠としての風致保存

京都府の復古の意匠に対して、京都市はたしかに橋梁デザインに西洋近代の先進性を示す意匠を積極的に提示しようとした。ただし改めて確認しておかなければならないのは、京都市も歴史的風致に対して強い認識があったことである。

とりわけ第三章でも紹介したとおり、三大事業の計画の基礎を作った初代京都市長・内貴甚三郎には、名所旧跡の積極的な保存策の必要を訴えるなど、風致保存への思いが明確にあった。清水重敦は、これも第三章で紹介した一八九七（明治三〇）年の古社寺保存法成立を受けて古社寺調査・修理のために京都府技師として雇われた建築家・松室重光に注目し、彼が羅城門跡と朱雀門跡を結ぶ道路を拡幅し京都の都市軸とするというような、いわば復古を目指す都市計画案を提示したことを明らかにした。そして、それが市長・内貴甚三郎の風致保存の考え方と軌を一にするものであったと指摘している（清水［二〇〇七］）。

確かに、その後の三大事業を主導した西郷菊次郎市長に比べれば、内貴の姿勢には風致保全の主張が含まれる部分が多かったといえるだろう。しかし一方で、第三章で見たとおり、内貴が主張した街路のマスタープランは、明らかに近代合理主義の計画にもとづくものであった。さらに、苅谷勇雅も指摘しているが（苅谷［一九九三］）、内貴が市長に就任した翌年の一八九九（明治三二）年に東山の也阿弥ホテルが全焼し、跡地に木造の再建計画が提出された際に、内貴は「此際二十万及至二十五万円を投じて不燃質材料を以て宏壮なるホテルを新築するを得策とすべし、元来京都人は洋風建築を嫌悪するの傾向あれども之れ未だ洋風建築の真相を知らずして漫に保守的の嗜好に駆られつつあるものなり、若し一旦完美なる洋風建築が東山に峙つことあらば京都の風色に一段の光彩を添へんと」と主張している（『建築雑誌』一五七号、明治三三年）。洋風意匠に対してそれを積極的に受け入れようとしていたことがわかる。

第二章でみたように、もうひとつの都として歴史都市であることをいわば宿命付けられた京都にとって、その風致を保全することは絶対条件であったといってよいだろう。その認識においては、京都府も京都市も一致していたはずだ。しかし、具体的なマスタープランを描き、実際のインフラ整備により、新たな空間を築いていかなければならない京都市の立場では、保存すべき風致とは、単純に範を過去に求めるものとはならなかった。新しい都市空間をつくるには、西洋近代を積極的に受け入れるしかない。そのうえで、それがもたらす影響について配慮し、またはそれから隔離したうえで、過去の景観を保存する、それが市のめざす風致保存であったと考えられるのである。

これに対して、京都府の立場は、明快に過去を保存する。それが難しいのであれば、過去を再現するというものであった。したがって、そこに西洋近代を受け入れる余地はほとんどない。

拡築を終えた烏丸通では、一九一三（大正二）年の三月に、街路樹がユリノキ（チューリップツリー）に決まる。これは、東京も含め、当時世界的にも街路樹としてよく使われていたものだったが「併し我京都は旧都の趣を存せしめ徹頭徹尾純日本式を以て其生命となさざる可からずとの見解より、初め大森知事は西洋式の樹種を植ゆるを好まず彼是内地植物を詮索したるも発見する能はず結局今回の如く決定を見るに至りし」と報道されている（『日出』大正二年三月一〇日）。大森鐘一知事や京都府技師が、京都市の架橋した四条大橋・七条大橋を直接批判した言説は見当たらないが、大森知事のこうした言動からは、この両橋が、風致を害する鴨東線の電車の姿と同質のものとして映ったことは確かであろう。

さて本章では、大正初めのほぼ同時期に架け替えられた鴨川に架かる橋梁のデザインが、京都市と京都府という事業者の違いによって、大きく異なるものとなったことを示した。異なったといっても、そのデザインの選択には、議会の議論が介在していないことは共通していた。改めて、この点にも注目しておく必要がある。つまり、このデザインの決定は、行政の一方的な意思を具体化したものであるわけだ。風致保存を主張してきた京都府はともかく、京都市が都市の景観のあり方をここまで明確に示したのはこれが初めてのことであったといえるだろう。そして、そこには議会による議論がともなっていなかったのである。

これは、計画決定が行政内部によって行われたという点から、その後の「都市専門官僚制」へ通じる事業であったといえるのかもしれない。しかし一方で、橋梁のデザインというものが、それまでの利害調整としての調停で決めていくような性格のものではなかったからだともいえるだろう。造形や景観とは、利害だけで決められるものではない。しかし、だからこそ、その決定には、何が正当なものかという根拠が必要となる。府と市のデザインにこれだけ極端な差が生じたのは、その根拠の正当性がいまだ共有化されていなかったからだと解釈できるであろう。何が京都の都市デザインとしてふさわしいのか、その根拠をめぐって、これだけ極端な揺れ幅が示されていたということである。

その根拠の正当性が確立されるためには、住民の側で景観やデザインに関して、共有化される理解が進んでいく必要があった。その状況を次章で検証することにしよう。

第六章　空間再編にともなう デザインの模索

模範なき近代都市空間のデザイン

前章で見たように、京都市と京都府が同じ時期に架け替えた橋梁には、そのデザインにおいて、極端ともいえるほどの差が生じていた。しかし、ここに見られるデザインの揺れ幅は、この時代における、都市の歴史性を示すという新しい風景の表現に対するビジョンの揺れ幅であった。本格的な都市インフラの整備により、歴史的に築かれてきたものとまったく異なる、開かれた都市空間が実現しようとするときに、どのような造形がふさわしいものであるのか。そこには、きわめて幅の広い選択の可能性がありえたのである。

ではそのことは、民間の建設行為にも見てとれるのだろうか。先に指摘したとおり、道路拡築後の町並みの建設は、個々の家屋所有者にゆだねられたわけだが、実際にはどのような町並みが登場することになったのか。また、登場した新しい町並みを、住民はどのように理解し、どのように受容していったのか。ここでは、そのことを見ていこう。

それを明らかにするためには、まず道路拡築によって、その拡幅される道路沿いの建物（その多くは店舗）とその所有者がどのような行動をとったかを検証する必要があるだろう。帝都・東京では、地借、つまり土地だけ借りて建物は自ら建設・所有する形式が一般的だった。そのため、明治四〇年代に本格化する都市改造（市区改正事業）では、道路用地として買収される地権者の地主が、地借に対して賃貸契約を強引に解消して建物を除却してしまうということが横行し、まるで地震に被災したかのように突然建物がなくなるために「地震売買」と称された（松山［二〇一四］）。

これに対して京都では、土地・建物を所有する居付土地所有者と、土地所有者が建設した家屋に居住する借家人で町は構成されていた。もちろん、借家を提供し自らは別の場所に居住する不在土地所有者も存在したが、その数は少なかった。そのため、地震売買のようなことは起こらなかった。そこでは、道路拡築に合わせて買収交渉にのぞむのは、もっぱら家主のケースも含む居付土地所有者ということになるのだが、彼らはどのような行動をとったのだろうか。

実際には、買収が行われた土地すべてにわたってその全容を把握することはきわめて困難であるが、岩本葉子は、一部に残されている町文書や工事のための実測図などを使い、烏丸通の四条通から北に位置する笋町について、道路拡築前後でどのような土地所有者の変遷があったのかを明らかにしている（岩本［二〇一四］）。それによれば、四条烏丸という金融街の中心となる交差点に位置するために、銀行が角地の土地所有を進めて西洋建築の店舗を新築し、それ以外の近世から続く繊維関係の土地所有者も土地集積を行うが、同時に住居は郊外に移し不在地主化するようすが確認されている。

ただし、これは四条烏丸という、道路拡築後にビジネスセンターの中心地になる、特殊な場所での事例であり、ここでの状況を拡築後の土地・建物の変化として一般化することは難しい。一方で、以下に示す藤井大丸呉服店と、それが立地する御旅町の動向は、拡築前から繁華街であった四条通の商店主が、道路拡築をどのように理解し、どのように反応したのかを示すものとして注目すべきものである。

藤井大丸呉服店は、老舗呉服店とは異なり、滋賀県の下阪本の夫婦が一八九一（明治二四）年から京都に店を構えるようになり成功した新興の呉服店である。店主の回顧録（『花の百年（藤井大丸百年史）』一九七〇年）によれば、一八九五（明治二八）年に、四条通の寺町付近、現在の藤井大丸百貨店のある御旅町に四階建ての木造店舗を建設した。四階建てというのは、当時の四条通で唯一の存在であったという。

そして、道路拡築を迎えたのであるが、周囲の商店主には拡築に反対する者も多いなかで、藤井大丸は拡築された通りにふさわしい「西洋館」を新築することを計画したという。そして実際に道路の拡築工事完了の直前に、煉瓦造三階建ての店舗を完成させている（写真34）。ここには、笋町の四条烏

写真34　いち早く四条通に新築された藤井大丸呉服店

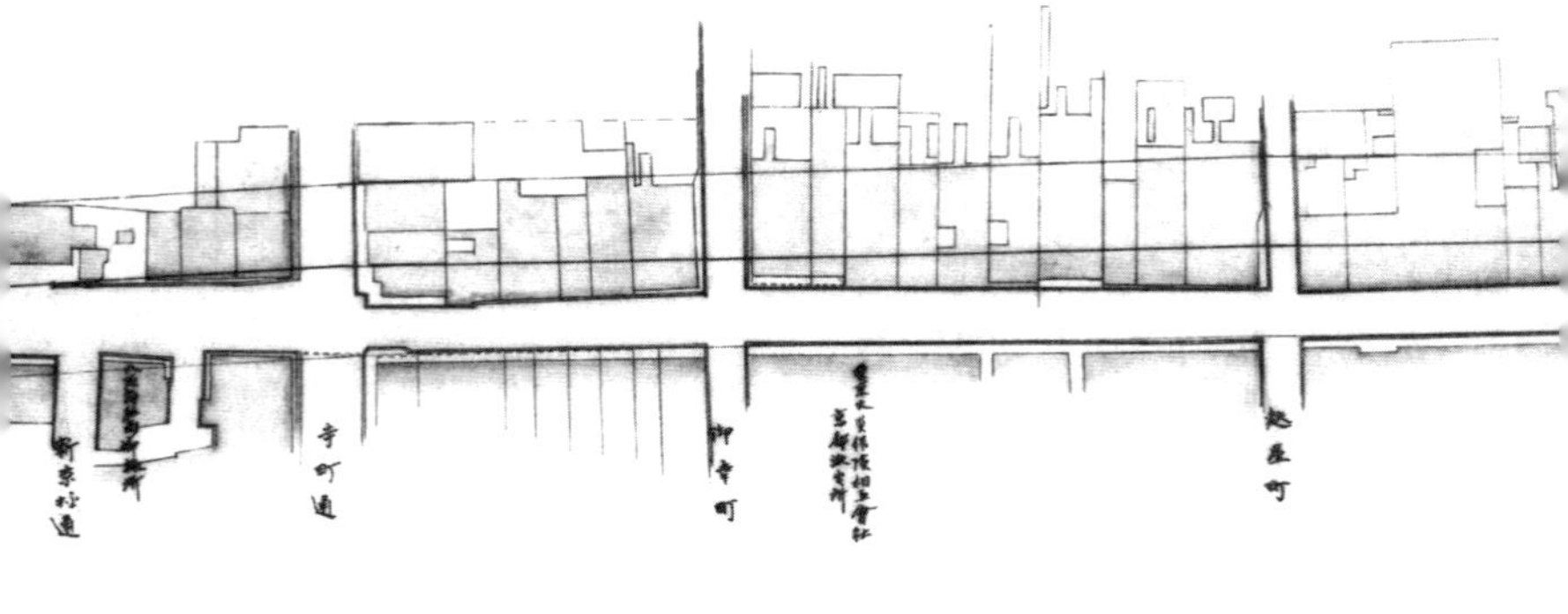

丸の銀行の例と同様に、この道路拡築を契機として、店舗規模を拡大し西洋建築の建設を目指そうとする、つまり新しい街路にふさわしい店舗形式を構築しようとする意志を読みとることができるだろう。

しかし、あらためて確認しなければならないのは、報道によれば藤井大丸店主は第四章で見た、拡築に反対する四条変更期成同盟会の「主唱の一員」であったとされていることだ（『大阪朝日新聞京都付録』明治四三年六月一日）。つまり、少なくとも藤井大丸の店主は、四条通の拡築に反対する立場を表明していたことになる。ただし、これは先述の岩本の分析にもあったように（岩本［二〇一四］）、買収価格の交渉を優位に進めるために反対運動に加担していたと理解してよいのではないか。価格交渉は優位に進めたいが、拡築することは受け入れるしかないと判断し、そうであれば、それによって出現する近代的な町並みの形成に積極的に加わろうとしたということであろう。

さらに、こうした態度をとったのは、藤井大丸だけではなかったこともうかがえる。四条変更期成同盟会にも参加していた御旅

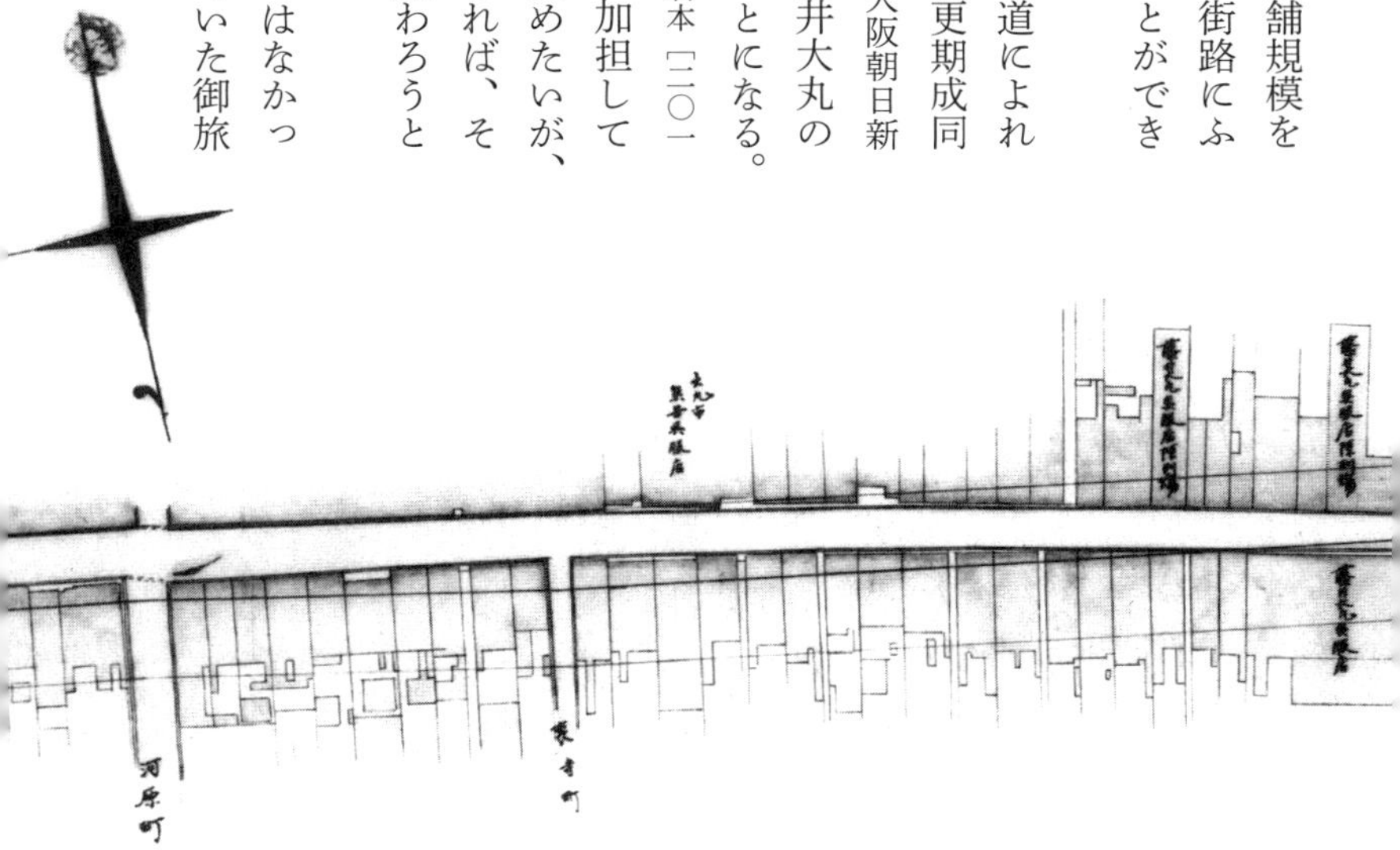

図10　四条通の拡築の計画図　下が北となっている。
この図の中央付近が御旅町でその付近で南北両側が拡築されることがわかる

町が、拡築により現れる街路に新しい町並みをつくることについて積極的な行動に出るのである。まず、拡築される四条通を、従来とは異なる煉瓦や石造りの建物につくり替えたいので、南北両側を拡築するようにと、周辺の二つの町と共同して一九〇九（明治四二）年の七月末に市会に建議する（『京都市政史 第1巻』二〇〇九年）。

図10は、京都府庁文書に残されていた京都市による四条通の拡築の計画図である。たしかに、寺町通交差点から東側は北側のみの拡築で、南側は残されることになっており、この建議が受け入れられたようにも見える。『京都市政史』でも、御旅町などによる、南北両側の拡幅の建議は受け入れられ、実際にその通り実施されたとしている（『京都市政史 第1巻』）。しかし、御旅町の東に隣接し、建議を共同で行った真町ではそうなっていない。北側のみの拡築となっている。このことから、岩本はこの建議を京都市は受け入れなかったのではないかとする（岩本［二〇一四］）。しかし、図でわかるように建議の主唱者である御旅町のエリアでは見事に南北両側の拡幅が実現しているのもたしかである。

いずれにしても、ここで確認できるのは、御旅町を中心とした居付きの土地所有者たちが、道路拡築によって新しく生まれる町並みについて構想をめぐらしていることである。もちろん、片側だけの道路の拡幅だと、拡幅の幅が広くなり店舗全体を他所へ転居しなければならなくなる恐れもあるから、拡幅の幅が狭くなる両側での拡幅を望んだという事情もあったのかもしれない。ただ次に見るように、御旅町のその後の活動を見ると、新しい町並みの建設に積極的に関与していこうとする姿勢が土地所有者たちにあったことは間違いないようだ。

御旅町の商店主たちの間には、新しい街路にふさわしい町並みデザインを、町をあげて模索しようとする動きも見せたのである。四条通の用地買収が着々と進められた一九一〇（明治四三）年の年末に、御旅町の店主の有志者が、道路拡築後に新しく建てる建築については、「武田工学博士」に依頼して「模範設計」を定め美観を統一し、両側の歩道についても、幾分の経費を負担してでもアスファルトか全面に切石を敷き詰めることを協議していたという（『日出』明治四三年一二月三〇日）。

武田工学博士とは、第二章で、京都府立図書館や市立商品陳列所の設計者で、ヨーロッパ留学で学んだ新しいデザインを日本にもたらした建築家として、また前章では山口県の臥龍橋の設計者として紹介した武田五一のことだ。東京帝国大学造家学科を卒業し（武徳殿やハリストス正教会の設計者で京都府・京都市の技師でもあった松室重光は同級生）、同大学の助教授を経て京都高等工芸学校（現・京都工芸繊維大学）の教授として着任し（明治三六年・一九〇三年）、その後京都帝国大学に建築学科が創設されると同時に教授となった（大正九年・一九二〇年）。戦前の関西で最も指導的な役割を果たした建築家であったといえるだろう。その武田に、「模範設計」を求めたのである。新しい町並みのデザインとはどのようなものなのか、その時点において建築デザインで最も権威あると目される識者に助言をもとめたのだ。

さらに年が明けると、有志者たちは委員を選び、さらに調査を加え、新たな建築を「洋式を採るか但しは和洋折衷式とするか等に付き」調査研究を続け、商業会議所や京都市勧業委員などにも意見を求めたとされている（『日出』明治四四年一月一五日）。最初に相談した武田五一は、古社寺の修理などにも数多く携わり、自ら仏堂の設計などもこなし、さらには西洋建築のなかに巧みに「和」の要素を混在させることも得意とした。おそらく彼のアドバイスなどもあり、「和洋折衷式」などのアイデアも出てきたのであろう。

ではその成果としてどのような町並みが出現することになったのか。残念ながら今でも繁華な街である四条通では、その当時の店舗で残されているものは皆無といってよい。しかし、写真35のように当時の絵はがきの写真からそのようすをうかがうことができる。

絵はがきは、日露戦争後にブームとなり、大正期には各地の観光名所の絵はがきが大量に作製されるようになる。もちろん、京都でも名所の絵はがきが名所旧跡を中心につくられたのだが、興味深いのは、前章で扱った四条大橋や三条大橋も、必ずといってよいほどその絵柄に加えられていることである。そして近代都市を象徴するもうひとつの絵柄として定番となったのが、まさに御旅町だったのだ。「大京都の中心地四条通りは幅員一二間中央に電車を敷き人道車道を区別し両側商店の和洋建築を並べウインドは

写真35　道路拡築後の御旅町(四条通)

常に各国の粋を集め且夜共非常に賑はしい」などとキャプションがつけられた「四条通御旅町付近」という、御旅町界隈の町並みをさまざまな角度から写した絵はがきが出回ったのである。

ただし、そこに写された店舗のデザインから、どの部分が「和洋折衷」なのかを判断することは難しい。明確に洋館とわかるものもあるが、土蔵造りに洋風の意匠をしつらえたものもあり、旧来からの町家の姿も残されている。しかし、道路拡築以前の御旅町のようすをとらえた写真36と比べると、町並みが大きく変貌していることは確かである。拡築前は、店舗としての飾りつけはあるものの、そのすべてが町家の形式であったが、そこに和洋の混在した家並みが出現することとなったのである。それは、新たに拡築された広幅員の電車通りに生み出された新しい町並みであった。

都市イベントとしての大礼

たしかに、京都市の三大事業によりもたらされた道路拡築は、

写真36　道路拡築前の御旅町（四条通）

京都の街に新しい風景を出現させることになった。そこでは、不在地主が増加するなど、旧来の町＝共同体が解体していく危機をはらみながらも、住民は生まれてくる近代的都市空間の形成に積極的に対応しようとする動きも見せた。しかし、そうした結果として、空間や風景が物理的に大きな変化を遂げたとしても、そこに暮らす住民が、すぐにそれを受け入れることにはならないはずである。彼らが新しく生まれる都市空間を受容するのは、その都市改造の実施を受け入れた時点ではなく、むしろそれにより立ち現れる空間や都市風景の意味を理解した時点であるはずだろう。

実際に、三大事業で拡幅された街路は、当初住民から批判されることも多かったようだ。竣工当時は「こんなに広げられたんでは、広すぎて渡りきるまでに風邪ひいてしまう」などと揶揄されたという（畑富吉『50年前の思い出を語る』一九六四年）。つまり、道路が拡幅されることの意義を住民はすぐには理解できないでいたのである。写真37は、三大事業によって拡築された直後の烏丸通のようすである。写真35の四条通（御旅町）と比

写真37　道路拡築後の烏丸通

べるとまったく異なる風景となっている。街路の両側には、伝統的な町家が連なっており、四条通に見られた洋館や和洋折衷もまったく見ることができない。近代的街路に見合う建築物はまだほとんど見られないのだ。この風景のなかでは、たしかに、そこに暮らす人々が、この幅の広い通りの意味を理解することは困難であろう。

烏丸通は、四条通と異なり、繁華な道を広げたわけではなかった。そのため街路が広げられただけでは、そこでの生活の様態は変わりようがなかった。四条通では、藤井大丸が洋館の意匠をいち早く実現し、御旅町では「和洋折衷」の町並みを目指す動きがあったりしたが、それらはむしろ例外的であったはずである。拡築がなされた烏丸通、丸太町通、七条通などのほかの道路では、ほとんど写真36のような旧来から続く町家の町並みが再現されていたはずである。では、そうしたなかで、住民はどのような体験から、都市改造で現れた空間を受け入れていくことになるのだろうか。

それは、まず三大事業の竣工式から始まっていたといってよいだろう。三大事業の竣工を祝う竣工式は、一九一二（明治四五）年六月一五日、一六日の二日間にわたり、第二章で見たとおり近代京都を象徴する場所となった岡崎公園で盛大に開催された。第二章で示したとおり、巨大な緑門が仮設され（写真13）、公園内の勧業館では「夜会」も盛大に行われた。

しかし、ここで注目したいのは竣工祝賀が「独ひ公園にのみ限らず市内各所に現出」したということである。なにより道路拡築反対運動が起こった四条通でも、「町内連合で両側に色旗を立て華やかな経木モールで眩ゆい程装飾」して、夜には「数千個の」イルミネーションを点灯したという。また、開通した市営電車は、「意匠を凝らした花電車」を仕立て、夜間はやはりイルミネーションを点灯して走り回ったという（『日出』明治四五年六月一七日）。こうした官民による祝賀演出は、住民に対して、道路が拡築され市電が敷設されたという、都市改造の意義を知らしめる役割を果たすことにもなったはずである。

しかし、さらに盛大なかたちで、都市改造で変容した空間の意義を伝える祝祭イベントが、この竣工祝賀会のわずか三年後に再び行われることになった。それは、一九一五（大正四）年に行われた大正大礼である。先述した岩倉の提言のなかにも主張されていたことだが、京都を日本の歴史を体現する「歴史都市」として位置づけるためには、天皇の即位の礼は京都で行うことが求められた。もちろん、大礼は帝都・東京で行うべきであるという意見もあったが、一八八九（明治二二）年に皇室典範に京都での開催が規定され、実際に大正と昭和の大礼は、京都で行われることになった。それにともない、京都の街には盛大な祝祭空間が実現されることになった。大礼は、皇室による即位に関して執り行われる一連の儀式を指すが、その舞台となる都市には、それを祝うさまざまな行事が実施されることになる。もちろん、大礼による祝祭は、帝都・東京をはじめ全国に広がるが、大礼の舞台である京都では、とりわけ盛大な祝祭イベントが実施されたのである。

京都市は、この大イベントを契機にして、三大事業を拡張する都市計画事業を計画したが、実際には財源難などもあり、実現した事業は少なかった。北部地域の発展を促す目的もあって企図した下鴨博覧会も結果的に実現していない。しかし一方で、祝祭のイベントはきわめて盛大であった。そして、そのようすは、三大事業の竣工祝賀会と似ていた。同じように、拡築された街路が装飾され、花電車が走るなどした。ただし、その規模は、三大事業の祝賀行事の比ではなかった。そこに、近代的様相に生まれ変わった都市空間を受容する人々の姿がうかがえるのである。

装飾される都市

京都での即位大礼は、天皇の京都への行幸により行われるものではなかった。それは大礼の期間だけ政府が遷都する「移御」でもあった。そのため、大規模な準備が必要となり政府機関の臨時移転もなされ、各種の儀礼のための会場もほとんどが新築されている。そして、一九一五（大正四）年の一一月六日から同三〇日までの二五日間に「即位の礼」、「大嘗祭」、「大饗宴会」を中心に数多くの行事が連日行われた。

もちろん大礼の公式行事のほとんどは、御所内に設けられた施設で行われたが、大正大礼から初めて開催されることとなった「大饗宴会」は、参列者が多いことから二条離宮（現在の二条城）で行われることとなった。このことにより、大礼は拡築された道路を舞台として、京都の都市全体を広く巻き込んだイベントになったのである。

京都駅から御所に向かう南北の烏丸通は、もともと三大事業において、行幸道路として位置づけられた街路である。しかしそれだけでなく、御所から二条離宮に向かう東西の丸太町通も行幸道路となった。そしてそれらの通りを中心とした、三大事業で拡築されたばかりの道路には、天皇の鹵簿《ろぼ》、すなわち儀仗を具えた行幸を奉拝し、さらには提灯行列などで大礼を祝う都市住民たちが大挙して繰り出すことになったのである（写真38）。

この道路での奉拝を管理した京都府は、政府高官や各種公益団体、外国人などの有資格者に対しては奉拝場を設けたが、それ以外の一般の人々に対しては、自由に拝観することを許した（『大正大礼京都府記事 庶務部 下巻』一九一七年）。道路拡築された烏丸通や丸太町通では、一〇万人を超える拝観者に対応できるとされたが、実際にはそれをはるかにしのぐ人々が押し寄せたという。これらの通り沿いの家では、「拝観所」や「奉拝席」と勝手に称して、家の軒先や玄関を貸し出す人が続出したようだ（「風雪京都市」『京都新聞』昭和四四年二月二〇日掲載）。

しかし、単に人々が奉拝に押し寄せただけではない。即位大礼では、数多くの奉祝・記念事業が行われているが、それらの多くは、京都府や京都市、あるいは市内の有力者で組織された大礼奉祝会や、第四章で論じた一八九七（明治三〇）年から各町に設置された行政補完団体の公同組合が主催していた。つまり、皇室行事とは別に、京都市民が主体となる奉祝事業が連日行われていたのである。その事業

写真38　鹵簿の奉拝のため烏丸通と丸太町通の交差点に押しかけた群衆

とは、『大礼奉祝会紀要』の記録にしたがえば、(一) 市街を壮観に装飾すること、(二) 来賓を歓迎すること、(三) 記念建造物を建設することに大別できたという(『大礼奉祝会紀要』一九二三年)。

このなかで注目しなければならないのは、(一) の市街装飾である。行幸道路となった烏丸通、丸太町通を中心に、三大事業で拡築された道路には、さまざまな装飾がほどこされた(図11)。しかもそれは、三大事業の竣工式における演出的なレベルでの装飾ではなかった。この市街装飾の費用の多くを出費したのが京都市と大礼奉祝会であった。大礼奉祝会では、事業のために集めた多額の寄付金の最も多くを市街装飾に充てることとした。具体的には、一三万二五〇〇余円の寄付金のうち、五万円が市街装飾に費やされた。そのほかに外国使節の

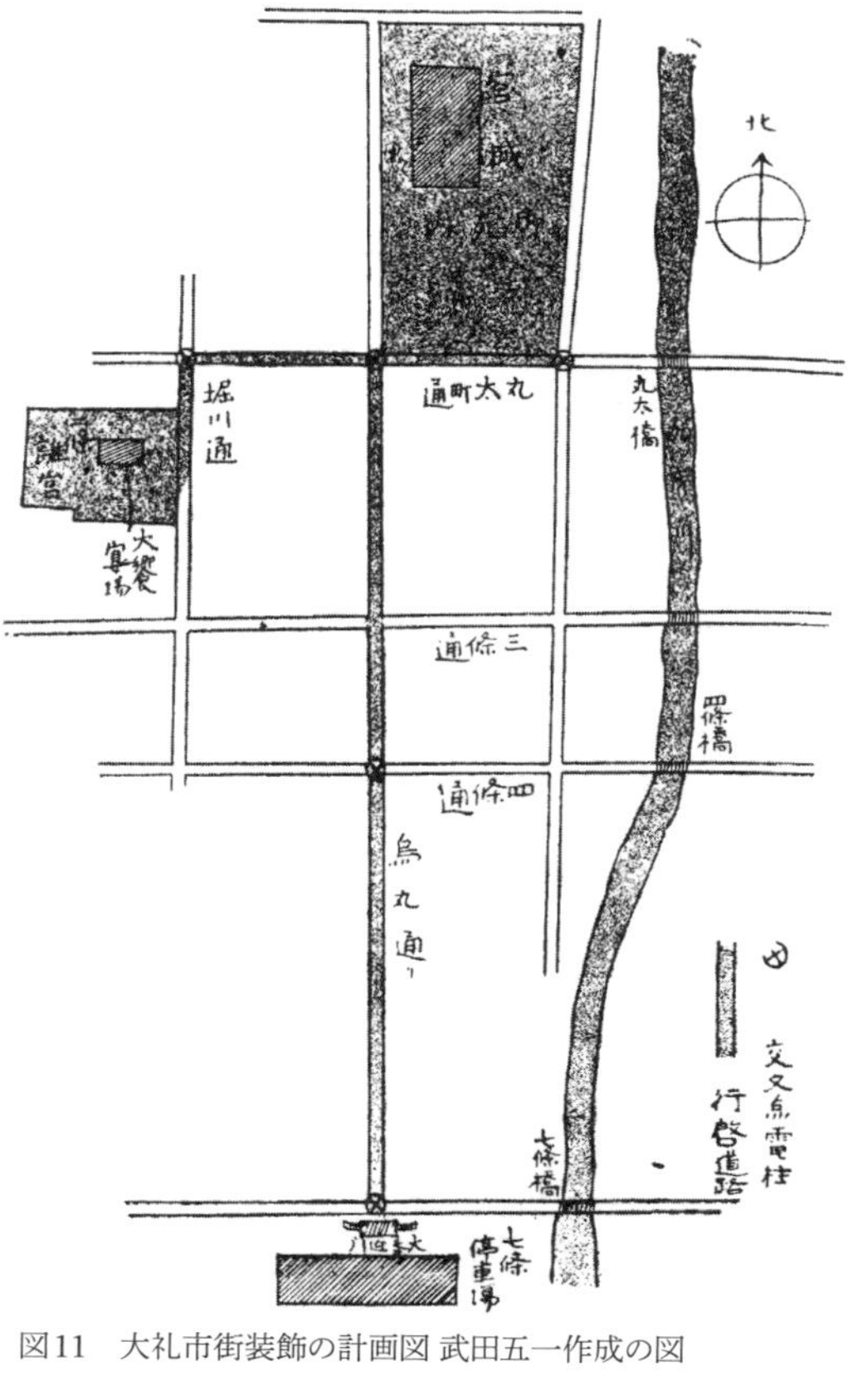

図11　大礼市街装飾の計画図 武田五一作成の図

接待費などにも使われ、残りの六万円あまりは、京都市が計画していた公会堂の建設費として市に寄贈された（『大正大礼京都府記事　庶務部　下巻』）。

この奉祝会による市街装飾への出費は、すでに立案されていた市の市街装飾の計画が「概シテ規模狭小ニシテ千古ノ大礼ヲ奉祝スルニ於テ十分ト認メ難」いためであったとされる（『大正大礼京都府記事　庶務部　下巻』一九一七年）。そこで奉祝会と市による交渉が行われ、烏丸・丸太町両行幸道路の中央に立つ市電軌道の電柱の装飾と京都駅前に設置する大奉祝門の建設費を京都市が負担し、道路両側に加える装飾などの市街装飾の費用を同会が担うこととなった。さらに、大奉祝門や、京都市が装飾を施した電柱も含めて、ほとんどの市街装飾には電気装飾工事、つまりイルミネーションが施されたが、これも奉祝会の事業として実施された。この電飾を請け負った京都電燈によれば、行幸道路だけでその電灯数は六万灯に及んだという（『京都電燈株式会社五十年史』一九三九年）。こうして巨費を投じて設置された装飾は、三大事業の竣工祝賀など、

写真39　京都駅前の奉祝門

それまであった市街装飾をはるかに超える豪華なものとなったのである。

大礼の市街装飾は、もちろん京都だけではなかった。台湾、朝鮮といった植民地も含めて、全国の都市で行われていた。しかし、即位式が行われた京都では、とりわけ豪華なものとなり「其装飾の如きも厚化粧して至所美観を呈せり」（『御即位式大典録　後編』一九一五年）という状況となったのである。

では、その装飾の豪華さとは具体的にどのようなものであったのか。まず京都駅前に建設された大奉祝門は、写真39に見るように高さおよそ二七メートルの巨大なものであり、行幸道路となる烏丸通・丸太町通の電柱と沿道の装飾も、写真40から入念なものであったことがわかる。電柱装飾は、一本あたり三四円を投じたとされている（『建築雑誌』三五〇号、一九一五年）。

そして注目すべきは、そのデザインである。大奉祝門は、前章で見た四条大橋の意匠と同じくセセッション式であるとされた。こうした記念門は各地につくられているが、多くが鳥居や冠木門の形式を使った伝統的なデザインが多い。この大礼で同時に市街装飾が行われた東京でも、日本橋に

写真40　丸太町通の電柱装飾

写真41　四条大橋の奉祝門

写真42　大正大礼の四条大橋のイルミネーション

巨大な奉祝門が建てられているが、これも冠木門の形式である（『御即位式大典録 後編』一九一五年）。しかし京都では、明らかな洋風意匠が採用された。さらに、電柱装飾や沿道の装飾も日本式といえるものではない。従来の祭礼などにおける街路の装飾であれば、幔幕やしめ縄であり、東京の大礼での街路沿道でも、そうした装飾が中心であったが、京都では、それらと明らかに異なる新規なデザインが採用されているのである。

行幸道路だけではなかった。前章で詳しく見たとおり、三大事業の道路拡築に合わせ、鴨川に架かる四条大橋、七条大橋、丸太町橋などは大礼までに京都市により架け替えられていたが、それらにも入念な装飾が施された。とりわけ、四条大橋には、写真41のような約一一メートルの高さを持つ大がかりな奉祝門が京都市によって建てている。これも、アーチを渡したデザインで、日本式とはいいがたいものであった。さらに、橋そのものには、写真42のようにイルミネーションも

写真43　大正大礼の東洞院六角の市街装飾

ほどこされた。

もちろん、こうした大がかりな装飾ばかりではなく、住民による装飾や設えも数多く見られたが、それらは写真43に見られるように、提灯や幔幕、そして冠木門といった、明らかに伝統的なものであった。つまり、市街装飾の中心となった京都市や大礼奉祝会が計画的に行った装飾のデザインだけが、従来の伝統と異なる洋風、あるいは近代を意識したものとなっていたのである。

こうしたデザインを監修したのは、先に御旅町の住民が新しい町並みデザインの助言を求めた相手としても紹介した、戦前の関西で最も指導的な役割を果たした建築家・武田五一であった。武田は、ヨーロッパ留学で影響を受けたアール・ヌーボーやセセッションなど、新しいデザインを日本に紹介した建築家として知られている。大礼での市街装飾は、それらをストレートに表現したものとはいえないが、近代を意識した独特の西洋デザインであったことはたしかである。

それは、都市改造の道路拡築により実現した新しい街路空間にふさわしい装飾として企図されたものだったと考えられるだろう。広げられた道路には、幔幕や提灯のような飾りに代わる新しいデザインが求められたのである。

近代都市空間の受容

では、都市改造により新しく登場した空間に施された豪華な市街装飾を、都市住民はどのように体験することになったのだろうか。祇園祭に代表されるように、京都市民にとって、祭礼のために市街を装飾することはこれまでも繰り返し経験してきたことだった。しかし、大正大礼で登場した、市街装飾による祝祭空間は、今までの経験にないものであったはずである。街路沿いの幔幕や提灯ではなく、遠くまで見通せる近代的街路空間に、大きなスケールでほどこされた市街装飾は、まさにスペクタクルな景観を住民に体験させることとなったはずだ。写真42でわかるように、夜間のイルミネーションは、そうした体験をさらに高める効果が大きかったと考えられる。

実際に人々は鹵簿を奉拝するだけでなく、この祝祭空間で万歳三唱をし、昼には旗行列、夜には提灯行列を連日行った（写真44）。それらは当初、京都市が主催する行事として、先述の公同組合などが管理していたが、大嘗祭が終わったころより、統制がとれなくなっていったようだ。

住民は思い思いに仮装を凝らして烏丸通、丸太町通、さらには四条通などに繰り出したのである。企業や工場、商店などの団体ごとに「各自奇抜に意匠を凝らしたる扮装」で提灯をかざして、なかには集団で踊り出す人々も現れた（『日出』大正四年一一月一七日）。そ

写真44　「奉祝踊」とされた仮装をした群衆による夜間の行列

の熱狂するようすを、当時の新聞は次のように伝えている。

愈々二十五日迄と云ふのが踊る市民に知れ渡つた二十四日の夜、あと一日しか大ぴらに踊れる日は一生過ぎても恐らくは骨が舎利になつてもあるまいぞと踊り出した幾十数、（中略）日の暮るるを待ち侘びての大混乱、御苑内は場所柄とて大した騒ぎも無いものの、丸太町から下へ烏丸から東へ押し出した万歳連、八時と云ふに街路は千態万丈の踊り手に依つて狂乱の巷と化し去つた（『日出』大正四年一一月二五日）。

もちろん、こうした状況は、大正大礼によって引き起こされた熱狂であるわけだが、同時にそれは、三大事業で登場した近代的都市空間の意味を、人々が体得した瞬間でもあったといえるだろう。拡築された道路がなければ、この熱狂はありえなかったはずだ。それは、思い思いのかっこうをして踊る人々にとって必要な舞台装置であった。

この事態は、第二章で見た奉祝の場としての岡崎が、市の中心部にも登場したことを意味しているのである。近代都市が必要とする広場が、既存の都市のなかにも展開されたのである。市内各所に仮設された奉祝門や装飾された電柱は、まさに岡崎に建てられた櫓や緑門と同じものだったといえるだろう。ただし、拡築された道路は都市を細分化していた街を大胆に貫いてしまう。それにより、旧来の閉ざされた都市の構造は、いやおうなく開かれたものへと変わっていくこととなった。岡崎は新しい場として登場したが、拡築された道路は、既存の場を変えてしまったのである。

近代的空間とは、都市全体に人々の視野が開かれる場である。そこにおいて、道路は不特定多数のまなざしが交錯する舞台となる。そうした都市空間のありようを、住民はこの即位大礼の体験をつうじて初めて、しかも十分に体得しえたはずなのである。

都市の近代的な再編に向かう都市改造を拒んできた、町＝共同体を基盤とする住民たちの態度は、少なくともこの大正大礼で熱狂する人々にはうかがうことはできない。しかも、その熱狂は、市内の有力者による大礼奉祝会や各町の公同組合という、それまでの地域コミュニティを支えてきた人や団体により組織されたものでもあった。大正大礼に表れた祝祭空間は、伝統的な地域支配の閉鎖的な意識を変え、近代的な都市空間に開かせる重要な契機となったと十分に考えられるのである。

装飾に託された近代化

さて、先ほど拡築された道路のなかで四条通だけが例外だったとした。洋風や和洋折衷といった新しいデザインの店舗が並ぶ四条通の姿は、拡築されても旧来の町家が連なるだけのほかの通りとは明らかに違っていたはずである。しかし、そうした旧来から変わらなかった道路沿いにおいても、しだいに西洋建築は建てられていく。とりわけ、烏丸通には、第三章で見たように三条通に立地していた銀行などが積極的に進出し、京都のビジネスセンターの中心街路となっていく。もともと銀行は、その信用を表す造形として、円柱の列柱を並べる西洋古典様式の意匠が使われるが、四条烏丸の交差点付近には、大正から昭和戦前期にかけて、そうしたクラシカルで流麗な銀行建築が競うように並ぶことになるのである（結章写真59）。

それらは煉瓦造や、後に登場してくる鉄筋コンクリート造で建造されていくことになるが、もちろん、もっと規模の小さな店舗では、木造の町家のままの場合も多かった。しかし、それらも道路に面した部分だけを看板のように洋風意匠とする、いわゆる「看板建築」に変えられるものも多かったのである。

そうした町並みの大きな変容は、たしかに大正大礼以降、着実に進んでいくことになる。明治末に実施された大規模な道路拡築の直後に開催された大正大礼は、都市改造によって出現した近代的空間の意義を住民が理解し学習する契機となる。そして、その学習の結果として、人々は拡築された道路を近代的装いの街路に変えていく必要を理解していくことになった。

そして、そこでの装いのための具体的なデザインにもっとも影響を与えたと考えられるのが、大正大礼で実施された豪華な市街装飾であったのである。それは、住民が飾り立てるものに限れば伝統的な幔幕や提灯であったが、京都市や大礼奉祝会による装飾には、先述のとおりセセッションを中心とした造形や、イルミネーションなどが使われた。それらは、洋風、あるいは近代を確実に意識させるものであったのである。

では、はたしてその意匠は意図的に仕掛けられたものだったのだろうか。そのことは、大正大礼の後、一九二八（昭和三）年に実施された昭和大礼の市街装飾と比較すると明らかになる。このときも、即位の礼は京都御所で行われたが、大正大礼と同様に、行幸道路や四条通には、市街装飾が施され、多くの住民が奉祝行事に参加した。しかし、その際の市街装飾には、西洋や近代を意識させる要素は少なかった（写真45）。もちろん、幔幕や提灯ではなく、街路沿いには豪華な装飾が施され奉祝門などもつくられたが、その意匠は、むしろ日本の伝統的な祝祭装飾を意識したものとなっていたといってよい（『大礼奉祝会紀要』一九三一年）。これを見ると、大正大礼の市街装飾が洋風化や近代化を意図的に意識したものだったことがわかるのである。

昭和大礼の時点では、すでに町並みは相当に洋風化が進んでいた。烏丸通も四条通も、多くの西洋建築が軒を並べる事態にいたっていた。そこでは、天皇即位の大礼として、むしろわが国伝統の意匠が意識されたということなのであろう。であれば、西洋や近代をあえて意識した大正大礼の市街装飾の意匠は、伝統的な都市空間の仕組みと、そこでの住民の意

写真45　昭和大礼の市街装飾

識を、西洋近代に導く仕掛けとして設けられたものだったと考えられるのである。そこには、こうした都市イベントの仕掛けが、伝統的な都市を近代都市に変えていく重要な契機としてあったという事態を読みとることができる。

以上のように、大正大礼における住民の熱狂は、彼らが新たに登場した都市空間の意味を理解し受容していく契機となるものであったと考えられるのである。そこでのセセッションを中心とした西洋近代を意識した装飾は、前章の橋梁デザインと同様に、京都市により仕掛けられたものであり、そこには議会での議論は介在していない。しかし、注目しておきたいのは、その市街装飾には京都市だけでなく、市内の有力者で組織された大礼奉祝会や公同組合もかかわっていたことである。祝祭を行政と住民が共催するような形式がそこには見られたのである。

前章では、市と府による新たな橋梁デザインの創出に、京都にふさわしい近代の景観がどのようなものであるのかという価値の創造・共有の試みを見ようとしたが、大正大礼の経験は、その創造・共有が住民も巻き込むかたちで進んでいったようすを示すものであったと解釈できるであろう。

第七章 制度の矛盾がつくり出した新市街

税負担が郊外住宅地をつくる

前章では、都市イベントを通じて、明治末の都市改造（三大事業）の道路拡築によって生み出された近代的空間やその風景を、住民が受容していくようすを示した。ただ、それはあくまでその空間の意味を理解したにすぎないともいえる。では、実際に彼らはその理解から、どのようにして自らの生活やその様式を変えていくまでにいたるのか。次にそのことを考えてみよう。

大正大礼の奉祝イベントは、確かに京都の町＝共同体に暮らす人々を動員したのだが、しかしそれが、彼らの実際の生活のありかたにどのような変化をもたらしたものであったのかについては、それを直接的に示す史実をみつけることはできていない。しかし、一方で、彼らとはまったく別の居住地域が、まさに都市改造が実施され大正大礼が開催されたのと同じ時期に現れるのである。その場所が形成されていく過程に、町＝共同体のあり方の変化をうかがうことができる。

それは、町＝共同体が形成されていた中心部から離れた郊外地に形成された居住地であった。いわゆる郊外住宅地である。

この時期、つまり日露戦争と第一次大戦の二つの大戦に挟まれた比較的短い時期において、日本の大都市は、都市の規模そのものが、かつて経験したことのない勢いで拡大していくことになる。産業資本主義の確立にともない、都市はこの時期に多くの労働人口を必要とした。一方で、農村では扶養能力をこえた多くの余剰労働力をかかえてしまう。ここに、農村から都市への、大量の労働人口の移動が起こり、都市の膨張が始まったのである。

ただし、京都においては、明治初期から始まる京都策による殖産興業政策が必ずしも成功したとはいえない状況のなかで、東京などと比べると市内人口の増加はそれほど急激なものではなかった。それでも、市街地の拡大は進んでいき、市域から外に向かって新しい市街が形成されていくことになる。しかし、その市街地形成には、特異な背景が存在した。それは、以下に示すように、町＝共同体に根ざした京都独自の制度によるものであった。

図12は、明治末から大正にかけて、京都市の市街地がどのように拡大していったかを示した図である。東京における市街地の拡大は、日露戦争直後の一九〇四（明治三七）年ごろから始まったが、京

都の場合は、それより少し遅れて一九〇七（明治四〇）年ごろから始まっている。図でわかるように、東西南北、いずれの方角にも市街地の連続的な拡大が見られるようになるが、特に注目されるのは、西南部で、この方角へは市域を越えて拡大している。実際に、市街地拡大の舞台となった京都市隣接町村の人口増加は、市街地中心部に最も近接した朱雀野村や大内村を中心に、いずれの町村でも一九〇七（明治四〇）年から一九一二（大正元）年までの間に、戸数において約二倍という急増をきたしていた。

ところで、明治四〇年代といえば、大阪や阪神間では、まだ東京では見ることのできない郊外の宅地開発がすでにさかんに進められていた。職住分離を果たした俸給生活者を当て込んで、阪神電気鉄道会社や箕面有馬電気軌道会社（現在の阪急）などが行った一連の郊外住宅地開発である。しか

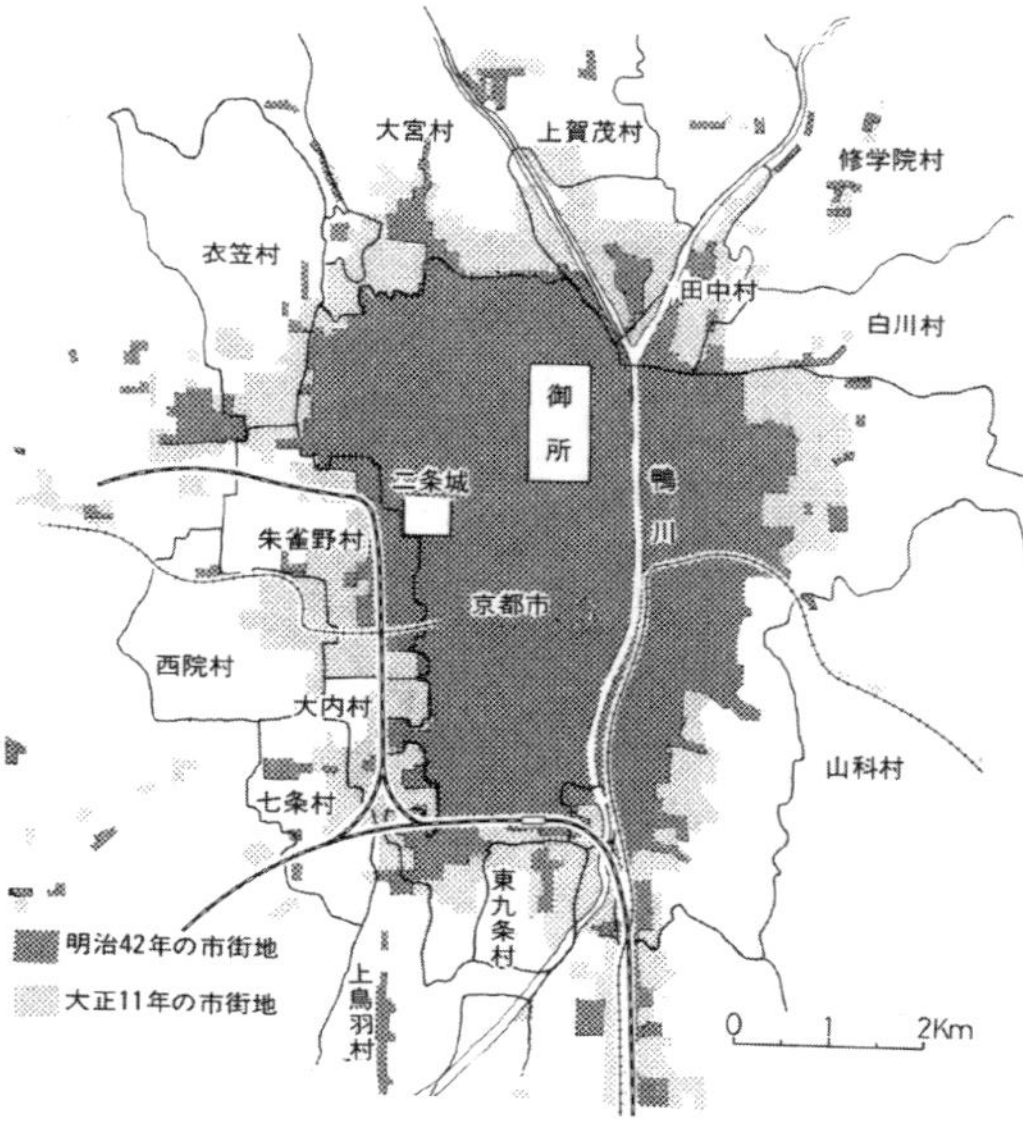

図12　明治末から大正にかけての京都市街地の拡大

し、京都での明治四〇年代の市街地の拡大は、こうした郊外開発によってもたらされた現象ではなかった。

一九〇八（明治四一）年の大阪毎日新聞は、大阪の郊外住宅のブームに呼応して、郊外生活の各候補地の生活条件を報告した「郊外生活」なる二ページにわたる特集記事を掲載する。この詳細については、後にも詳しく扱うが、そのなかに「京都より啓上」と題した報告があり、そこに興味深い指摘を見つけることができるのだ。

京都は山紫水明の地にして、市内至る所殆ど遊園と申しても差支なき程に御座候。従って京都市にては、俗塵を避けて不便なる市外に移転する必要を認めず。（中略）今日交通機関も不便にして、全く市内と郊外との連絡を欠如せるにては、郊外生活者の希なるも当然の儀と存じ候。さり乍、京都市も所謂三大事業に着手致し、市民の負担増加するに至れば、薄給者は続続居を市外に移して重税の負担を免るものを生ずべく、きすれば多少郊外部落の発展を見るならんと存じ候。

（『大阪毎日新聞』明治四一年五月二四日）

殖産興業には必ずしも成功したとはいえない京都では、大阪のような深刻な住環境の悪化は見られず、郊外生活の前提となる郊外電車も存在しなかった。そのため、いわゆる郊外生活を目指した俸給生活者層による郊外の発展は見られなかったのである。しかし、それにかわり、第三章および四章で見た三大事業によって生じる税負担が重くなり、薄給者、すなわち小額俸給者がそれを逃れるために市外移住が起こり、これによって今後、郊外の市街化が展開するだろうと予測されている。

この記事が書かれた一九〇八（明治四一）年は、図12で確認した、京都市隣接町村での市街地化がちょうど始まったころであったが、その後もこれらの隣接町村の人口増は続いた。はたして、その市街地化の要因が「重税の負担」を逃れることを目的とした移住によるものだったといえるのだろうか。その場合、負担を逃れるということは、京都市内の負担が重すぎて、それを逃れて、負担の軽い隣接町村に移住するということになる。このことを検証するためには、まずこの当時の住民の税負担がどのようなものだったかを知っておく必要がある。

居住条件となる負担の不均衡

行政の制度として、ここまでの章で主に扱ってきたのは、地方行政の組織や権限にかかわる地方制度についてである。しかし、産業資本主義の確立にともない、都市の経営的側面が認識され、第三章、四章で見た都市改造などが積極的に実施されるようになっていくと、その原資となる財政を裏づける都市財政制度の確立も地方行政の重要な課題となっていく。

ここで着目するのは、その都市財政制度の課題、というより矛盾が住民の居住条件となることで、都市空間の近代化に与えた影響力である。その影響力の結果としてあったのが、郊外地での市街化であった。では、その矛盾とはどのようなものだったのか。

この時代、日露戦争後から第一次大戦にいたるころのわが国の地方財政は、たしかにさまざまな問題をかかえていた。特に大都市においては、もともと、制度の不備が目立ったところに、京都の三大事業のような都市化にともなう社会基盤整備、あるいは本来は国の仕事であるべき国政委任事務、こうした費用の急増が重なり、深刻な財政危機の状況に陥っていた。

そこで、まず当時の地方財政、地方税制の仕組みがどのようなものであったかを確認しておく必要がある。ここでは、これまでの地方制度史研究の成果に学びながら（安藤［一九四七］、藤田［一九四九］など）、その仕組みを整理し、そこから確認できる税制の矛盾と、それが住民の居住にどのような影響をもたらすものであったのかを検証しておこう。

まず国税について見ると、日露戦争後、政府は財政の急激な膨張に苦しんでいた状況がある。戦争による賠償金がとれず、そのうえに植民地経営や鉄道固有など各種のいわゆる「戦後経営」を行ったためである。戦時中に非常特別税の名のもとに行われた、地租や所得税、営業税を中心とした国税の著しい増税は、戦後になっても減税されずに納税者を苦しめた。そのことが日露戦争後の不況の長期化にさらに拍車をかける結果ともなったとされる。

では、地方税はどうであったか。こちらは、現在の地方税とはかなり異なる仕組みであった。現在では、府県民税や市町村民税が中心で、それを事業税や固定資産税が補足するかっこうになっているのに対し、明治期にはほとんどそうした独立した税目がなく、「付加税」というのが中心であった（図

13)。付加税とは、府県ならば国、市町村なら国と府県の課税に、その課税額の何割というふうに付加的に徴税される税金である。
　この付加税主義こそ、当時の地方税を特徴づけるものである。結局、政府は地方に対し、独立課税権をほとんど与えなかった。国家財源の確保のために、財産収入などの税外収入を主とし、税収入を補助とすることを目標としたためである。しかも、逼迫した状況にあった国税の税収を確保するために、付加税の付加率にも厳しい制限を加え、地方財政を監督下に置いた。

　しかし、これでは、財政が拡大した場合、税収では対応できないことになってしまう。実際問題として、日露戦争後には地方財政は、国の財政を上回る勢いで膨張する。そこで、府県の場合は、わずかに例外的に府県税として認められていた戸数割の増徴に頼るしかなかった（ほかに営業税・雑種税というものも認められていたが、ともに課税対象が、国税営業税の対象外の業種のため零細企業がほとんどで、多くの税収を期待することは不可能であった）。市町村では、独立税は特別の場合以外認められなかったので、やはり、こちらの場合も、国税と違って付加率制限のな

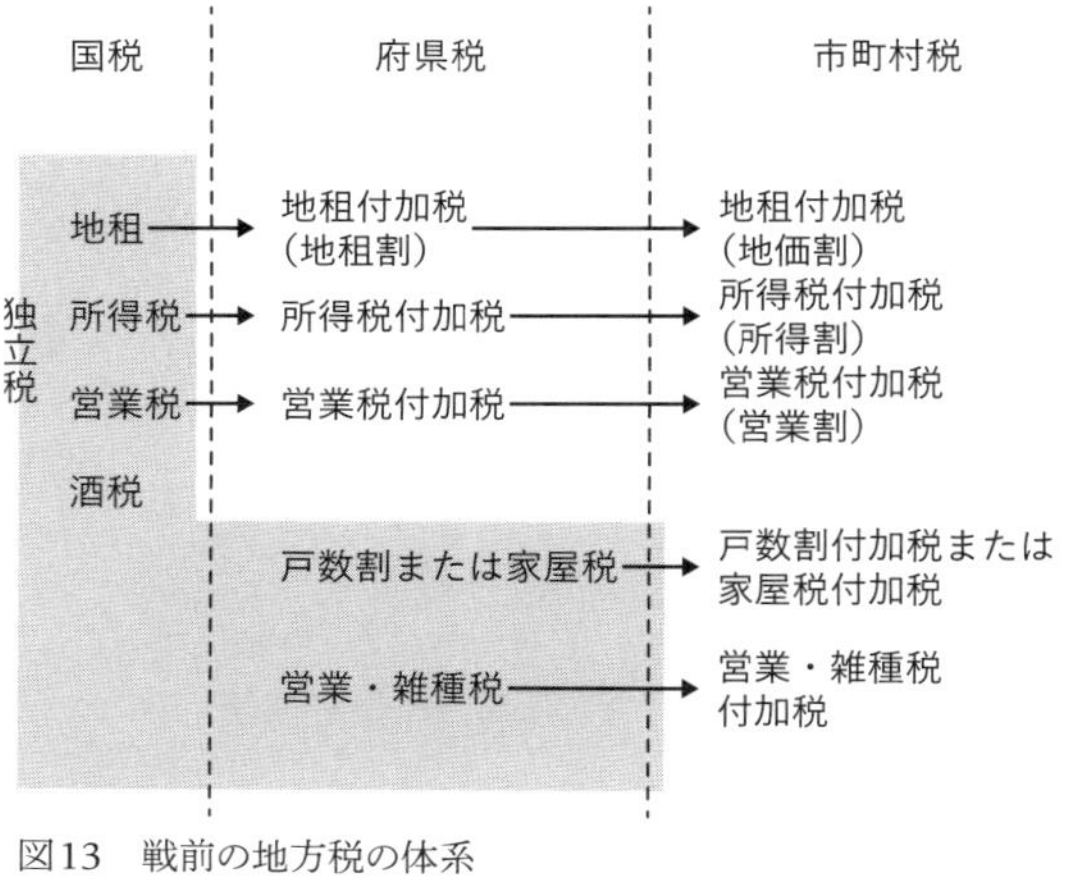

図13　戦前の地方税の体系

い、府県税の戸数割の付加税の増徴に頼るしかなかった。つまり、府県にしても市町村にしても、戸数割という税目に頼らざるをえなかったのである。

そのため、戸数割負担は突出して大きいものとなった。それは、一九〇七(明治四〇)年の時点で、地方税収全体の四二パーセントにものぼることになり、その負担は地租付加税をもはるかに超えるものとなった(『地方財政概要』一九〇七年)。つまり、日露戦争後に急増した地方財政の経費は、その多くを戸数割の著しい増徴でまかなわれたのである。

戸数割とは、石高割や反別割などとともに維新直後の民費の配賦方法のひとつとしてあったものが残存したものである。その名が示すように、元来は、必要な経費を現住世帯の数で均等に割って、各世帯から徴収しようとする、いわば人頭税であった。もちろん、地方税規則に規定された戸数割では、現住世帯の数で均等に割るのではなく、賦課基準(課税標準)を設けて、各戸の担税力に応じた賦課額を決めるように定められていた。しかし、この賦課基準も、町村会によって、一般的に上層に軽く下層に重くなるような基準とされる場合が多かった。こうした町村会による恣意的で不公平な基準の設定は、農村部において、さまざまな紛争の種となり、流血沙汰や分村問題まで引き起こしている。

一方で、この戸数割に代えて家屋税という税目が登場する。これは、都市部に限って徴税されるものとして創設された代替税であった。なぜ都市部に限った徴税というのが可能であったのか。それは三部経済制という制度が設けられたからだ。三部経済制とは、大都市たる市部と村落たる郡部とでは、その社会事情、経済状態とも著しく相違するという理由で、財政上も府県を「市部経済」と「郡部経済」および「市郡連帯経済」に分賦しようとする制度である。もともとは、一八七九（明治一二）年に開かれた東京府会における決議から始まるが、一八九九（明治三二）年にいたり、七府県（東京、大阪、京都、神奈川、愛知、兵庫、広島）で三部経済制が制定されることとなった。

この三部経済制のおかげで、同じ府県内で、郡部と都市部で別々な財政が運営されることになり、それにともない府県税も、府県内に一律ではなく、郡部と市部、それぞれの財政事情に応じて独自に課税することが可能となった。そこでこの市部経済に限定して定められたのが家屋税であった。戸数割の代替税としての家屋税は、いわば戸数割を都市部で徴税しやすく改良した税である。先述のとおり、明治期の地方税収で最も多くを占めたのは戸数割であったが、実は、都市部ではこの家屋税の税収が戸数割に代わり多くを占めていたのである。つまり、都市部と郡部では、家屋税と戸数割というそれぞれ異なる税目の課税により、財政が支えられていたことになる。

家屋税を最初に創設したのは東京府区部であった。三部経済制の実施により、当初、東京府区部の経費は一五区（後の東京市）から徴収する府税をもってまかなうこととなった。もちろん、その中心となるのは戸数割課税であって、各区会はその賦課基準（課税標準）を決めなければならなかった。しかし、担税力を考慮した戸数割賦課基準の決定は容易ではない。しかも、人口が多い区部では、対象となる現住者の転居が激しい。そのために、借家住まいに不納者が多く、毎年、多額の徴税欠損を生じてしまう。この捕捉率の低さは、財政上深刻な問題である。そこで、東京府会では区部での戸数割の賦課は不合理であるから、代替税を新設すべきであるとして、一八八一（明治一四）年に、家屋税の新設の建議を行ったのである。戸数割との最大の違いは、家屋を対象とすることで、徴税対象者を家屋所有者にしたことである。

つまり家屋税とは、戸数割と内容のまったく異なる新税として提起されたものではなく、戸数割の徴税対象を居住者から家屋所有者に改めるという抜本的な改正の結果として考案されたものであった。具体的な課税標準は、建物の坪数と種類・構造および敷地の等級などをもとにすることになった。

この家屋税の建議は、翌一八八二（明治一五）年太政官布告をもって認められる。そして、この認可は、前年度に公布された区部会規則の追加規定に盛り込まれたため、東京だけでなく、三部経済の適用を受ける東京、京都、大阪、神奈川でも区部（後の市部）に限れば家屋税の導入は可能となったのである。さらに一八九九（明治三二）年からは府県制・郡制の大改正にともない、いずれの都市でも、区部・郡部に限らず家屋税導入は可能となっている。これを受けて、戸数割による多額の徴税欠損に悩む多くの大都市では、少なくとも明治四〇年代ごろまでには家屋税を導入することになった。

こうして、実施されるようになった家屋税だが、一方で、市域の外では、すべての地域で実施されたわけではない。当然ながら、農村部の町村では、家屋税を実施するメリットはないため、戸数割が続けられた。複雑だったのは、市街化が進みつつある、市の周辺の町村である。町村の事情により、実施される場合と、そうでない場合がありえた。つまり都市部の周辺地域では、家屋税が実施された場所と、戸数割が続けられる場所が混在したことになった。

これは、居住者にとって、重要な居住条件になりえたはずである。徴税が戸数割によるか、家屋税によるかによって税金の負担条件が大きく異なることになったからだ。当時、一般的には、所得税や地租に縁がない住民にとって、営業税の対象となるような商売を営まない限り、地方税の戸数割課税が、直接課税される負担として唯一のものであった。そして、その負担額が、地方財政の膨張とともに年々増加していた。それが、家屋税が実施されている町村ならば、いっさい負担しなくてよいことになるのだ。もちろん、その分が家賃に転嫁されるという事情もあったが、それにしても、重い負担を直接に課税されるか否かは、居住地を決めるうえで大きな条件となりえたと考えられる。

また、同じ家屋税あるいは戸数割の課税による市町村どうしでも、そこに大きな負担格差が生じる場合もあった。賦課基準や付加率が、市町村ごとに決められていたためである。その場合も、実際に大きな負担格差が存在すれば、それは立派な居住条件となるはずだ。特に、著しい差が生じたのが、都市とその周りの町村との間での格差である。それは、農村財政と都市財政の膨張の程度の差に基づくものであったといってよい。どちらも日露戦争後、教育費を中心とした国政委任事務費の増大で、経費が急増するが、都市の場合は、それに加えて上下水道や道路拡張などの社会基盤整備の費用も多額に必要とした。そのために、都市財政の膨張は農村財政のそれを大きく上回ったのである。それにより、住民の負担にも、都市部と農村部で差がつくことになったわけである。

このように、戸数割とその代替税として創設された家屋税は、さまざまな局面で負担格差を生んだと考えられる。そして、実際に東京や大阪において、この負担の格差による居住条件が、居住者の動向を左右したという実態があった。とりわけ、市街化が周辺町村に及び、それを市内に編入しようとする周辺町村合併が行われようとする段階において、それまでの市内外において顕著となった家屋税の負担格差が大きな課題になっていたことがわかっている（中川［一九九〇］）。

しかし、京都の場合はそれ以上に深刻な格差が生まれており、それが都市空間の変容をもたらすほどのものとなっていた。その結果としてあったと考えられるのが、先に紹介した、「重税の負担」を逃れる移住であったのである。

特異な京都の税負担

日露戦争後の地方財政の慢性的な膨張、それは京都の場合も例外ではなかった。京都府も京都市も、その経費は戦後増えつづける。特に京都市は、三大事業をかかえていたため、その増え方はとりわけ急であった。そして、もうひとつ深刻であったのが、学区の税負担であった。

東京では東京市の下に区があり、それが市政の一部を代行し、国政・府政までも委託執行した。本来は、その経費は財産収入などでまかなうものとされたが、実際にはそれでは足りず、約半分を区税（区費）を徴税することでまかなった。しかし、政府が進めていた小学校の増設・拡充の経費のほとんどが、この区によって負担されることになったこともあり、区の財政も急激な膨張をきたし、区税は府税や市税をも上回る勢いで急増した。

京都においても、第四章の公同組合の説明のところで述べたように、一八八九（明治二二）年の市制施行により、京都市の下に上京・下京が設置されることになった。しかし、京都の場合には、東京における区の役割を、この上京・下京ではなく、一八六九（明治二）年に創設された学区が果たしたといってよい。学区には学区会も設けられ議員も置かれた。そして、区税ではなく学区税が徴税されることとなった。東京における区税が、日露戦争後に急増したのと同様に、京都市のこの学区税の負担も急増した。

一方で、市域周辺の町村の財政は、市の財政よりもまだ膨張の度合いが少なくてすんだ。京都市が、教育費に加えて三大事業にかかる土木費の急増もまかなわなければならなかったのに対し、町村は主に教育費の急増だけですんだ。その結果、市の負担と町村の負担に格差が生じていた。しかし、その負担格差は、驚くほどのものではなかった。表2は、隣接町村での人口増加が激しかったころの、一九一四（大正三）年における市内と町村での一人あたりの平均負担を比べたものである。その差はそれほど大きくない。しかも、先述

村名	府税	村税	合計
大宮村	1.34	1.21	2.55
家屋税	0.38	0.67	1.05
衣笠村	1.56	1.99	3.55
戸数割	0.57	1.43	2.00
朱雀野村	1.31	1.23	2.54
戸数割	0.49	0.54	1.03
大内村	1.12	1.30	2.42
戸数割	0.50	0.43	0.93
家屋税	–	0.41	0.41
東九条村	1.30	1.26	2.56
戸数割	0.40	0.50	0.90
家屋税	–	0.24	0.24
田中村	1.38	2.19	3.57
家屋税	0.44	0.97	1.41
下鴨村	1.51	1.94	3.45
戸数割	0.50	1.12	1.62

	市税	学区税	合計
京都市	2.26	0.99	3.25
戸別税	0.52	0.96	1.48

表2　京都市および主な周辺町村の1人あたりの平均税負担（単位／円）

のとおり、当時の大都市の負担はどこも同じように重く、京都市の負担だけが特別に重かったわけではない。それなのに、なぜ、先の新聞記事にあったように、「薄給者」が税負担を逃れて移住をするだろうと予測されなければならなかったのか。

そこには、京都市民の負担の特異性があった。その特異な税負担が生じる背景として、まず三部経済制の特殊な事情があった。一八九〇（明治二三）年発布の府県制において、三部経済制はさらに徹底されることになった。東京、大阪、京都のいわゆる三都に限っては、市部の分賦額を市の予算に編入のうえ、市税として徴収する徴税方法をとるように規定されたのである。つまり、市においては府税の徴税をやめてしまい、その代わり市税にその分を上乗せして徴税しようというのである。ところが、東京や大阪ではこの規定はついに守られることがなかった。この規定を順守したのは京都府だけであった。しかも、それは三部経済制が廃止される一九三一（昭和六）年まで続けられた。

この三部経済制の厳密な適用のため、京都市では府税の直接の徴税がなく市税だけの課税となった。そうなると、東京や大阪のように、市の税収の柱となった府税の付加税を課することができなくなってしまう。付加率制限の厳しい国税の付加税だけでは、とても市の税収は成り立たない。そこで、特別に独立税を設けることが認められた。東京市や大阪市で府税付加税の中心となったのは、家屋税であった。したがって、もしこれらの市で家屋税付加税に代わる独立税を設けるとなれば、必然的に同じ家屋税ということになったであろう。ところが、京都市が選んだ課税は家屋税ではなく、その前身である戸数割課税であった。名称は独立税であるために「戸別税」とされたが同じである。

京都市は戸数割課税（戸別税）に固執したのだ。たしかに、どこの都市でも、最初はみな戸数割課税であった。しかし、市街地においてはこの課税の矛盾が噴出する。そこで、先述のとおり、大都市をかかえる府県では順次家屋税に改められていったのである。ところが、京都市だけはこの戸数割課税（戸別税）を続けたのだ。明治後半期において、六大都市のなかで戸数割課税が続けられていたのは京都市だけである。

この事態は、ほかの都市から見ても時代錯誤なものとして映った。それは、次のような新聞紙上の意見に代表される。

現当局は思を茲に致さず、今尚不当不公平なる戸別税制を墨守して他の大都市の如く公平なる家屋税に拠らんとせず、優に数十万円の増収を得べき税源を閑却して省みざるは愚も亦極まれとなし。（中略）余りの無責任、当市政界の前途こそ心細けれ。（『大阪朝日新聞』明治四二年三月一四日）

たしかに、後に見るように、この戸別税は住民にとって「不当不公平なる」課税と捉えられるものであったが、同時に、行政側から見ても致命的な欠陥を持っていた。それは捕捉率が低いという問題である。戸別税（戸数割）は居住者から徴税する。ところが、先述のとおり、都市部ではこの居住者が頻繁に転居をしてしまうため、多額な欠損が生じ税収がきわめて不確実となったのだ。記事にある「数十万円の増収」も、戸別税が多額の徴税欠損をかかえていたことに由来する。実際、京都市の戸別税の欠損額は一九一二（大正元）年で市税総額の約二〇分の一に達していたから、これを家屋税に改めれば大幅な増収が得られることは確実であった。

それでも、京都市は戸別税の徴税を続けた。しかし、市会の動きをよく見ると、他都市と同様に家屋税を導入しようとする動きも何度となくあったことがわかる。特に一九〇二（明治三五）年に、上下京区公同組合より市長に提出された家屋税導入の建議は、市議会でも可決され、市会に上程されるまでにいたるが、それにより提出された家屋税条例案に対して、家屋税反対期成同盟会なるものが結成されるなどして、結局否決されてしまう。

さらに、一九〇九（明治四二）年にも家屋税導入の建議が提出される。この時点であらためて家屋税実施が求められたのは、この年から前章までに見た三大事業が本格的に着手されたことに関係している。つまり、今後も続くであろう都市改造事業のために安定的な税源として家屋税を導入すべきであると主張されたのである（松下［二〇〇六］）。しかし、これも建議は可決されながらも、実施条例は否決されてしまう。

こうした繰り返し起こった家屋税導入の否決について、表向きには、時期尚早ということが主張されたのだが、新聞はその「裏面」の理由を「議員の中に土地及び家屋の所有者比較的多かりしと、又他の一面には議員の多数が市内有力者即ち家屋所有者の怒りに触れんことを恐るる」ためであったと指摘している（『朝日新聞京都付録』明治四四年五月一四日）。

このことからあらためて確認できるのは、当時の京都市会で、居付きの地主・家主を中心とする名望家による支配が続いていたことである。「土地及び家屋の所有者」にとっては、所有する家屋を対象とする家屋税は、戸別税より原則的に不利な課税となると思われたため、彼らはその導入に反対したのである。最初の家屋税導入の建議が行われた一九〇二（明治三五）年の二年前には、第三章で見たように、市会において内貴甚三郎市長が主導した烏丸通拡張と下水改良事業の計画案が否決されている。このときの市会の抵抗も、その都市改造が地主にとって不利益をもたらすと判断された結果であったはずである。

第三章でも指摘したように、このころの京都の市政団体は、上京・下京の地域ごとにさまざまな会派が離合集散する状況であった。そこでは、町＝共同体を基盤とした地主・家主の名望家たちが地域の利益代表として振る舞い、議会は、彼らによる利害調整の場となっていたといえるのである。

さらにいえば、東京などとは異なり、新興の産業資本家勢力がうまく育たなかったという背景も指摘できる。東京では、同じころ、そうした勢力のリーダーのような存在であった市会議員が、課税負担の重さを指摘し、その制度的矛盾の改善を訴えるなどしているが（中川［一九九〇］）、そうした存在を当時の京都市会に見つけることは困難であった。

住民に対する重税

こうした背景により続けられた戸別税であるが、これが、京都市民に重くのしかかったのである。

他都市の税収の柱としてある府税付加税の代替税であるから、当然、その税収総額における依存度も大きくなった。明治末から大正にかけて、京都市税では税収のおよそ二〇〜三〇パーセントを占め、学区税にいたっては、そのほとんど（九五パーセント以上）をまかなっていた。当時の京都市にとって、戸別割（戸数税）は最も重要な課税であった。

戸数割の課税は、すべての居住世帯から徴税するという点で、本来的に課税の逆進性を指摘される徴税である。もちろん、担税力の基準をなんらかのかたちで設けるわけだが、そこにも問題が生じる。その賦課基準（課税標準）の決定がすべて市町村の裁量にゆだねられたために、実際には不公平課税となってしまう場合が多かったのだ。

京都の戸別税の場合も同様で、賦課基準があまりにも簡単であったため、収入に対する逆進性を指摘できるものであった。具体的にいうと、その評価の指標は地位と持家・借家の区別、および借家の場合に表屋・裏屋の区別、それだけである。しかも、地位についてもたった六等級である（同じ時期の東京市の家屋税でも一九の等級が設けられた）。資産や収入の多寡はもちろん、家屋や敷地の広狭もいっさい不問にされていた。

これでは、課税額に大きな差を設けることができない。同じ地位等級の場所であれば、広大な家屋に居住しても、わずか数坪の店借でも、それが表屋の借家であれば同じ負担額となってしまう。戸別税による一戸あたりの平均負担額で換算しても、地位等級による差がきわめて小さかったことがわかる。最も格差をつけていた裏借家の場合でも、最高と最低の差は六・二〜六・八倍にすぎない。持家については、わずか一・三〜二・〇倍である。東京府の市部家屋税の地位の乗率が最高一〇倍であったのを考えると、その差はかなり小さい。結局、この賦課基準は担税力を計るのにはほど遠いものであった。

　具体的な一戸あたりの課税額を各年の『京都市統計書』のデータから算出してみよう。図14が最も一般的であったと考えられる表借家一戸あたりの負担額である。その額は、第三章で見たように、西郷市長が「三大事業」と命名し、都市改造が本格化する翌年の一九〇七（明治四〇）年ごろから、急激に増加しているのがわかる。ピークに達する一九一〇（明治四三）年度の負担額を見ると、七・二六〜二・九円の負担となっている。

　もちろんこれだけでなく、これに、学区税の戸別税が加算される。実は、当時市税の戸別税よりも学区税のそれのほうがはるかに負担が重かった。税収額で見ると、一九一〇（明治四三）年で市税の戸別税が二七二、八三五円であるのに対し、学区税戸別税は四二四、四一二円

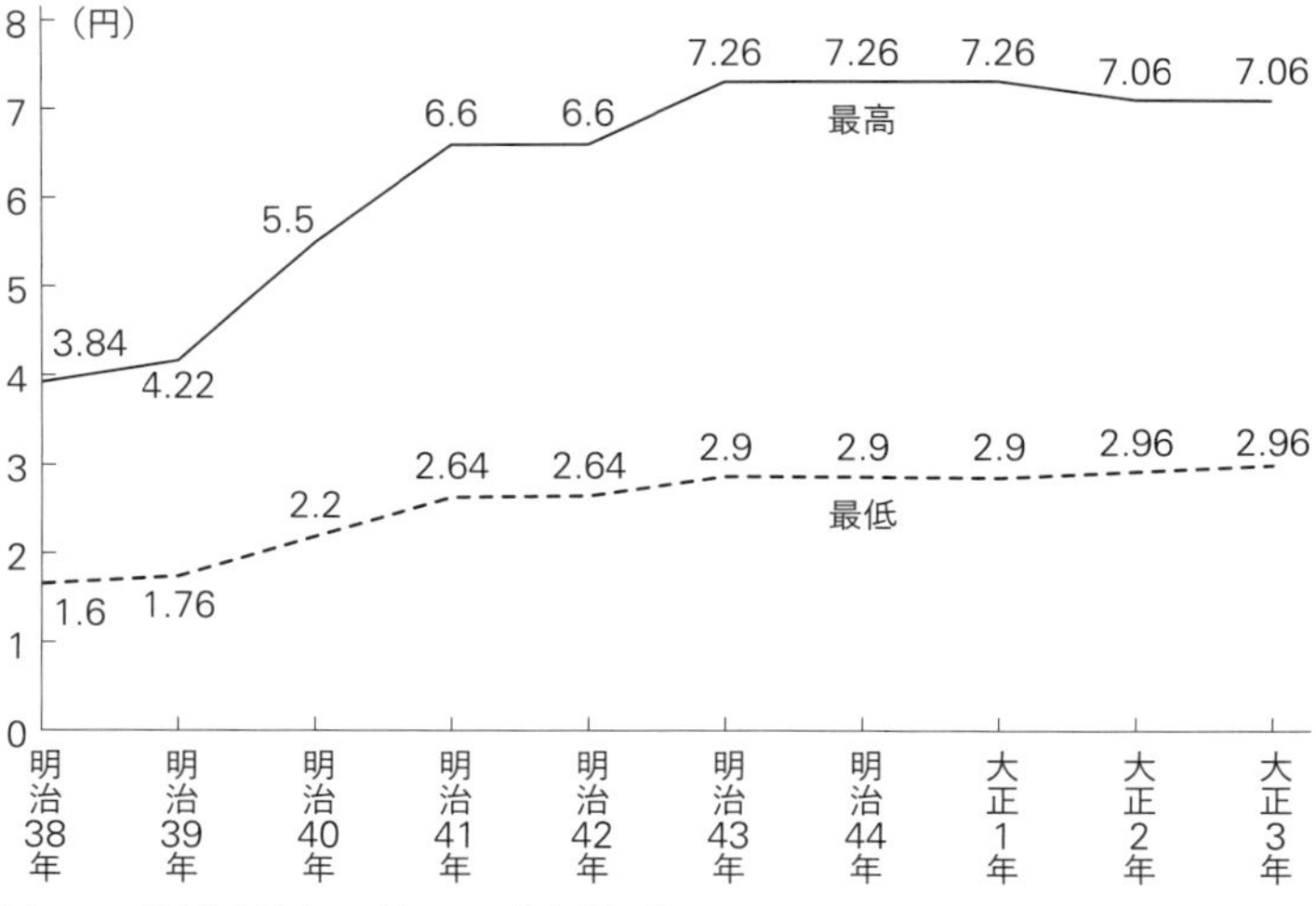

図14　戸別税表借家1戸あたりの負担額の推移

（ともに実収額）であり、学区税が市税の約一・六倍となる。当時の学区戸別税の賦課基準を詳細に知ることはできないが、一般に市税に準ずるものであったから、この一・六倍を市税の負担額に乗ずれば、およその学区戸別税の負担額を知ることができる。そうすると、先ほどの表借家の場合、学区戸別税を加えて、一八・九〜七・五円の負担額になる。同様に、裏借家の場合で試算してみると、一一・七〜一一・七円となる。

ただし、これを一戸あたりの平均額として考えると、その数値は当時の東京などの場合と比べても決して高いわけではない。しかし、問題は、京都市の負担額が面積に左右されないという事実である。同様の試算を同年代の東京市の赤坂区で行ってみると、三五坪（高等官吏を想定）で、六〇〜八五円となってしまうが、二坪（棟割長屋を想定）で計算すると三・四〜四・九円となる（中川［一九九〇］）。これは京都の借家の負担に比べると明らかに少ない。しかも家屋税だからこれが直接課税されるわけではない。京都市の戸別税は面積の小さな家屋に住む者にとって、より負担の重くなる課税であり、しかも、それが直接に居住者に課税されるものであったのだ。

こうした事態について、当時の内貴甚三郎市長自らも「今日の戸数割は頗る不公平な課税法で自分等の如き比較的広い家屋に住居せる者も九尺二間の裏店に住んでいる者も甚だしき差はない」として強く批判している（『日出』明治三五年二月二三日）。それでも、居付きの地主・家屋所有者を中心とした勢力の前に、家屋税の導入は実現できなかったのである。

こうして戸別税の課税は、市民生活を圧迫しつづけたと考えられる。そのようすは、当時の新聞にもいくつか報じられている。たとえば、大阪との暮らしやすさの比較を通じて、次のように指摘するものもあった。

京都は大阪に比して家賃が安いというのは生活易の上から他所の人は先づ一番先に話しているかのやうにも思はれる。成程京都は大阪辺に一寸較べては少々位が安くもあらう。又例の天ン引といふやうな敷金に対する不法な割引きもないのは、一美事として些か誇るに足らぬでもない。然しながら、此少々位安い家賃ばかり天ン引のない制りでは到底一ヶ月を支うる事の出来ないのは、所謂「町内の悪習」たる種々雑多な賦課金があるからだ。戸別割とか戸数割とか一町内の家の大小を問はず表通裏通位の区別で、一年二度かの市税も課せらるるといふことも記憶して熊はねばならぬ。単に京都は家賃が安いといふ天ン引のないといふ簡単な事実で暮らし易いといふのは少々誤わるとも伝ひたい。(『朝日新聞京都付録』明治四四年一月二七日)

家賃が安いのは、家屋税の徴税がないからであろう。その代わりに戸別税の負担が住民を苦しめたのだ。ただし、この記事にはもうひとつ、読み落とせない箇所がある。「所謂『町内の悪習』たる種々雑多な賦課金」なるものの指摘である。

これについては、同じ『朝日新聞京都付録』が同時期に「町内の悪習」と題して、三ヵ月もかけて、その内容を詳しく報じている。それによると、当時、京都市内では町ごとに「町入費」と呼ばれる法的根拠のない独自な徴税が行われていたという。名目は、公同組合費、衛生組合費、神事費、教育会費、町費、神宮初穂料などさまざまで、その負担額は町ごとに異なるが、記事中に取り上げられた町内では、いずれも毎月七〇銭内外の町入費が徴税されていたという。しかも、その使途は不明瞭なものが多かったようで、新聞記事では、このような町入費を「不公平不正当のもの」として論難しており、たとえば下京区のある町では月々七〇銭もの町入費の使途がいっさい不明瞭なために「心ある者は折角此の町に移転して来るとも、幾黙ならず他に転居して」しまうため、借家人が永続しないという事例も紹介されている（『朝日新聞京都付録』明治四四年一月一九日〜三月二七日）。

このなかで、公同組合費、衛生組合費は第四章で紹介した町ごとに組織されたそれぞれの組合の費用である。それらが、まさに各戸に戸別税と同様にして徴収されていたことになる。そして、その他の負担についても、旧来の町＝共同体が維持されるために必要な費用であったと理解できる。

こうした町ごとに徴収される費用は、当時の大阪ではほとんど見られなくなっていたのであろう。つまり、こうした町入費の徴収は、京都の町＝共同体による地域支配の閉鎖的な構造が残存していた状況を物語るものだといえるのである。しかし、いずれにしても、月額七〇銭の負担は軽くはない。それは、年額にすれば八・四円となり、先ほど試算した戸別税の一戸当たりの負担額と変わらない負担となるのだ。

隣接町村の軽い負担

では、一方で市外の隣接町村ではどのような徴税が行われていたのだろうか。実は、隣接町村でも市内の戸別税と変わらない戸数割の制度による徴税が行われていた。それでも、その賦課基準（課税標準）がまったく異なったために負担が軽くなったのだ。

先に、表2で一九一四（大正三）年の市内外の平均負担額を比べて、さほど大きな差がないことを確認した。その際、比較の対象となったのは、実際に課せられていた地方税、すなわち、市内では市税と学区税、町村では府税と町村税のそれぞれの負担であった。ここで、町村の場合の府税と町村税の負担も、市税・学区税と同様に戸数割負担が税収の中心であった。したがって、平均負担の比較も、ほとんど戸数割（戸別税）負担の比較であるといってもよい。そうすると、その差が大きくないということは、市内ほどではないにしても、町村の戸数割負担もかなり重いものであったということになる。

しかし、実際には、「薄給者」には軽くなった。それは、賦課基準が市税・学区税のものと大きく異なったからである。町村税の戸数割は、市の戸別税と違い、府税戸数割の付加税である。独立税ではない。それでも、本税の府税戸数割の賦課基準の決定は町村にゆだねられていたから、結局、府税戸数割も、町村税の府税戸数割付加税も、ともに町村の決めた賦課基準で徴税されることになっていた。この賦課基準が市内と違っていたのである。

この町村ごとの賦課基準をすべて明らかにすることは史料的制約から難しいが、たとえば、隣接町村のなかでも、当時人口増加の割合が最も高かった朱雀野村では、「富の程度を割酌し直接国税六百円以上の納額のあるものを特等とし以下二十六等に細分し此の等級に従ひて戸数割を徴収」していたとされる（『日出』大正六年九月三日）。これは、市税戸別税の賦課基準とは画期的に異なっている。まずなによりも、国税納税額を指標として各戸の所得を基準に加えている。しかも、それを二六等にも細分しているのである。この村だけでなく他の周辺町村の課税標準も、程度の差はあれこうした配慮があったようだ。たとえば、隣の西院村である。この村も人口増加の多かった村だが、ここでも所得により一等から十三等まで等級が設けられていた（小沢嘉三『西院の歴史』一九八三年）。

これならば、ある程度担税力に応じた徴税が可能となる。ここに、市税戸別税と大きな差が生じていた。西院村の場合には、一九〇七（明治四〇）年の府税戸数割の課税額がわかるので、これと市税の場合とを比較してみよう。といっても、所得が絡んでくるので正確な比較は難しいが、最初の引用に市外へ移住するのが「薄給者」＝小額俸給者であると指摘されていたことを考えて、最も低い負担額で比べることにしよう。市税戸別税の一九〇七（明治四〇）年の最低は、裏借家で〇・五円。これに約一・六倍の学区税を加えると一・三円ということになる。一方、西院村では、最下等の十三等の府税戸数割負担額が〇・一円に設定されている。これに町村の付加税が加わるわけだが、この付加率は不明である。そこで、この年の戸数割付加税総額と府税戸数割総額とから平均付加率を算出すると、四・一三ということになるので、この数値を乗じたものを加えると、合計負担額は約〇・五円ということになる。市内で一・三円の負担がこの村では〇・五円となる。最下層の市民にとって、この差は大きかったはずだ。

結局、先に見た市内外での負担の差は、その賦課基準の違いから、平均値以上の大きなものとなっていたわけである。特に、戸数割（戸別税）以外の国税などにほとんど無関係の小額俸給者にとっては、この税負担の軽重は、居住条件として決定的なものであった。そのために、新聞記事は、「薄給者」が市外へ移住するだろうと予測したのである。

こうして、戸数割（戸別税）の賦課基準の違いから、市の内外で負担格差が生じたわけだが、一九一五（大正四）年からは、その格差はさらに決定的なものとなる。

一八九九（明治三二）年の府県制・郡制の大改正によって、戸数割を家屋税に改めることは、いずれの都市でも、市部・郡部に限らず可能となった。これを受けて、東京の隣接町村では、一九〇三（明治三六）年から家屋税が実施された。そして、京都の隣接町村でも少し遅れ、一九一五（大正四）年から家屋税の導入が始まる。

すでに見たように、隣接町村では、所得を指標に加えるなど戸数割課税を改善しようとする動きが見られたが、さらに、一部には、町村税の戸数割賦課税を減税し、代わりに特別税として家屋税を設け、戸数割の負担を軽くしようとした町村も現れていた。なかには、大宮村や田中村のように、すでに明治末期に戸数割付加税をすべて廃止して、特別税・家屋税を創設し徴税する町村すらあった。

しかし、これらはすべて町村税の範囲である。一九一五（大正四）年からは、これが府税の段階から実施できるようになったのである。そこで京都市をかこむほとんどの隣接町村が、府税としての家屋税を導入した。具体的には、田中、大宮、朱雀野、大内、深草、東九条の各村に伏見、柳原の二町を加えた合計八町村が一九一五（大正四）年から、次いで白川、鞍馬口、野口、七条、花園、衣笠、西院の七村でも一九一七（大正六）年から、従来の戸数割にかえて家屋税による府税の徴税が行われることになったのだ。

その理由は「戸数割ノ徴税上滞納並ニ欠損ノ額尠《すくな》カラズ甚ダ財政上不利不便」なためとされる（『大正三年京都府通常府・市部・郡部会議事速記録』）。実際、これらの町村での徴税欠損は、市内や他の町村と比べ、特に深刻であったようだ。そのようすを、新聞は次のように伝えている。

京都府の年々歳々重に紀伊、愛宕、葛野三郡に珍て少なからず戸数割の欠損を見るは、担税者居住の転輾繁激なるに起因す。固り其繁劇は一通りのものにあらず。たとへば大内村、田中村に某居住の事実を認め、之に戸数割を賦課し徴税に立向かはんか、既に早く京都市に転住し担税者の影を止めず。故に今度は京都市より戸数割を徴収せんとすれば、僚も西院或は朱雀野に転住するより、釈に府は予期せる税務行政の効果を挙げ得る能はざるを以てなり。（『朝日新聞京都付録』大正二年一月一日）

こうした隣接町村には、戸数割から逃れる目的で市内から移住してくる人々が、実際に多かったことがわかるが、同時に、彼らがさらに戸数割から逃れるために隣接町村と市内の間で転居を繰り返した事実もわかってくる。もはや、こうした状況を克服するには、家屋税を実施するよりほかに方法がなかったのである。そして実際にこの記事の二年後に隣接町村での家屋税導入が実現する。

ただし、同じような状況が市内でも見られたはずである。ではなぜ、市内で実施できなかった家屋税の導入が、隣接町村では実現したのか。それは家屋税導入を否決した京都市会と、導入を決めた京都府郡部会では、地主・家主の勢力が大きく異なっていたためと考えられる。新聞も、郡部会で家屋税導入がすんなりと可決された理由として京都市会のように「家主議員や中流以上の市民保護に偏する議員達」が「家屋税被実施郡全部に珍て極めて少ない」ためだったと伝えている（『朝日新聞京都付録』大正三年八月二十四日）。

税を逃れて移住する人々

いずれにしても、一九一五（大正四）年以降、家屋税が実施された隣接町村においては、地租や所得税・営業税などに縁のない小額俸給者等は、ほとんど税のいっさいから逃れられることになった。たとえば、新聞は、家屋税を実施した町村と従来のままの町村での負担の違いを次のように報告している。

近時漸次に人家櫛比し、月給取り及び職工等の居住者日に多きを加へつつあるに際して、同村（上賀茂村）は戸別税を課しつつあれば、是れ居住者に案外多額の負担を為さしめ、（中略）現に同一の師範学校構内に居住せる職員にして角谷校長は上賀茂村に居住せる為め年四十幾円の村税を賦課さるるに拘わらず、某教諭は大宮村（家屋税実施）の地域となる為め一文も村税を負担せず。（『日出』大正六年八月二七日）

こうした状況は彼らにとって、先に見たような、単に賦課基準の違いによって生ずる税負担の軽さよりはるかに有利な条件となった。これにより、小額俸給者の周辺町村への移住、特に家屋税実施町村への移住が飛躍的に促進されたことが考えられるのである。

ところで、京都市会では一九一七（大正六）年に、隣接町村のうち白川、田中、下鴨、鞍馬口、野口、衣笠、朱雀野、大内、七条の九村および柳原町の全域と上賀茂、大宮、西院、上鳥羽、東九条、深草の六村の一部を市域に編入しようという市域拡張案が建議される。これは、面積でいうと約二倍になるという市域の拡張であった（図15）。しかし、編入予定町村では強い反発が見られた。最大の理由は、これらの町村のほとんどが、一九一五（大正四）年以降家屋税を実施しているからである。つまり、これらの町村では、せっかく家屋税に替えたものを、京都市に編入されればまた戸別税（戸数割）課税に逆戻りしてしまうとして、市域編入に反対する者が多かったのである。特に、市内から移住してきた人々が多く居住していた朱雀野村、大内村、衣笠村などでは、村民の動揺が大きかったようだ。実は、ここにおいて見られる各村の動揺のなかに、隣接町村の家屋税実施を契機とした「薄給者」の移住のようすを明確に知ることができるのである。

　一番強行に市域編入に反発したのが朱雀野村で、市内で村民大会まで開いて反対の気勢をあげたりしている。ここでの反対理由から引用しよう。

（朱雀野村民の多くは）従来何等負担の義務なかりし九割の借家人なり。故に同村が今後市部と同じく住宅の広狭によりて、戸数割或は学区税を徴収せざるべからざるなおかつ場合に珍て、交通の不便と尚且水道等の設備なき等を忍とも同村に止まる者果して幾千かある。是れ大に疑問にて、又同村将来の計画に大関係を有するものなり。従来同村に移住し来るの多くは、只僅に家賃の外厘毛の課税せられざる為め、不便を

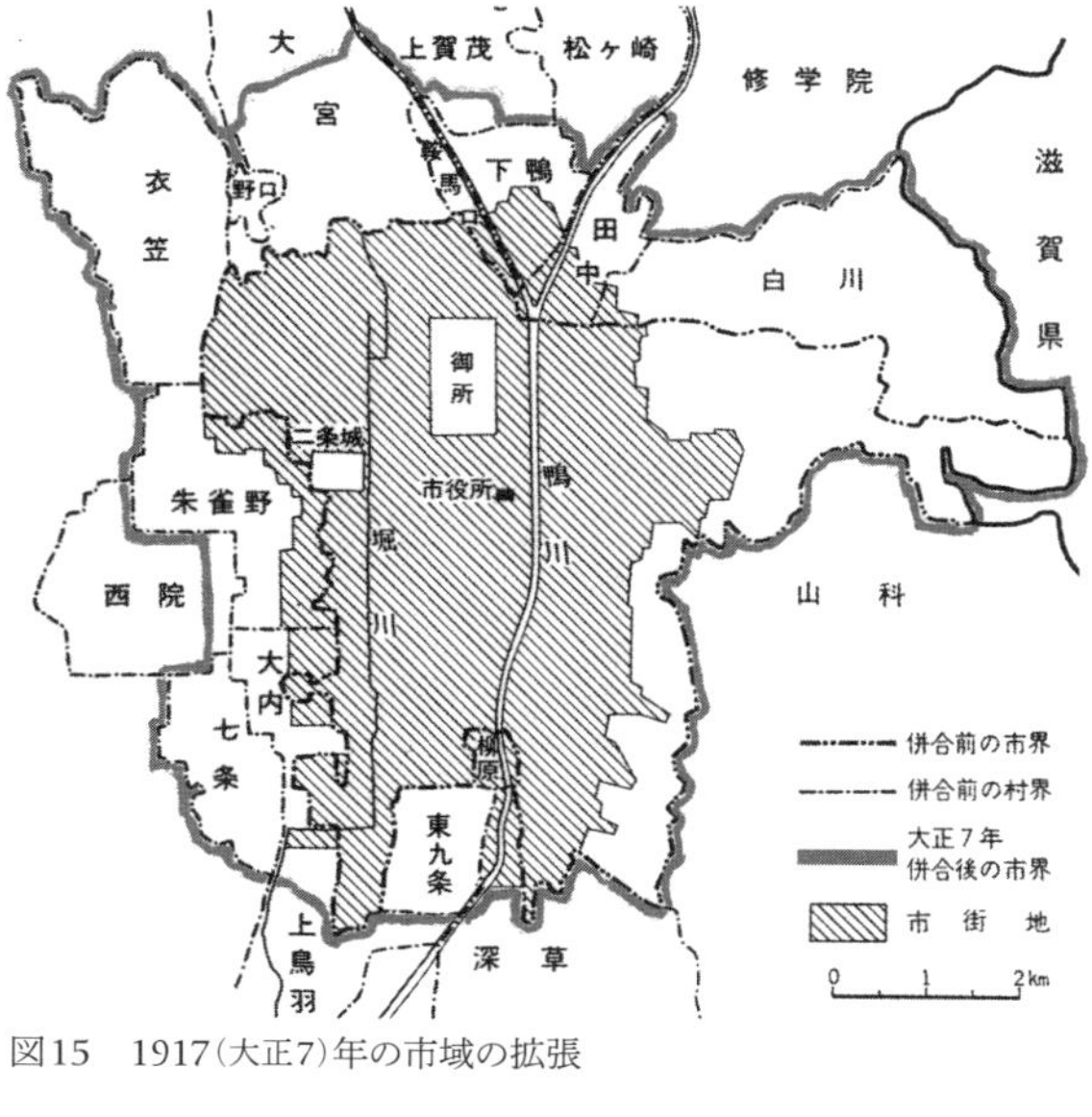

図15　1917（大正7）年の市域の拡張

忍びつつも年々歳々移住者多く、従って資力のあるものは漸次借家を建築するも殆ど空家なきの盛況を見るは、畢竟叙上の特典あるが為めにして、近年他村と異なり非常の発展を遂げたるものなり。(『日出』大正六年八月二十日)

この村で一般の村民が「厘毛の課税せられざる」ことになるのは一九一五(大正四)年の家屋税実施以降であるから、それから二年ほどのわずかの間に大量の人々がこの村に流入し、新たな借家街を形成していったようすがわかる。

このことは新聞記事だけでなく、その後に実現する市町村合併についてまとめた記録にある編入理由書のなかにも明確に記されている。それによれば、朱雀野村では、家屋税施行以来、生活上の便宜を求めて流入する者が多数にのぼったとされ、その実情を以下のように示している。

居住者家屋は借家が大部を占め、家屋税であるから税をまぬがれ、家の所有者だけが払っていた。低所得層ではこの制度があるために、郡部に居住している者も多かった。(中略)生活困窮者は家賃も一日二銭、三銭の日割りで払う者もあり、これらの層は仮りに一年四期に分納すべき戸別税を一戸につき二〇銭課税されても納付は容易でないとした。(京都府『京都府市町村合併史』一九六八年)

また、同様な事態は朱雀野村の北に位置する衣笠村でも見られた。同村の京都市編入に対する懸念事項を紹介した新聞記事から引用しよう。

同村（衣笠村）六百二十戸中、其半数は北野神社の西手及平野金閣寺筋にして全部借家住ひの人々なるのみならず、西陣方面より流れ込みの賃機職工多数にして、只戸数割学区税を免るのみか家賃も市内に比して廉なれば交通の便否を問はず只生活の容易を第一条件として移住せし者多きを、以て（中略）従来何等の課税なかりしに軒別に戸数割を実収せらるる事になるを以て、勢ひ滞納者多かるべく（後略）。（『日出』大正六年八月二〇日）

この記事からは、この章の最初に引用した記事に指摘された移住の主体としての「薄給者」のなかに、西陣織の賃機や職工も含まれることがわかる。先の『京都府市町村合併史』では、朱雀野村への流入者に、新聞記者、会社員、官吏、銀行員なども含まれていたとしている。つまり、市内の戸別税を逃れて移住した人々には、戸別税負担が収入に比して相対的に重くなる、多様な職種の人が含まれていたことがわかるのである。

大内村、東九条村など、家屋税を実施していたほかの周辺町村でも、程度の差はあれ同じような状況にあったと考えられる。それは、これらの町村のことごとくが編入に対する希望条件として、家屋税の継続実施を挙げていることでもわかる。

結果的に、この家屋税の継続実施の希望はかなうことになる。京都市が、この周辺町村の編入を契機に、懸案の市内家屋税実施をようやく実現させたからである。もちろん、このときも地主・家主などの勢力の猛反対にあい、実施案は否決されそうになる。またそうした勢力による学区を基盤とする議員たちからは、市税としての徴税は家屋税としながらも、学区税などは戸別税を残すという案まで登場する。しかし、今回は近接町村編入許可の条件として内務省が同税実施を迫ったことを府知事が主張し、また、ひとつの市に二つの税目は認められないこともあり、ついには家屋税の導入が実現することとなった。

こうして、はれて一九一八（大正七）年から新旧京都市全域で家屋税による徴税が行われることとなった。したがって、京都市内では戸別税による徴税が行われ、一方、隣接町村では小額俸給者にいっさい負担のかからない家屋税が実施されるという特異な状況は、一九一五（大正四）年から一九一八（大正七）年までの、たかだか四年ほどという短い期間であったわけである。税負担から逃れようとする人々の周辺町村への移住は、このわずかな期間に集中して行われたのである。

しかし、いくら市民が税負担の軽い地域に殺到したとしても、住み替えのための受け皿となる家屋が供給されなくては、移住はできない。また、税負担が軽くても、その分が家賃に転嫁されては同じことである。こうした問題を考えるため、あらためて家屋の供給者の側の事情について見てみよう。

京都市会での導入反対運動に見られるように、家屋所有者を対象とする家屋税は、家主にとって不利な税制であると認識されていた。しかし、実際には家屋税は家賃に転嫁されることになるはずだ。

そうなれば、戸数割も家屋税も家主にとって同じとなる。

家屋税実施の直前に、同税の家賃転嫁を理由とした必要以上の不当な家賃の値上げを戒めるため、京都市は『京都市家屋税便覧』なるパンフレットを市民に配布している（『朝日新聞京都付録』大正七年三月二二日）。この事実からしても、実際、京都市内の借家で、家屋税の実施以降、家賃が値上げされたことは確実である。

それでもなお、京都市内では、家屋税は家主に不利であるとされた。それは同税が空き家に対しても課税されたからである。戸数割は居住者への課税だから、空き家は課税対象とはならない。しかし、家屋税は家屋に対する課税であるから当然、空き家にも課税される。同税実施に反対する家主の意見として、「戸数割を家屋税に改むるときは空家に対しても課税せらるる故に家屋の新築減少するのみならず家主の負担を増加す」との指摘があった（『日出』大正六年一〇月三十日）。新築が減るかどうかは別としても、少なくとも空き家の多寡、すなわち空き家率は家主にとって借家経営上無視できなくなってくる。もちろん、空き家率をあらかじめ見積もって、その分の家屋税も家賃に転嫁すればよいのだが、それではうまくいかないとされた。それを、ある市会議員は次のように説明している。


若し家主にして空家の分迄他の借家人に課せんとせば、然らざるに於てさへ異動常無き借家人は、安き家賃の家を求めて去り、一層空家を増出し、家主の目的と相反するに至るべし。茲に於て家主は空家に対して課税されざる以前は、単に空家より生ずべかりし利益の欠損に止まるを以て、借家人があっても無くても大した痛痒を感ぜずとしても、空家にも課税さるゝに至らば、この態度を変じて、安く締配にして便利に借り得らるゝ様にし、極力空家となるを防止するに努むべし。之を借家人を苦しむるに非ずして、却て喜ばしなるものなり。(『日出』大正六年一〇月三〇日)

つまり、空き家分の家屋税も家賃に転嫁すれば、家賃の高低で容易に居を変えてしまう借家人は入居してくれなくなり、さらに空き家率が高まってしまう。しかし、こうしたことはすでに家屋税が実施されていた東京や大阪の借家経営者から見れば当たり前のことであった。借家経営で最も大切なのは、地代や家屋税に、空き家率を見積もって、これらから合理的に家賃をはじきだすノウハウにあるはずである。

結局、京都市内の家主たちが、そうした合理的な借家経営を行っていなかったということなのであろう。そして、空き家にも課税される家屋税の実施は、彼らの経営姿勢に明らかな変化を強いるものであった。つまり、資産的借家所有から合理的経営への転換である。

たとえば、玉塚帝伍の『貸屋投資の研究』(一九三六年)などでも、「昔は借家を持つことは財産の保全が主要目的で利殖は第二義的に考えられた」とされている。第六章で見たように、京都市内中心部の町は、土地・建物を所有する居付土地所有者と、彼らが建設した家屋に居住する借家人で構成されていたが、その場合の、居付土地所有者の借家経営がまさにそうした「利殖は第二義的に」考えるものであったわけだ。彼らにとっては、世襲財産としての借家を保全し維持することが何より大事であったはずだ。

このかたちの借家経営が続いたからこそ、京都市では空き家に対する課税のない戸数割税制が続いたのであろう。ところが、家屋税によって空き家にも課税されることとなると、合理的な家賃算出に基づく経営が必要となり、資産的所有を主目的とした借家経営は成り立ちにくくなる。つまり、京都市内の場合、家屋税の実施は合理的借家経営を成立させる重要な契機となったと考えられるのである。

では、隣接町村での借家の供給はどのようなものであったのか。一般に、明治後期の産業資本の確立にともなう都市人口の増加は、どこの大都市の周辺部においても、いわゆる「借家ブーム」なるものを到来させる。特に大正期になるとそのブームはさらに盛況を示した。しかし、この「借家ブーム」は、従来の借家経営が、急増する需要に対して単にその規模を拡大していったわけではない。たとえば、明治後半期に大阪に現われる「家建屋」の例などに典型的に見られるように、急激な住宅需要の拡大は、それまで見られなかった投機色の濃い借家経営者を出現させたのである。

こうした、投機的借家経営を成立させる要件として最も重要なのは、集中的な土地の確保である。一般に、資産的所有としての借家経営の時代には、その土地はいわゆる「土地兼併」によって取得されたものがほとんどであったから、各所に分散する傾向にあった。ところが、大量な住宅需要に応えるためには、一ヵ所にまとまった宅地を確保する必要がある。もちろん、どこの大都市でも、すでに既成市街地でそのような土地を取得することは困難であった。そこで、地価の安い、都市周辺部が買いあさられたのである。つまり、市街地内部で投資場所を失った資本が周辺部に進出し、そして、大規模な借家経営を始めたのである。

京都の隣接町村での借家供給も、こうした経緯で進んだと考えられる。そこでは、市内に比べて地価や地代は安価なはずであり宅地の確保は容易であったことが想像できる。しかし、それでも家屋税を家賃に転嫁して、なお市内の家賃より安くするには、なんらかの工夫が求められたはずだ。それを実現させるには、借家経営の側に投機的思惑が必要であったが、そこには市内での戸別税による重税負担に起因する大量の住宅需要が存在したのである。それを当て込むことによって、大量の住宅が供給されたのではないか。そうした事情は、先の朱雀野村のようすを述べた引用にある「年々歳々移住者多く従って資力のあるものは漸次借家を建築するも殆ど空家なきの盛況を見る」という指摘によく表れているといえるだろう。

さらに、周辺町村の編入の議論においても、そうした借家経営者、つまりすでに家屋税を実施していた町村で経営を行う者が、家屋税の継続実施を希望する立場から編入に反対していたことがわかる。先の朱雀野村の市内併合反対の村民大会を報じた新聞記事は次のように指摘している。

家主側に於ては一箇月四円位の家が、現在では凡ての賦課税を加えても尚ほ一箇年三円五十銭位の税金にすぎざれば、空き家となるよりも寧ろ現今のままなる事を希望し、且つ今日の状況なれば家を建てれば竣成を俟たずして借家人の雑踏する有様にして、これらまた之の状況を標準と

して多くの借家を経営せしものあれば、之等の者亦編入に反対し（後略）。（『朝日新聞京都付録』大正六年八月三〇日）

つまり、市内と同様の戸数割賦課となって税制上の「特典」がなくなってしまうという理由で、編入に反対だというわけである。このことは、明らかにこの地域での借家経営が、市内での戸別税の重税に起因する大量の住宅需要を前提とした投機的・計画的なものであることを示唆しているといえるだろう。

ちなみに、移住が最も典型的に現れたと見られる朱雀野村の、一九一二（明治四五）年における宅地所有の状況を、当時の地籍図から調べてみると、明らかに宅地所有の寡占化が見られることがわかった（中川［一九九〇］）。広域宅地所有者上位一〇人によって村の約四〇パーセントの宅地が所有されている。しかも、その一〇人には質業・金貸業が多い。一九一二（明治四五）年といえば、いまだ家屋税は実施されていないものの、市内の戸数割の重税を逃れる人々の移住がすでに始まっていたころである。ここから、彼ら高利貸資本が、これら隣接町村の土地を買いあさった状況を見てとることができる。そして、小規模の土地を多数集積するタイプの地主もないではないが、大地主の多くは、一件あたりの平均面積が広く、土地取得になんらかの計画性をうかがうことができるのである。

そうした地主として、一人の典型的な例を紹介することができる。朱雀野村全体の約二パーセントの土地を所有し、所有坪数が第八位となる新実八郎兵衛という地主である。帝国興信所京都支店の紳士録（『京都商工大観・昭和三年』）によれば、彼は京都に生まれ東京高等商業学校を卒業し、日本最初の職業的映画監督とされる牧野省三を助け映画フィルムの作成・輸入で財をなした人物として知られる。しかし、その仕事につく以前に京都で起業した繊維関係の会社の発展に貢献したが、社内の派閥争いから会社を辞し、その時に得た財の「全部を洛北方面の土地に転換し巨利を占む」とされている。つまり、得た財を朱雀野村などの土地に計画的に投資し、おそらくはそこでの市街化が進むことで大きな利益を得ていたのであろう。

ただし、こうした事例では、個人や中小資本による土地投機のための土地取得にとどまっており、大阪などの郊外住宅地開発に見られるような、電鉄資本や土地会社などによる大規模な土地集積は表れていない。

続けられた地主・家主の支配構造

以上のように、明治末より始まった京都市の市街地の拡大は、地主・家主の居付土地所有者層の政治力を背景とした市内での特異な税負担と、小額俸給者や職工に見られる居住地の経済条件による流動性とを主たる要因として展開された現象であったわけである。このうち、小額俸給者等の流動性については、当時の大都市ならどこでも見られたであろうことである。京都の特殊性とは、町＝共同体が維持しつづけた土地・家屋所有者ら名望家による議会支配の維持・継続にこそあるといえるだろう。

これによって、近代的課税制度の実施が遅れ、それが結果的に住民を市外へ追いやることになったのである。

では、一九一八(大正七)年に周辺町村の編入が実現し、それを契機に京都市内全域で家屋税が導入された後には、どのような状況が生まれたのだろうか。そこでは、興味深い住宅供給の政策がとられていた。極端な税負担の差が生じたことにより、薄給者が市外に追いやられることで郊外での住宅供給が進んだという事実から、逆に政策手段として税負担に差をつけるという方法が登場する。市域拡張により新たに市域になった旧周辺町村において、さらに宅地供給を促進させるために、家屋税の免除という政策がとられたのである(中川[一九八八])。

京都市は一九一八(大正七)年制定の「京都市特別税家屋税条例」のなかで、「田畑、山林、原野等ヲ宅地トシ貸家用ノ建物ヲ新築シタルトキハ其ノ建物ニ対シ一箇年間課税セス」(第二一条)としたのである。さらに、第一次大戦後に全国で深刻化する住宅不足に対応するために、一九二二(大正一一)年には、その免除を強化し「従来建物ナキ土地ニ新ニ貸家用建物ヲ建築シタルトキハ其ノ建物ニ対シ建築後二箇年間家屋税ヲ免除ス」として、さらに「従来建物ナキ土地ニ新ニ自家用住宅ヲ建築シタルトキハ其ノ建物ニ対シ建築後二箇年間家屋税ノ半額ヲ免除ス」とした。ここでの強化は、単に免除を二年に延長しただけではない。「田畑、山林、原野等ヲ宅地トシ」としていたのを「従来建物ナキ土地」とした。これは、明らかに新市街だけを対象としていた免除処置を、旧市街へと拡大したものであった。新聞は、「家屋税増徴を理由として借家賃の値上げを断行した家主は」この免除により「家賃の値下げをせなければならぬ義務が生じた」としている（『朝日新聞京都付録』大正一二年二月二七日）。

この家屋税免除がどれだけの効力を持ったかを示すデータはないが、住宅不足が緩和した一九二六（大正一五）年にこの免除政策が解除されようとしたときに、それに反対する議員が、この免除のために「市民ノ借家新築熱ヲ煽リマシテ、同時ニ此免除ヲ基礎ト致シマシテ、比較的低率ナ家賃デ以テ中産階級以下ノ人ガ借家ヲ利用スルコトガ出来ル」（『京都市会議録』一九二六年）としており、住宅供給だけでなく家賃の抑制も含めてある程度の効果があがっていたことがうかがえるのである。

結局、この家屋税免除の制度は、一九三一（昭和六）年に京都市特別税が全廃されるにともなって、その使命を終えることになる。

では、この免除制度や、あるいはその前提としてある一九一八（大正七）年から導入された家屋税によって、「財産の保全が主要目的で利殖は第二義的」という旧市内での借家経営のあり方に、どれほどの変化が見られたのであろうか。それを示すデータや史料は見つけていないが、土地所有者・家主を中心とした支配の構図に、大きな変化は見られなかったと考えられる。それは、そうした支配構造の基盤をなしていたと考えられる学区の制度が、そのまま継続したことでもうかがえるのである。第四章で述べたように、学区は、もともと町組を大幅に再編して設置されたものであり、京都市の行政の末端を担うものであった。

その学区の制度を廃止すべきという主張は、先述した家屋税の条例案が市会で否決されてしまった一九〇二（明治三五）年の翌年ごろから始まる（松下［二〇〇六］）。学区が教育の普及に果たした役割は大きいが、それ以上に学区間における教育水準の格差があまりにも大きくなりすぎており、そのデメリットのほうが大きいとされたのである。特に、市中心部の富裕学区と低所得者が多い周辺の学区での格差が問題とされたが、これは、これまで指摘してきた戸別税が低所得者に負担を強いるという主張と同質の課題として捉えられるものであった。

市会においても、この学区廃止についても、一九〇五（明治三八）年に建議が行われるにいたっている。しかし、これも町＝共同体を基盤とする議員の反対運動がきわめて強く展開され、結局、当時の西郷市長も、学区のそれまでの自治的活動を評価するという答弁しか行わず、実現されずに終わるのである。結局のところ、この事態は、町＝共同体を基盤とする議員が多数を占める、つまりは土地所有者・家主を中心とした支配構造が維持されるという状況に、何も変化が起こっていなかったことを示したということなのである。そして、これ以降も学区廃止問題は、京都市政の大きな懸案となりつづける。

家屋税の導入においても、町＝共同体を基盤とする支配構造の強い反発が続いたのは同じだった。しかしそれは、周辺町村の編入を契機とすることで、ほかに選択の余地がない状況に追い込まれることでようやく実現したものだった。したがって、家屋税が実施されたとはいえ、あるいはその免除制度が施行されたとしても、地主・家主が有力者として議会を支配する構造はそのまま継続したのであり、家主における「利殖は第二義的に」考えるような旧来からの借家経営のあり方に大きな変化が生じたとは考えにくいのである。

では、こうした状況は、京都だけのものであったのだろうか。実は、京都市と同様に戸数割の制度が維持された都市はほかにもある。大阪府の堺市の場合にも、旧来からの地主・家主勢力が議会で強い発言力を持ちつづけ、そのために、同じように戸数割の徴税が続けられていた（中川［一九九〇］）。一九〇〇（明治三三）年に大阪市周辺町村で家屋税の実施が決定しかけた際に、この堺市もその候補地とされた。しかし、堺市だけは実施が延期されてしまう。その「裏面」の理由として、新聞は以下のように指摘している。

極めて大なる家屋を所有するもの多く、若し戸数割を廃して家屋税となすときは、此等の所有者は建坪によりて賦課せらるる莫大の家屋税を負担せざるべからず。是れ彼等に取りて大の不利益なれば、露骨的にいへば金満家の熱心なる運動によってなり。（『大阪毎日新聞付録堺週報』明治三三年一二月二四日）

京都市で家屋税導入が見送られた経緯と同じだといえるだろう。一九一二（大正元）年にいたり、ようやく堺市での家屋税導入が実現するが、その実施案を策定している際のことを新聞は以下のように報じている。

当市の家屋に対しては戸数割制を設け借家人と雖も相当の戸数割を徴し居れるが、大阪市の如きは家屋税制を設け居るより国税を納めざる借家人は毫も納税の義務なきより、当市に移住せんとするものは大阪市と同様と心得、転住後意外の課税を被るより、更に大阪に引返すものさへある姿なるが、戸数割制は単に移住者を驚かしむるのみならず。滞納者より生ずる欠損額は年々七八百円の多きに達するより、当市にては将来市の発展策として家屋税に改めて総て家主より徴収せんと目下調査中のよしなれば、遠からず具体的の成案となりて市会に現はるべしと。(『大阪毎日新聞付録堺週報』明治四〇年六月一日)

これも、京都市の場合とまったく同じ状況であることがわかる。堺も、京都と同様に近世までの町方社会の基盤に支えられた特徴が指摘される都市であり、ともに維新後の近代化政策にさまざまな困難をかかえていたことも共通している。

いずれにしても、京都や堺のように、旧来からの地主・家主勢力が議会をリードし、そのために近代制度の導入やそれに向けた改革が進まなかったという都市は、日露戦争後のわが国の都市行政のひとつのタイプとしてあったと考えられるのかもしれない。そこには、都市の近代化過程において、東京や大阪とはまったく異なる展開がありえたのである。この章で見たのは、それが実際に郊外の市街地化を強く誘導するというかたちで現れた事象についてであったといえるわけだ。

第八章　景観論争に見る技術者万能主義批判

風景保護政策

前章では、明治末から大正にかけての税負担の不均衡が、京都の市街周辺部に新たな市街地をつくる契機となったことを示した。ここで重要となるのは、新市街地の形成という事象よりも、そうした不均衡を生み出した当時の議会における家主・地主による支配という状況だったといえるだろう。明治末に実施された三大事業の道路拡築によって、近代的な都市空間が生まれ、都市イベントなどを通じて、住民はその空間の意味を受容していった。しかし、そのことを契機にして、伝統的な町＝共同体のあり方がすぐに解体していくようなことは起こらなかったといってよいだろう。

しかし、町＝共同体が維持されつづけたということは、議会において制度の近代化が阻まれる一方で、都市空間の近代化過程においては別の様相を提示する可能性もあったと考えられる。東京などで進む直線的ともいえる近代化の過程に対して、伝統的な共同体が維持されたままで近代化を受け入れる。それはさまざまな矛盾をかかえながらも、東京などとは別の都市のあり方を示すことにもなったのではないか。

それを示すと思われるのが、第五章で見た、行政側の都市デザインに対する大きな揺れ幅や、第六章で見た住民側の都市装飾に積極的にかかわろうとした姿勢であった。そもそも風景の価値とは、眺めが持つ意味が何らかの方法で共有化されたときに成立するものだ。橋梁デザインや市街装飾が提示され、それが批判の対象となる一方で、実際に賑わいを生み出していくことにもなる。そこには、行政側、住民側それぞれが、都市景観について何らかの価値の共有をはかろうとした行為が読みとれる。

議会という公共圏のなかでは、町＝共同体の共同性は、一般的には自らの利益を守旧しようとする力となって発動するものである。しかし一方で議会の外においては、それは、町並み景観の創出や大礼の装飾などに見られたように、行政とも共同するかたちで、新しい都市風景の価値を積極的に生み出そうとした場面も見られた。つまり、それぞれ都市空間の変容へのまったく逆の対応が見いだせるのであるが、その差は何に由来するのであろうか。

共同体意識が風景価値を積極的に生み出そうとする場面においては、それが町＝共同体の内部に閉ざされていないことが条件となっているはずだ。共同体の意識が、空間的な共同体内部から解放され、都市に開かれる必要がある。そこには、前提として一元的な支配・管理が進み都市全体をひとつのものとして意識させる近代化の状況が進んでいる必要があった。しかし一方で、意識の共同化を実現させる地域共同体が解体してしまっていれば、そこに風景価値の共同化は実現できない。

つまり、閉ざされた町＝共同体が維持されながらも、その住民が、都市全体に向けた視野と意識を獲得している、そうした状況が求められるのである。それは、第六章で見た道路拡築以後の町並みの店舗デザインについて、御旅町の住民が洋風か和洋折衷かと議論を行っていたことによく示されていたといえるだろう。そこでは、御旅町という町＝共同体の存在が前提になりながらも、四条通という新しく都市全体に開かれる町並みの意匠的なあり方の是非が論じられているのだ。自らの生活の基盤としての町＝共同体を維持しながら、一方で大礼のような都市全体をまきこむイベントに集まり、京都という街全体の共同性を意識する。自らの町であるという地域共同体の意識が、その集合である街全体に及び、ひとつの風景観が成立しているのである。

ただし、その一方では、新たな風景価値の共同化を目指すのではなく、都市の歴史的風景を、最初から守るべきものとして規定する行政側の政策の系譜もあったことを確認しておかなければならない。ここまでの章で紹介してきたように、府知事や市長によって風景保護の主張は数多く唱えられていた。第二章で示した鴨東開発計画においては、北垣国道知事が「京地ニテ最愛スヘキ東山ノ風景佳光ニ遊フ」人が集まる「最良ノ風景ヲ有スル勝地」としてその景勝を保全すべきとしていた。あるいは、第四章で示した内貴甚三郎市長による都市改造計画においても、市の東側を「風致保存」し、名所旧跡の積極的な保存策の必要を指摘していた。あるいは第五章では、京都府議会が東山の景勝が破壊される鉄道や索道の計画を認めなかったり、大森鐘一知事が鴨東線の計画について鴨川の景観を大きく変えてしまうとして執拗に反対したことを示した。

風景価値の共同化は、こうした行政側の風景保護の主張の影響のもとに進むことになったはずである。しかし、行政・住民双方に見られた価値の共同化のあり方は、しだいにこの行政側の風景保護政策に回収されていくことになる。第五章で見た、橋梁デザインはモダンデザインがよいのか、桃山風がよいのかという選択。あるいは、第六章で見た、御旅町の店舗デザインは洋風がよいのか和洋折衷がよいのかという選択。こうした議論の積み重ねの上に共同化されていくはずの風景価値が、しだいに政策として「正しい」景観へと集約されていくのである。それは、経験的な判断から何らかの規範による判断への変化ともいえるであろう。

その変化したようすを端的に示すものとして、ここではひとつの論争を紹介し、その内容を検証することとする。それは一九二七（昭和二）年に起こった東山の山並みの景観をめぐる論争である。

このころ、京都の行政にとって、山は最も重要な景観要素であった。論争を紹介する前に、まずは、山の景観が政策上どのように扱われてきたか、その経緯を確認しておこう。先述した知事や市長による風景保護の主張も、周辺の山の自然景観を対象としたものが多かったが、実際に政策として山やそこでの樹木を対象とした規制や誘導が、明治初頭からさまざまに行われてきたのである。その経緯は、中嶋節子の詳細な分析により以下のようにまとめることができる。

まず、市制特例の時期においては、京都府による風致保護の政策がとられることになったが、それは維新による山林の維持管理の混乱から始まっている。維新後、一八七一(明治四)年の社寺上知令により、社寺が管理していた山林の多くが官有林となるが、その過程において森林の乱伐が起こる。一八七六(明治九)年には「官林禁伐ノ制」が制定され、伐採制限が強化されていく。そうした状況を受けて、管理者であった京都府は、琵琶湖疏水を実現させる北垣国道知事の時代から、さまざまな都市政策のなかで、山地やその山裾にある名勝地の公園化の事業を進めようとした。そこでは上知により荒廃していた山林の風致の保護も重要な目的となった。しかしその後、一八八六(明治一九)年に官有林の管理が農商務省に移ってしまうと、政府の画一的な管理に置かれ、京都府は風致の保護に直接はかかわれなくなる(中嶋[一九九六])。

一方で、京都市の政策は、一九一九(大正八)年にわが国はじめての都市計画法が公布されることを契機として本格化する。京都市は「遊覧都市」、「公園都市」の目標を掲げ、他都市と異なる計画として、積極的な山の風致の保護を打ち出した。さらに、京都は「日本ノ大公園」であるため、都市計画もおのずと東京や大阪とは違う「風景美」を発揮するよう都市計画を立てるべきであるとしたのである(『京都市都市計画概要』一九四四年)。

実際に、一九二二(大正一一)年に都市計画区域とされたのは、第六章で京都のビジネスセンターの中心地となったと紹介した四条烏丸を中心として、そこから半径約一二三キロメートルの地域とされ、多くの山地が含まれることとなった。

そして一九三〇（昭和五）年には、東京の明治神宮に続いて全国で二番目となる風致地区を誕生させるが、それは、都市周辺部の山林を三四〇〇ヘクタールもの広さで指定するものであった。これにより、その指定された山地においては、建造物の建設や樹木の伐採などに制限が加えられることになる。もちろん、そうした広範な山地を含むような風致地区の指定は他都市には見られないものであった。さらに、一九三一（昭和六）年、一九三二（昭和七）年には、より広範な山地を中心とした地域四五〇〇ヘクタールが風致地区として指定されることとなった。大正末から昭和初期にかけて多くの観光開発が行われるようになっていくなかで、京都市では山の景観保護が重要な課題として意識されるようになっていったのである（中嶋［一九九四］）。

こうして、京都府・京都市の政策においては、明治維新後、一貫して山の風景保護がはかられてきたのである。いうまでもなく、その対象となってきた山林は、人が住まうものとしては認識されていない。つまり、橋梁デザインや町並みのように生活のなかで捉える風景ではない。しかし、東山、北山、西山のいわゆる三山は、市街地に近接しており、京都の都市景観の重要な構成要素になるものである。それを京都府や京都市は保全しようとしたのである。

これは、行政による風景に対する明確な意思の提示であったといえるだろう。とりわけ、京都市が都市計画のなかで、それを風致地区指定などの制度で保護しようとしたことは、きわめて積極的な政策の実施であったと理解できる。その積極性は、第五章で見たように橋梁デザインにあえて近代的意匠を大胆に採用した際と同様のものであった。さらにいえば、時期的にも重なる、次章で見る土地区画整理事業などにも、同様の積極的な政策態度が見てとれる。つまり、この時期の京都市には、都市計画事業の専門的な技術と制度を駆使することで、行政の側から都市空間に対する明確な規範と方向性が示されていったのである。

しかし、先述したように、そもそも風景の価値は絶対的な規範としてあらかじめ示される性格のものではないはずである。議論のなかで共同化されていくものであるはずだ。そのため、都市計画事業のなかでも景観のあり方を示す行政側からの積極的な規範の提示に限っては、対立の構図のようなものがつくられることになったと考えられるのである。以下に示す論争は、その対立軸の存在をうかがわせるという点において興味深いものである。それは一九二七（昭和二）年に新聞紙上で展開されたものであるが、その年は、広大な風致地区指定の計画が決められようとしていた年でもあった。

東山開発計画

その論争は、一九二七（昭和二）年一月の『京都日出新聞』紙上に掲載された、二人の論者による東山をめぐる激しいやりとりである。当時、京都市電気局長をつとめていた永田兵三郎による「京の山と京の川」という三回にわたる意見記事（一月六日、九日、一〇日）（図16）。そして、それに対する、当時京都帝国大学教授で国法学者だった市村光恵の三回にわたる反論記事「東山に関する永田氏の意見を読みて」（同月一三日、一四日、一五日）である（図17）。

両記事とも、新聞紙面としては異例の長文である。そして、その内容は、まさに東山の風景をめぐっての正面きっての論争になっている。先述のとおり、このときにはすでに京都市によって山地も含んだ広範な都市計画区域の指定がなされ、風致地区の指定も行われようとしていた時期であり、山の風致は多くの人々の関心を集めていたはずだが、それでも、ここまで正面からそのことについて議論が戦わされたのは異例のことではなかったかと思われる。そして、そこには、近代において登場する山の風致・風景をめぐる価値観が、あらためて出そろっていると考えられるのである。

京の山と京の川（中）
東山と市民を接近せしめる法と公園設備
永田兵三郎

図16　永田兵三郎「京の山と京の川」『京都日出新聞』1927年1月9日

東山に關する
永田氏の意見を讀みて
法學博士　市村光惠

図17　市村光恵「東山に関する永田氏の意見を読みて」
『京都日出新聞』1927年1月13日

東山とは、第二章で扱った岡崎のさらに東、京都盆地の最も東側に南北に連なる山、あるいはその山麓も含めた総称である（写真46）。それは、すでに第二章で示した北垣知事の鴨東開発計画においても、第五章で示した京都府議会による鉄道や索道の計画の不認可の理由のなかにも登場するなど、京都の守るべき風致を代表する山並みとして認識されてきたものだ。京都府だけではない。内貴甚三郎市長も、一九〇〇（明治三三）年の市議会で述べた都市計画構想のなかで「東山の風致を雄美ならしめ日本の公園とした い」と指摘している（『京都の歴史』第八巻、一九七五年）。第二章の岡崎で開催された第四回内国勧業博覧会のようすを描いた図5にも、背景として東山の姿が描かれている。

では、その東山をどうするというのか。最初に永田兵三郎による「京の山と京の川」という意見記事である。冒頭で、この記事の目的を次のように述べている。

私は今ここに、こんな題を掲げたのは決して京の山

写真46　昭和初期の東山の風景（絵葉書）
高層の建物がないため今よりも見応えがある山並みだった

紫水明を今更称賛せんとするものではない。「東山と鴨川を今少しく利用し且つ活用する方法はないものか」と言ふ問題を七十万市民諸君、並に我が京に来遊する内外諸賢に提供して御考慮を煩はすと共に御意見を拝聴したいと思ふものである。

永田の主張は、端的にいって、東山と鴨川を積極的に観光資源として開発しようというものであった。彼は、東山も鴨川も、「依然として其巨態を横たであるが侭に放任されて居る」だけであるが、「時代は既に移り進んでいると思ふ」として、具体的な開発方法にまで言及している。鴨川についても、プールや「段階的な溜池」を設置することを提案しているが、彼の開発理念をより端的に示しているのが、東山の開発提案である。この後の市村光恵による反論もこの提案に対するものだ。

その東山に対する提案とは、以下のようにまとめられる。

まず、東山の所有権と管理権を京都市が掌握する。そのために、東山の国有保安林の全部を市の管理に移し、私有地となっている一部も買収するか寄付させる。そのうえで「老若男女が極めて楽々と頂上に行ける様に」ケーブルカーと空中索道（ロープウェイ）を設置する。また、山の地下にはトンネルを掘り、エレベーターを設置するとした。そうして万人が東山に登れるようにしておいて頂上に公園をつくる。それは以下のようなものとする。

これは頂上に縦走の五間幅（約九メートル）位の起伏湾曲の道路をつくり、雑草、下木を掃除して眺望を楽にし、各所から鞍勾配の三間幅（約五・五メートル）位の道路を縦横に且つ曲り曲りに上下して自由自在に逍遥散策の出来る様に造作する。

現代のわれわれから見れば、驚くべき開発案に聞こえるだろう。もしこのような開発案が実現していたら、東山の姿は大きく変わることになったはずだ。ただし、彼の主張は自然景観の破壊にあったわけではなかった。ケーブルカーは「これは可及的山容を傷けない様に其線路を考案する事が肝要」としているし、空中索道も、それが「樹木を伐切せずになし得る」ことを評価し、トンネルとエレベーターを提唱するのも「此方法なれば絶対に山容を傷付ける心配はない」からだとしている。つまり、東山の山容を保全することは是として認めているのだ。

そのうえで、東山は「天恵の公園」であるのだから、山容を維持しながらも積極的にそれを利用し、東山からの眺望を楽しめるようにすることが求められるとしているのだ（写真47）。このことを、次のようにもいっている。

写真47　絵葉書に写された東山から見た市中

人或は曰はん「東山は眺める山で登る山ではない」と或は然らん。然れども眺める山を眺める山としておいて、更に登る山として利用する事に何程の不都合があろうか、否寧ろ、そうすることが東山たらしむる方法ではないか、私は今日窮屈な考へを持って東山に対したくないのである。

以上の主張は、明らかに観光開発の技術革新を前提にしていることがわかるだろう。つまり、山容という自然の風景を維持しながらでも、人びとがそこに近づき遊ぶことができるはずであり、それを可能にする技術は世界を見渡せばいくらでもあるとする。そして、実際に海外の先進的な事例が引き合いに出されている。

これは、この記事の大きな特徴にもなっている。文章中にも、「外国の諸都市が非常な資力を投じて此の方面に開拓の手を続けつつある」という認識を示している。たとえば、ケーブルカーについては、「欧州大戦の際『アルプス』方面の戦線に用ひられて非常な発達を遂げた」として、「今日では決して心配なものではなく経費も極めて安く出来る」としている。またエレベーターに関しては、ニューヨークの「ウルウオスビルヂング」やナイアガラの滝見物用のもの、あるいは、サンフランシスコ郊外の「ツインピーク」の例などが紹介されている。

たしかにこのころには、とりわけ米国において観光地としての山地・森林に対する観光開発が盛んであった。森林に分け入る交通手段が整備され、道路から見た風景を整えるための森林施業や眺望を得るための樹木伐採などが行われた。それは、観光の考え方が、レクリエーション利用も想定したものとなっていたことを示している。つまり、単に遠くから眺める山ではなく、山のなかに分け入り、キャンプなどを楽しみながら身近に眺める山が求められるようになったのである（伊藤［一九九一］）。永田の主張は、まさにそうした考え方にそったものだった。

つまり、この意見記事は、決して論者の勝手な思いつきで書かれたものではなく、米国で進みつつあった森林における観光開発事例を前提にしているといえるものだった。ケーブルカーやエレベーターの技術が一般化し、見る山から楽しむ山へという新しい山の捉え方が米国で見られるようになってきたことを踏まえて、新しい東山の利用方法を提案するというものになっているわけである。

こうした海外での事例などにも精通した見識を持って記事を書くことができた永田とはどのような人物だったのか。第三章では、京都市の土木官吏の変遷について紹介した。そこに掲載した表1において、京都市技師の欄の一九〇七（明治四〇）年に初めて永田兵三郎の名前が出てくる。つまり、第三、四章で扱った三大事業に携わることからスタートした京都市の技師であったことがわかる。しかし、経歴など詳しいことが不明であったが、自ら一冊の本（私家版）を書き残しており、そこから技師として彼の置かれた立場までうかがい知ることができる（写真48）。

『爾霊録』と題されたその本には、一九三四（昭和九）年に起こったいわゆる横浜事件の経緯が書かれている。横浜事件といっても、戦時中に言論関係者が数多く逮捕された事件ではない。川崎市役所に端を発し、

写真48　永田兵三郎

とることができるのだ。

横浜水道局、電気局、神奈川県土木局などに広がった大疑獄事件である。彼は、この事件で起訴され、最後には無罪判決を得るが、その無念さをつづったものである、そのなかで彼のたどった事跡も読みとることができるのだ。

永田は、一九〇四（明治三七）年京都帝国大学理工科大学土木学科を卒業し、九州鉄道会社に就職した後、京都市技師になる。その後、一年間だけ大阪市電気局の技師に転じるが、再び京都市技師にもどり、一九二七（昭和二）年、つまり「京の山と京の川」を書いた年には土木局長兼電気局長という要職についていた。しかし、翌年には横浜市電気局に転出し、後に同市土木局長に転じている。

つまり、一貫して土木技術のエリート技師として活躍してきた人物である。最も得意としたのは市営電気市街鉄道の技術であったようだ。土木関連の学会誌に、これに関するいくつかの論文も掲載されている。京都市の三大事業の市電敷設を実質的にリードした技術者であったはずだ。そして、一年ほどの欧米視察も京都市から命じられている。このような立場と見識があれば、海外の先進的な事例から、新しい土木技術を取り入れて東山の開発を提唱することは、彼にとって当然のことであったであろう。むしろ、自分に課せられた使命と考えたとしても不思議ではない。

ちょうどこのころから、外客誘致による国際観光が国の重要な政策としてクローズアップされていくが、観光資源に恵まれた京都でも、そのための政策に積極的に取り組むようになる。実際に、一九三〇（昭和五）年に、京都市は全国に先駆けて観光課を設置している。永田の主張は、そうした行政課題に応えたものだともいえるであろう。文章中にも、提唱する開発案について「単に市民のみならず外来人は殊に此種の遊興地を好むものであるから、外人を招致し永く滞在せしむるにも極めて有力な設備である」としている。

さらにいえば、そこには他都市との都市間競争の状況があった。一九一九（大正八）年の都市計画法公布より以降、日本では各種の都市インフラの整備が積極的に進められるようになる。一九二〇年代は経済上「慢性不況」期とされた時期だが、それでも都市のインフラ整備は都市間における競争として意識されるようになり、展開・拡大していったのである（持田［二〇〇四］）。もちろん、その流れのなかで、観光資源の開発も重要となっていった。とりわけ、京都においては、その事業が都市間競争における重要な分野として捉えられていたと考えられる。京都市におけるインフラ整備の責任者としての地位にあった永田による、この積極的な東山開発論の主張は、その意味において必然であったともいえるだろう。

東山開発計画への反論

この永田の主張に対して、法学者の市村光恵がすぐさま反論記事を掲載した。それは、永田の記事の三日後という、きわめて早いタイミングであった。冒頭で、市村は以下のように反論記事の目的を述べている。

日出新聞九日の朝刊に、東山利用に関する永田兵三郎氏の意見が出て居る。余は東山に就ては不断の注意を払ひつつある一人であるが、永田氏の意見を読んで甚だしく東山の前途に不安を懐かざるをえない。氏は先年欧米を漫遊せられ、彼の地の各都市の設備を視察して来られたのであり、又現に市の重要なる地位に在る。従って或場合には氏の意見が市の意見として実現せらるる事がないとも限らぬ。然るに氏の説には根本的な誤謬があり、又世間一般の皮相的な視察家に通有な誤解があると思ふ。斯様な議論が公にせらるると人を誤る虞があるから一刻も黙っては居られない。失礼だが一言する。

ここでは反論を展開する根拠として、永田の公職としての立場の重要性と、それゆえの危険性が指摘されている。実際、この時点で市村は永田をよく知っていたようだ。この反論記事の一番最後には、「余は永田氏を識って居る」と述べている。そして、この冒頭の文章の次に、その反論の論拠が、以下のように明確に示されることになる。

余が年来の主張として東山に就ての鉄則を述べる。夫れは「東山は京都の街から眺める山であって京都市を下撤する展望台ではない」といふことである。永田氏は此鉄則を忘れている、此鉄則を忘れている限り其議論は誤謬に陥らざるをえないのである。今一々氏が東山利用の意見なるものに直接的な批判をする。

つまり、永田の主張は東山そのものに人が入り、そこを公園化しようとするものであるのに対して、市村は、東山は眺める山であり、人が登る山にはしてはいけないと反論するのである。両者とも、東山の景観の大切さを認めながらも、永田は「東山を眺める人には全然今日と同じ山容を残して置いて、別方面で之を文化的に十分に利用」しようと提唱し、市村は、そうした開発は、眺める山を破壊することになるのだとするのである。では、具体的には何にどう反論しているのか。

まず管理の問題を挙げている。当時、東山の山容の多くの部分は「国有風致保安林」であったが、そのために山容が守られてきたと主張し、永田がいうようにその所有権を市に移管すると、東山に無理解な市行政はその風致を破壊するに違いないとしている。たしかに、東山は上述のとおり一八七六（明治九）年の国の「官林禁伐ノ制」によって禁伐風致林に編入され、伐採が制限されてきた。一方で、政府による財源確保の目的もあり、上知した官有林の払い下げ政策も実施された。そして、一八八六（明治一九）年に管理が府ではなく政府に移管されると、無制限な払い下げが抑制されるようになる。しかしそれまでの間に多くの官林が民有地になっている（中嶋［一九九六］）。市村は、その民有地化された、阿弥陀ヶ峰、清水寺の裏山、高台寺付近から粟田辺にかけてなどに見られた森林荒廃の事例を挙げて、京都市への移管はこのような状況をつくり出すと主張したのである。

さらに、永田のケーブルカーや空中索道（ロープウェイ）の提唱については、海外の事例と事情が違いすぎると一蹴する。たとえば、アルプスで普及した空中索道は、アルプスが断崖絶壁の山だからであり、東山のような低い山であれば、徒歩で十分に登れるのであるから設置する理由がないとした。

そして、永田が公園化の計画案において、展望を確保するために「雑草、下木を掃除」する提案をおこなっていることに、根本的な矛盾を指摘する。永田がトンネルとエレベーターの設置で挙げた「ツインピーク」について、あれは芝草が主の山だから「其上に遊園を設けても伐る樹がないから風致に障りがない」が、鬱蒼とした東山においては、下木であっても、樹木を刈ってしまえば、その山容が破壊されるとした。さらに「樹林の下草を取るといふことは山林荒廃の第一原因である」とも指摘した。そして、反論の最後の部分では次のように述べている。

東山に登る方法は風致を害せない程度に於て出来るであろう。而かし其第一歩たる登山の設備は必至的に東山を荒廃せしむる第二歩に導くのである。第二歩とは何ぞや、曰く東山の頂上から市中を下服することを便にせんが為めに東山第一の使命たる京都市中からの眺望の姿を全然破壊するにいたることである。

つまり、たとえ今は山容を乱さない開発であっても、それは東山の破壊への端緒となるのだとする。では、この反論を載せた法学者・市村光恵とはどのような人物であったのだろうか（写真49）。

市村は、一八七五（明治八）年に高知県で生まれ、東京帝国大学法科を卒業し、京都帝国大学教授をつとめた学者である。専門は国法学であったが、そんな法学者がなぜ、このような議論を展開したのだろうか。永田の場合のように、その置かれている立場から考えられる議論の根拠が見えにくい。

しかし、彼の市の政策に対する主張は、第四章でもすでに登場している。一九一〇（明治四三）年から広まった四条通の道路拡築反対運動において、新聞紙上などでその論陣を張った学者であったのだ。「京都帝国大学の市村教授が、この四条通りの拡張案に反対し」周囲の店主にも反対の意見が広がっていったとされていたのである。その後、一九一九（大正八）年に公布された都市計画法にもとづく京都市都市計画委員会委員にも名を連ねている。

そして彼は、この記事を書いた半年ほど後に、第九代京都市長に選ばれている。ただし任期は、一九二七（昭和二）年八月から同年一一月までの三ヵ月ときわめて短い。第三章では、一九一一（明治四四）年の市制の全文改正により市長の行政権者としての権限強化が実現することを指摘したが、一九二六（大正一五）年の市制改正では、それまで官選であった市長が、市会による選挙で選ばれることになる。市村は、その最初の市長となるのだが、高級吏員の大量首切りなど人事問題で職員らと対立し、在任わずか三ヵ月で辞表を提出して辞めることになったのである。

つまり市村は、京都帝大の法学者でありながら、京都市の行政に対し積極的に発言を続け、その結果として市長に就任するまでになった人物であった。そして、この反論を書いた時点では、現状の市行政にそうとうの不満を持っていたことがうかがえる。東山の管理を市に移管することについて、次のような感情的とも思えるような書き方で批判している。

写真49　市村光恵

東山の京都に於る価値を知らざる市理事者と都市経営に就て何等知識をもたない議員とを混入している市会が一所になったら、どんな突飛な事をして取返しの付かぬことを仕出かすか判ったものでない。

論争が示すもの

さて、この二人の『京都日出新聞』紙上の論争は、われわれに何を示してくれているのだろうか。まず最初に確認しておかなければならないのは、きわめてリアルな政治的対立である。永田は、先述したように、一九二七(昭和二)年に土木局長兼電気局長まで上りつめながら京都市を辞めることになるのだが、その経緯を、先に紹介した『爾霊録』のなかで、公判での裁判長の尋問への答えとして、次のように記している。

極く平たく申しますと、当時の市村市長と喧嘩をして辞めたのであります。市村市長が私に何等の御相談もなしに、当時の京都市の土木局並に電気局の幹部級八名ばかり馘首したのでありますす。当時私は長く京都市に居りました為、少し語弊があるかも知れませぬが、土木局並に電気局官吏全体が私の部下若くは同僚と云ふやうな関係にあったのであります。それが突然八名ばかり幹部が馘首されましたので、私自身としては電気局兼土木局長と云ふ風に厚遇された形になりましたけれども、自分の心持としてどうしても職を続けることが出来ない感情を持ったので、辞表を提出したのであります。（中略）市村市長も引続き辞職されました。

つまり、市村による高級吏員の大量首切りとは、現状の市政に対する不満から、市長就任後ただちに市政の刷新をめざして実行されたものだったわけだ。これは、第三章で見た一九一一（明治四四）年の市制改正により、市官吏にたいする懲戒権を市長が独占するようになったことを根拠としている。しかし、その馘首の対象となったのは永田の部下である土木局と電気局の幹部級の職員だった。二人は、この新聞紙上の論争でもうかがえるように、市村が京都市に迎えられる前から対立していたのであろう。それが、市村の大量首切りで決定的になり、永田は京都市を去った。そして同時に、この混乱の収拾がつけられず、市村も市長を辞職することになったわけだ。

もちろん、この現実的な政治的対立が、東山の風致に対する認識の違いを招いたわけではない。しかし、逆にこの東山をめぐる論争が、政治的確執だけで戦わされたわけでもない。そこには、東山の風景や観光開発をめぐる大きな認識の差が存在し、それは政治的対立の根幹をなす認識の差にもつながっていたと見ることができるであろう。

永田の側の認識でもっとも特徴的なことは、先述のとおり米国での山地・森林に対する観光開発事業にもとづいていることである。それは、米国において、増大するレクリエーション需要に対応するために、保護林としてきた国有林にレクリエーション施設を設置し開発するという政策により、第一次大戦のころから進められた事業である（伊藤［一九九一］）。

さらに加えれば、やはり米国で起こった「都市美」の価値観に根ざしていることも指摘できるだろう。たとえば、彼は次のように都市美という言葉を実際に使っている。

> 人工的に都市美を発揮せしめるためには莫大な経費を要し外国諸都市の施設と肩を並べる事はとても早急には実現出来るものではないが、此の天恵の自然（東山）を活用して遊覧散策に対する無限の宝庫を開拓することは最も容易にして且つ最も策を得たるものと信ずる。

都市美という概念は、一九世紀末の米国の都市美運動（City Beautiful Movement）に由来する。都市の人工的な環境のなかに、ピクチャレスクな自然景観を持つ公園等がつくられるなどの成果を示した。わが国でもその運動を背景として、一九二五（大正一四）年に東京都政調査会が組織した「都市美研究会」（後の「都市美協会」）の運動から広まっていった。この会は、機関誌『都市美』を発行しながら、全国で積極的な活動を展開した。その主張とは、都市景観の美しさこそが都市生活者にとって重要であるというもので、広告物の取り締まりや電柱撤廃に関する建議なども行った。

三大事業の道路拡築に携わってきた永田にとっても、都市美の価値を論じることは重要なことであったはずだ。「京の山と京の川」には、以下のような記述もある。

時代は既に移り進んでいると思ふ、四条橋畔の「菊水」白川口の「曙」三条橋畔の某銀行の建物を透して見た東山の眺めは最早や所謂京の景色ではない、是れは漫然放任すべきではなくして大いに研究すべき面白い問題ではなかろうか。

挙げられている建物は、いずれも近代的意匠の建物である（大正一五年・一九二六年竣工の「菊水」は今でも健在である。写真50）。永田は、東山を、このような近代建築がつくり出す都市景観の先に見ようとしたのである。つまり、都市の人工的景観のなかに、自然の景観の要素として東山を捉えようとしたわけだ。だからこそ、山容が維持されるのであれば、東山は近代的な「施設」としてつくり変えることができると主張したのである。

さて、一方で市村の反論が依拠するものは何か。彼の主張も明快で、徹底して山容を保護しようとするものであった。先述のとおり、京都周辺の山地は明治初期に荒廃するが、官有林となり禁伐が強化されることでしだいに森林の山容をつくり出していった。そして、一九二二（大正一一）年には多くの山地を含む地域が都市計画区域とに指定されるのだが、市村はその風致保全は、徹底した山林の保護でなければならないと指摘したのである。

その保護政策の主張を支える根拠となっていたと考えられるのが、林学である。そのことは、「工学士としての君（永田のこと）には林学のことは判りにならなんかも知れないが」として、工学的発想に林学を対峙させ、永田の提唱する樹林の下草を取ることなどが、山林荒廃のもっとも大きな要因となることなどを説明していることで端的にわかる。ここで市村は、人工物をつくる技術ではなく、自然を保護する科学を持ち出して主張しているのである。

たしかに、このころには上原敬二や田村剛らの林学者による山林の保護とその技術についての主張が広く注目を集めるようになっていた。もちろん、彼らの保護の主張は、観光資源として山林の経済的価値を認めたうえでのものである。山林の風致が観光資源として認められるようになってきたのだから、その山容をそのまま保存しなければならないとする主張である。市村の主張も、それにそのまま拠ったものであった。

技術者万能主義への批判

では、この論争は観光資源として捉える東山を、都市インフラのひとつとして積極的に開発するか、風致保護の対象として保全するのかという図式として描かれるものなのだろうか。たしかに、この両極端とも思える観光資源としての山林に対する理解は、この時代の二つのとらえ方を典型的に示しているといえるのだが、その背景には、二人の政治的基盤による違いを見いだすことができるのではな

写真50　1926(大正15)年、上田工務店
背後には東山の山並みが見える

いか。

その点で、もうひとつ市村の主張で見逃してはいけないのが、この「郷土美を犠牲」にしてはいけないという指摘であろう。市村は、反論の最後に次のように主張している。

起て七十万の市民。京都は日本の京都である。否世界の京都である、若し此郷土美に破壊の一指を染んとするものあらば、夫れが郷土美を犠牲に供して私腹を肥さんとする者ならば尚更の事、例令動機の善なるものがあつても、（中略）断乎として之を排斥しなければならぬ。

昭和初期のこのころ、急速な都市インフラ整備により進んだ環境の近代的な改変に対して、歴史的な遺構だけでなく、山地や境内地の林、あるいは屋敷林のような、その土地固有の自然景観を「郷土風景」として捉え、その保護を訴える主張が日本中で起こってくるようになる。中嶋節子が指摘するように、そうした愛郷運動は、京都においても強く展開され、東山はその郷土風景の典型として捉えられたようだ（中嶋［一九九四］）。

そこでは、自然の風景を保護することは、個々の住民の郷土愛により実現することとなると考えられたのである。つまり、京都の住民が京都という郷土を愛するのであれば、それはおのずから自らの山の風景としての東山を守ることとなるはずだ。市村の主張は、そうした愛郷精神に訴えるものとなっている。

市村は、京都市政を批判しながら、その根拠に住民の意思を置こうとした。これは、四条通の道路拡築反対運動における彼の主張と同じであると考えられる。道路拡築では、住民による直接的な行動を支えようとした。それに対して、この東山論争では、住民側から東山開発の反対運動が起こっていたわけではないが、住民の意思を愛郷運動に託されたものとして主張の根拠としたと理解できるだろう。

市村が土木局・電気局の技術官吏を大量に解雇した理由は、琵琶湖疏水事業以来の土木技術官吏がリードする「技術者万能主義」を排除するためだったとされる（白木［二〇〇一］）。つまり、この東山の論争の時点において、「都市専門官僚制」への移行が進んでいた状況がある。一九一一（明治四四）年に行われた市制の全文改正により市長の行政権限が強化され、その下に専門技能者が集まり、さまざまな都市インフラの計画・事業化が都市間競争のなかで進められるようになった。京都の場合は、とりわけ琵琶湖疏水以来の伝統として、土木技術者が数多く集まり、強大な行政機構をつくり上げていたと考えられるのである。

前章で見たように、議会という公共圏において、町＝共同体を基盤とする家主・地主を中心とした名望家による支配の傾向は、少なくとも大正期にいたるまで続いていた。しかし、市長の行政権限が強まり、強大な行政機構がつくられていくと、そうした議会は政策決定をリードする役割を失っていくことになる。

市村が危惧した「技術者万能主義」とは、そうした行政の専門官僚制化と議会の役割低下の状況を指すともいえるのである。それに対して、市村は住民の意思を基盤とする行政のかたちを目指したのではないか。それが、従来の町＝共同体を基盤とする名望家支配の議会を想定していたのかどうかはわからないが、少なくとも「技術」という絶対的な規範だけで制度や政策が決まっていくあり方は否定したかったのだろう。

しかし、すでに電気局・土木局を中心とする強固に築かれた体制の前には、どうすることもできなかった。市村の市長の辞職は、そのように理解することができる。

ここであらためて注目しておかなければならないのは、市村の主張が、東山の保護だけでなく、四条通の拡築においても、共通して風景の変容にかかわる事態に対して行われていることである。どちらも、住民の意思を集約し共同化することで、環境やそれがつくり出す風景を保存する価値を創造することを訴えているのである。そこでは、風景とは、住民の意思を集約して議論する、おそらく唯一の拠りどころであると考えられるのである。

しかし、そうして市村が目指した住民による風景価値の創造は、その後さらに困難な状況に陥っていくことになる。林学によって主張された山林の保護において、一九三〇年代ごろから都市と自然景観を結びつける考え方が強くなっていく。手つかずの自然のままに放置するのはむしろ風致の保護にはならないとされ、風景計画という考え方が強く打ち出されていくこととなるのだ。永田の主張するような極端な施設開発が主流になったわけではないが、造園学を中心として風致施業、つまりよりよい景観を人工的につくり出す植林などが積極的に実施されるようになっていく。中嶋節子は、そうした状況のなかで、京都でも、国有林に見られたそれまでの禁伐政策が否定され、嵐山と東山で積極的な風致施業が実施されていった状況を明らかにしている（中嶋［一九九四］）。

そして、永田の主張した、山のなかに分け入りレクリエーションを楽しむための施設も、この論争の時期から、京都でも次々に設置されていくことになる。空中索道（ロープウェイ）は、一九二〇年代の後半に、旅客用の索道技術の開発が進み、ちょうどこの論争が掲載された一九二七（昭和二）年に、日本で最初の旅客索道が三重県熊野街道矢ノ川峠に架設され、その後全国で利用されるようになっていく。京都でも、その翌年の一九二八（昭和三）年に、京都電燈が比叡山空中ケーブルを開業している（現在の叡山ロープウェイ）。また、ケーブルカーについては、すでに一九二五（大正一四）年に、八瀬—比叡山間のケーブルが開通しており、一九二九（昭和四）年には愛宕山へのケーブルも開通することになる。

結局、市村が排除しようとした技術者万能主義は、都市間競争によって都市基盤の整備・開発が最大の課題となっていくなかで、さらに強固なものとなっていくことになった。では、その先にはどのような開発がありえたのか。そしてどのような京都の風景が生み出されることになったのか。それを次章で検証する。

第九章 土地区画整理に見る都市専門官僚制

京都だけで実現した土地区画整理

これまで扱ってきた京都の都市改造事業や、風景の創出をめぐる出来事の経緯は、土木技師を中心とした行政執行機構の成立の過程を示すものであり、同時に名望家支配の議会が役割を失っていく過程であったといえるのだろう。では、そうして確立される専門技能者による行政機構により、何が失われることになり、逆に何が実現できることになったのだろうか。そして、そのことにより京都の街にどのような都市風景が現れることになったのだろうか。ここでは、そのことを検証することとする。そこで取り上げるのが、土地区画整理事業である。

すでに述べてきたように、一九一九（大正八）年に、わが国で初の都市計画法が公布された（現在の都市計画法はこの法律を廃止して同じ名称で新たに定められたもの）。これにより、京都の三大事業に見られた道路拡築など、それまで各都市で取り組んできた都市改造事業は、この制度の枠組みのなかで実施されることとなったわけである。一方で、この制度をつくることにより初めて可能となった事業もあった。それが土地区画整理事業である。そして、この事業はその後、広く急速に日本中に波及していくことになった。

土地区画整理とは、地主ごとの境界線を一度取り払い、一団の開発対象地区を設定して、土地の区画を合理的に整理することである。その後、地主ごとに整理された土地が再配分されるが、その際には、道路の拡幅や公園等の敷地が公用地として提供されることになる。これを減歩といった。この事業により、市街地における土地の価値が上がり、同時に公用地が確保できるわけだ。

この事業は、東京における関東大震災後の震災復興事業のなかで中核の事業となることにより、その経験が全国に普及することになったとされる。しかし、震災復興の土地区画整理の場合は、強制力を強化した特別都市計画法などの存在が背景としてあったので、他都市が東京と同様の手法で事業計画を立てられたわけではない。一方で、全国一の「区画整理の都市」とされた名古屋市のような例もある。名古屋では、都市計画法成立の以前から、農地を整理する目的の耕地整理法を使って、実質的に市街地の土地区画整理を実現する事業が広範囲で見られ、都市計画法以降にはさらに大規模に土地区画整理事業が実施されることとなった。いずれにせよ、日本の大都市ではどこでも、規模の差はあるものの、一九三〇年代以降、都心周辺部の広範な土地で土地区画整理が実施されることになったのである。

京都でも同様に一九三〇年代に、この土地区画整理が実施されることになる。ただし、京都の事業は他都市と異なる大きな特徴を有していた。その特徴が、これまで見てきた京都の街を近代的に再編しようとしてきた経緯とどのように関係するものであったのか。そうした観点から、あらためてこの事業を検証してみよう。

さて、現在の京都市内の地図を見ると、いわゆる碁盤の目の町割りが広範囲に広がっているようすがわかる。ただしこれは、平安京建設時の条坊制が、そのまま拡大したものではない。四条通、烏丸通などの第三章以降で見た三大事業の道路拡築は、既存の道路の拡築を実現したものだが、その周囲に、その碁盤の目の道路網を拡張するように計画的に新しい道路がつくられ、碁盤の目の市街地が拡張されることとなったのである。それが、一九三〇年代を中心に、都市計画事業として取り組まれた道路新設と土地区画整理事業によって実現されたものなのである。図18が、その実施された地区を示したものである。市街を取り囲む現在の東大路通・北大路通・西大路通・九条通などの幹線道路が新設され、その沿線に広範に区画整理が実施されている。この事業によって、京都では市街地が周辺部に拡大するなかでも、整然とした市街地空間が実現されたわけである。

この土地区画整理事業については、すでに都市計画史の立場から、鶴田佳子・佐藤圭二による分析がある（鶴田・佐藤［一九九四］）。そこでは、この事業が一九一九（大正八）年に公布された都市計画法の

図18　京都都市計画地図（都市計画路線及街路網図・都市計画地域指定参考図）
1926年9月作成

もとで実施された全国の土地区画整理事業のなかで、唯一、都市計画事業として実施されたものであったことが指摘され、その都市計画史上の意義が検証されている。

都市計画法においては、土地区画整理は民間により任意に行われる事業と、公共団体により強制力をもつかたちで実施される事業が想定されていた。しかし、実際には、地主が中心となる民間による事業として行われる土地区画整理が大半であり、強制力を持つ都市計画事業として実際に実施された土地区画整理は、京都でのこの事業が最初で、かつこれがほとんど唯一のものだったのである。

民間による土地区画整理の場合には、個々の区画整理地どうしの関係に計画性をうかがえるものが少ないのに対して、京都におけるこの土地区画整理は、図18でわかるように、市街外周の幹線道路沿いに整然と整理地が並ぶもので、そこにはたしかに強い計画性をうかがうことができる。第七章で述べたように、京都市は一九一八（大正七）年に周辺町村を合併して京都市域を拡大した。土地区画整理が実施された外周の幹線道路は、まさにその新しい市域を貫き結ぶ街路であった。つまり、この土地区画整理事業には、新しく市街化が進むことが予測される地域を、新設街路とともに整備しようとする明確な計画企図を読みとることができるのである。

こうした画期的ともいえる京都での土地区画整理事業については、当時からそれを評価する声もあった。たとえば、戦前に都市問題や労働問題を論じていた楠原祖一郎は、都市計画の専門誌における「京都市とその田園計画に就いて」という記事において、「我国の都市計画施行都市中、所謂田園計画（ガーデン・プランニング）を以て都市計画事業として居るのは京都市だけであると私は記憶して居る」

とし、市域に編入した未整備の郊外を対象とした計画であったことを評価する。ただし、それまでの郊外地における京都市の都市計画事業はほとんど手つかずであったことについては批判するが、しかしそれでも「京都市は我国都市計画施行都市中率先して土地区画整理事業を、都市計画事業の一部として実施せんとするに決定して居る」ことを評価し、「此の点に於て同市は実に我国の都市改良政策に対して一大センセーションを巻き起こしたものと云ひ得るであろう」とした（楠原［一九二八］）。

では、その「一大センセーションを巻き起こした」とする事業はどのような経緯で実現したものなのだろうか。

計画立案と最初の道路事業

前述のとおり、戦前のわが国における土地区画整理事業の大半は、都市計画法以前の耕地整理事業も含め、土地所有者を中心として自主的に組織された土地区画整理組合による施行であった。都市計画法では、都市計画事業として強制力を持って土地区画整理を実施する施行が規定されたが（一三条認可）、それに加えて、そうした民間施行の方法も条文の中に明確に規定されていた（一二条認可）。

ここで取り上げる京都の土地区画整理事業は、都市計画事業の規定に従った事業（一三条認可）であった。ただし、それは行政がすべて実施するものとはならない。実際の事業実施においては、土地所有者による地区ごとの土地区画整理組合の設立が求められる。つまり、土地区画整理の設計は行政が行うが、実際の施行は民間によって結成される組合によって行われることを誘発・誘導することが求められたのである。それでも、組合設立にいたらなかったり、事業が進まなかったりしたケースについては、京都市による代執行が行われている。ちなみに、この代執行によって土地区画整理が行われたのも、都市計画法のもとでは京都の事業だけであった。

また、この京都の事業のもうひとつ特筆すべき特徴として指摘できるのが、既成市街地を取り囲むように設計された環状幹線道路に沿って土地区画整理地が設定されたことである（図15）。このように、土地区画整理と都市計画道路整備を同時に推進する手法は、道路沿いに発生してしまう残地の扱い、あるいは事業費の増大への対処といった、当時の土地区画整理が抱えていた課題を解決する有力な手段として、当時の都市計画行政担当者において共通の認識としてはあったようである〔鶴田・佐藤［一九九四］〕。しかし、実際にこの手法を、都市計画法のもとで、市街全域を囲むような規模で実現させたのは、わが国では京都だけであったのだ。

ではなぜ、都市計画法やその施行に携わる人々により想定されていた事業手法が、京都だけで実現したのであろうか。そのことを明らかにするために、以下にこの計画立案の経緯を検証しよう。実は、この京都の都市計画事業は、最初から環状幹線道路沿いの土地区画整理というかたちで計画されていたわけではなかった。当初は三つの別々の計画が進められていくなかで、それらが重ねあわされた結果として実現されているのである。そして、そこに見られる紆余曲折に、この事業をつうじて行政内に成立していく都市専門官僚制のありようをうかがうことができるのである。

その計画立案のスタートラインとなるのが、環状幹線道路を中心とした道路計画が、都市計画事業として一九一九（大正八）年末に計画決定されたことである。これは、一九一八（大正七）年に東京市区改正条例が横浜市、名古屋市、大阪市、神戸市と同時に京都市に準用されたことを受けての計画であった。東京市区改正条例は、帝都・東京での市区改正の事業を進めるために、内務省によって一八八四（明治一七）年に公布されたものである。それが、同様に市区改正を必要とした五つの都市にも準用されることとなったのである。

この翌年には都市計画法が公布されることになるのだが、準用が決まった京都では、このときから大規模な都市改造事業計画の立案が進められることとなる。ただし、重要なことは、この市区改正準用も、その後の都市計画法と同じく国（内務省）が計画決定するものであったことだ。とはいえ、その計画を決めるために都市ごとに設置される市区改正委員会には、内務省側の委員に加えて地方ごと、具体的には市会議員などが加わることになり、市側が作成したものを基本として計画決定が行われるという、地方の計画意図が反映される仕組みにはなっていた。

これ以降、都市計画法による都市計画委員会での経緯もふくめて、その政治的過程については、『京都市政史 第1巻』（二〇〇九年）に詳しい。それによれば、市区改正条例準用が決まった直後から、京都市では新たな都市改造に向けた積極的な計画案の作製を開始する。市役所の調査課の下に市区改正係を置き、その係長には、前章で見た永田兵三郎が任じられた。工務課長との兼務であった。その後、都市計画法が成立すると、京都市には都市計画委員会が設置され二六人の委員が任命された。そして、その事業の中核となる道路拡築や市電の敷設については、永田工務課長が中心になりその計画が立案されることになったという。

その後も、都市計画にかかわる部局はさらに拡充されていくことになる。一九二〇（大正九）年には、市区改正係が置かれていた調査課が都市計画課となり、その課長に永田兵三郎が就任する。さらに、一九二二（大正一一）年の組織改正では、都市計画課がさらに都市計画部として再編され、土木部長に就いた永田が、この都市計画部の部長も兼務することとなった。

京都市が市区改正条例準用以降、このように都市計画事業の立案を積極的に進めた背景には、前章で指摘したような都市間競争の意識がある。とりわけ、準用に指定された東京以外の五都市間の競争は激しいものとなっていったようだ。実際に大阪市でも、都市計画事業に対してきわめて積極的な取り組みが進んでいた。京都は、それまでの東京、大阪とともに三都として称される位置から脱落することさえ意識されていたようで、やはり市役所をあげての取り組みになった。

京都市による当初の計画では、とりわけ道路計画において、積極的なものが提示されることになる。それは、市街周辺部での道路の新設が中心であったが、一部には既存道路の拡築計画も含まれていた。そのなかで、特に問題となったのが、南北に新しく拡築されることとなる河原町通であった。それは、第三章、四章で見た明治末の三大事業の拡築道路の構成に、新たな南北軸として設定されることとなった道路である。

最初の市区改正委員会では、河原町通ではなくその東に通る木屋町通の拡築が一票差で決まった。

しかし、その案だと、木屋町通に沿って流れる由緒ある高瀬川を暗渠化することになってしまう。これに対して反対運動が起こり、市会もそれに応じるかたちで、木屋町通以西の通りとすべきとする意見書を提出する。しかしその後、河原町通でも、道路沿いに小商店が多く、立ち退きに対する不安が大きいため拡築に対する反対運動が起こる。その後も、他の道路の拡築の工事が始まっても、この問題だけは決着がつかなかったが、一九二二（大正一一）年に開催された第三回の都市計画京都地方委員会において、ようやく河原町通の拡築が決定されることになった。

たしかに、この河原町通の拡築をめぐる紆余曲折には、高瀬川の風致の保存や拡築にたいする買収の補償の問題なども絡み、興味深い点も多いのだが、ここで着目したいのは、その拡築街路の選定や計画を誰がリードしていったのかである。国（内務省）が決定権を持つといっても、木屋町通の問題などは市会レベルで議論され、それが地方委員会に上げられ、そこで再び地方側の委員も含めた議論となる。そうした一連の議論のイニシアティブを実際にとる人物が必要であったはずである。

市区改正条例準用直後に設置された市区改正係を任じられ、そして都市計画法以後の京都市の都市計画委員会において中心となったのは永田兵三郎工務課長であった。さらに、都市計画京都地方委員会における京都側の委員にも、その永田兵三郎工務課長が加えられているのである。市区改正京都地方委員会では、会長が内務次官であり、内務省側の委員の比率が高かったが、都市計画京都地方委員会になると、会長が京都府知事となり、加えて市側の実務を実際に掌握する官吏として永田も加えられたのである。

こうした経緯から、この後に進められた都市計画法に基づく実際の事業、すなわち道路の新設・拡築と土地区画整理事業の計画は、この永田兵三郎を中心に立案されたものであることがわかるだろう。

では、その最初に構想された市街周辺部に新設される道路計画とはどのようなものだったのか。すでに京都市では、第三章以降で見てきたとおり、一九〇八(明治四一)年から三大事業として中心部の街路の拡幅と市電の敷設が行われていた。そこでは、行幸道路として位置づけられる烏丸通を中心として、市街中心部の幹線道路のおよそ二一キロメートルが拡幅・整備された。一方で、第七章で見たとおり、一九一八(大正七)年には、朱雀野村、下鴨村など一六町村が市に編入される。そこで、この新市街をも取り込むかたちで、整備された中心部の幹線道路と接続・展開する新しい計画幹線道路の計画が必要となり、これを東京市区改正条例準用とその後の都市計画法に基づく道路計画として実現しようとしたのである。

具体的には、一五事業路線計画と名づけられることになり、およそ四四・四キロメートルにもおよぶ、一五に分類された新設および拡幅が計画された。そのなかでも、現在の東大路・北大路・西大路・九条通(一号線および三号線)と白川通の一部(四号線)は特に重要であり、これらが新しく計画された道路網の最外縁を形成する幹線道路と位置づけられた。

この市街周辺部の幹線道路新設を中心とした一五事業路線計画は、一九二一(大正一〇)年からの一〇ヵ年事業として計画され、順次事業が実施されていくこととなる。しかし、そこにおいても反対運動が立ちはだかった。計画では、莫大な工事費用の多くの部分を受益者負担金でまかなおうとしたのだが、この受益者負担金をめぐりいくつもの反対運動が起こったのである（石田［一九八七］）。それは、資料で確認できるものだけでも、六路線で一一件にのぼった。さらに、そのうちの五件は、訴訟にまでいたっている（高田［一九三一］）。

都市計画事業の財源問題は、日本の都市計画の歴史において常につきまとう課題であり、そのいわば矛盾としてある極端な受益者への負担に対する反対運動は、名古屋、東京、神戸などでも知られている。京都の四四・四キロメートルにもおよぶ道路建設においても、この反対運動が先鋭化したのである。

反対運動だけではない。京都市の財政そのものが逼迫するなかで、建設工費を確保することは困難をきわめたようだ。一九二四（大正一三）年には、その財源確保のために、市は市債の発行を申請するが、これも認可されなかった。そうした結果、この一五路線建設の事業は、一〇カ年計画の途中、五年後の一九二七（昭和二）年の段階で、わずかに六分の一にしか達していないという困難な状況に追い込まれることになった（高田［一九三四］）。一九二六（大正一五）年の都市計画京都地方委員会においても、前年に市長に就任した安田耕之助が大幅な工事の遅延を認めている（『日出』大正一五年八月三〇日）。

二つの土地区画整理事業

こうして、一五事業路線の建設が行き詰まるなかで、実はそれとは別に土地区画整理事業計画の基盤となる調査が進められていた。これについては、新聞の報道でその過程をある程度追うことができる。まず、後述のごとく一九二六（大正一五）年八月に、土地区画整理事業が決定した翌月の『京都日出新聞』が、以下のように伝えている。

そもそも都市計画幹線道路に統一ある補助道路を連絡せしむるの必要上、市がこの計画（土地区画整理事業計画）に着手したのは一九二二（大正一一）年五月ごろで、当時土木部長で都市計画課長を兼ねていた現電気局長永田兵三郎氏が外遊の直前、京都市敷地割調査報告書なるものを時の市長馬淵氏に提出したに始まり、市長は此調査報告を基礎材料として実施上の成案を得べく市参事会員、市会土木委員、同都市計画委員に理事者側から市長、助役、都市計画関係の幹部吏員を加へて敷地割調査会を設置し審議を委嘱した。（『日出』大正一五年九月七日）

つまり、一五事業路線の建設に着手した一九二一（大正一〇）年の翌年に、この路線計画をリードし、この時点では、土木部長であり同時に都市計画課長を兼務していた永田兵三郎が「京都市敷地割調査報告書」を提出し、これを受けて当時の馬淵市長が敷地割調査会なるものを設置したのである。この「敷地割」とは、都市計画事業路線に応じてつくるべき補助道路の設計を中心としたものだったようで、まさに土地区画整理の実質的な設計の基盤となるものであった。

さらに、この調査会での調査作業と並行して、「平安京時代を中心に京都に於ける敷地割の歴史的事情を調査し又は外国の例を取り、如何なる補助道路の配置に依り敷地割の整備を期すべきか」という具体的な計画案の作成を、京都市都市計画課が取り組んでいたという。

この調査会と都市計画課の作業は、一九二三（大正一二）年に「大体の結了を告げ」、永田が外遊から帰国後に成案を得ることができたという。そして、その成案は、翌年都市計画事業として、計画の最終決定権者である内務大臣に内申するために、京都府知事に提出された。しかし、その後、京都府知事は、この成案を一年間ペンディングしてしまう（『日出』大正一五年九月七日）。

新聞報道では、そのペンディングの理由は、知事が独自の修正意見に固執したからであるとしている。この知事とは、一九二四（大正一三）年、つまり市からの敷地割の成案の提出を受けた直後に就任した池田宏である。池田宏は、内務省都市計画課長として都市計画法の立案に深くかかわった人物である。後述するが、おそらくここでの池田のペンディングは、都市計画の監督・管理の権限を持つ知事として、都市計画法の理念に照らした批判を加えようとしたものと推察できる。

一方、知事により敷地割、つまり実質的な土地区画整理案をペンディングされた京都市は、知事に成案を提出した一九二四（大正一三）年に、「都市計画敷地割調査会規定」をあらためて制定し、区画整理のための補助道路と敷地割についての、より精緻な基準について審議を進めていった。この委員会委員には、府市関係者だけではなく、京都帝国大学の土木工学の権威であった大藤高彦や、本書でも繰り返し登場してきた武田五一なども嘱託されている（『京都土地区画整理事業概要』一九三五年）。

こうした経緯で進んだ敷地割の計画であるが、当初の調査会で審議が進められた計画案では、既成市街地を囲む環状幹線道路の沿線に土地区画整理事業を実施するというアイデアは含まれていなかった。都市計画敷地割調査会がスタートした翌年、一九二五(大正一四)年に京都市土木課が出版した『土地区画整理』というパンフレットには、そのようなアイデアはいっさい書かれていない。そこでは、市街地周辺部での秩序ある発展を計画するためには、都市計画として実施する土地区画整理事業が最も合理的であるとし、それは「周囲部に於て特に急いで決定する必要」があるとしながらも、京都市は「敷地割調査会の議を経て、西南工業地域を除き、他の住宅地域の全部に亘り、一の設計案を得たのである」としている。そこに添付されている計画図に示された範囲も、既成市街地を取り囲む環状幹線道路沿線だけでなく、そこから外部へ広がる地域や市街中心部に接続する部分なども含む市内のほぼ全域にわたるものとなっていた。

この敷地割調査会による土地区画整理の成案は、あくまで都市計画としての強制力を持ったものとして作成されている。では一方で都市計画法にも規定されている民間施行による任意的土地区画整理(一二条認可)の状況はどうであったのか。実は、民間施行による土地区画整理も、京都市が主導するかたちで、都市計画法施行後に敷地割調査会の審議が続くなかでも行われていた。とはいえ、京都での民間施行による自主的な土地区画整理は、他都市に比べてまったく遅れていたという状況が指摘できる。

名古屋の場合に見られたように、都市計画法の施行以前においても、一八九九(明治三二)年に制定された耕地整理法を準用することで、都市部において実質的な土地区画整理を行うことは可能であった。実際に、明治の末ごろから高まりを見せた宅地開発の需要に応えて、名古屋だけではなく、東京、横浜、神戸などでも、そうした耕地整理の実施例が見られた。これに対して京都では、この市街化目的の耕地整理がまったく行われてこなかったようだ。耕地整理の実施例はあるが、それらは純然たる農地で実施されたものであった（鶴田・佐藤［一九九四］）。

一九一九（大正八）年公布の都市計画法において規定された民間による任意的土地区画整理（一二条認可）は、もちろん都市計画事業のなかに位置づけられたものだったが、実際の施行は耕地整理法をそのまま準用するとされていて、法的に不備な部分も多く、行政による補助が期待できない限り、当初はこの制度での区画整理はほとんど実現しなかったようだ（石田［一九八六］）。

そうしたなかで、耕地整理による区画整理が遅れていたということもあってであろう、京都市は、比較的早い時期から積極的に都市計画法による市街化を目的とした任意的土地区画整理を誘導しようとした。一九二五（大正一四）年五月に、民間による区画整理に対して奨励・援助するために「京都市土地区画整理助成ニ関スル規程」を定めている（『京都土地区画整理事業概要』一九三五年）。

こうした誘導策は奏功し、同年一〇月には、最初の民間による組合施行として小山花ノ木土地区画整理が認可され（図19）、その後も、都市計画事業一五路線の外周幹線道路のうち、現在の北大路通（一号線）のさらに北側に位置する地域を中心に、相次いで自主的な組合施行による土地区画整理が実現していった。その状況は、認可の申し込みがあまりにも殺到したため、京都市の職員が足りなくなる事態まで引き起こしたようだ。「市の区画整理は土木課が種々宣伝に努めた結果、地主連が自覚し続々申込んで来る様になつたが、係員不足のため如何ともする事が出来ない状態に陥つた」という状況であったという（『日出』大正一四年九月一八日）。そのため、翌年には、測量設計、技術員の派遣、事務手続きなどを支援するための土地区画整理課が新設されている。こうした地域での積極的な事業認可の状況を見て、京都市は土地区画整理を、都市計画事業施行における有力な方法として捉えることになったのではないかと推察できる。

ただし、並行して審議が続いていた都市計画敷地割調査会の補助道路の設計と、この民間施行の区画整理の設計とに齟齬が生じる可能性もあった。実際に、一九二六（大正一五）年に京都市の都市計

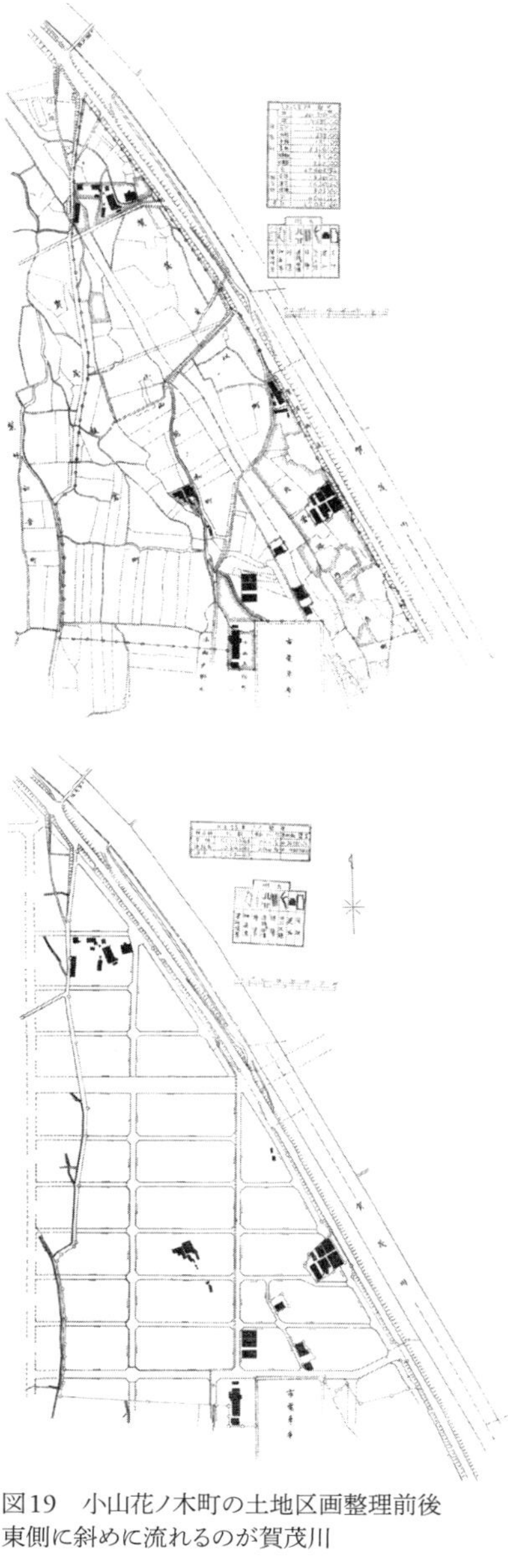

図19　小山花ノ木町の土地区画整理前後
東側に斜めに流れるのが賀茂川

画土地区画整理案が提出されたときの説明で、当時の土木局長は、京都市では「助成規定を設けて自発的に土地区画整理をなさむとするものの」、「此方法のみに依りては地主にして其の必要」、つまり郊外地での秩序ある発展を「了解せざる者ある場合多く全市の周囲部が土地区画整理によりて系統あり統一ある市街地の発展をなすことが出来ぬ」と指摘している（『日出』大正一五年二月一三日）。結局、京都市は土地区画整理の政策において、当初は民間施行の事業を誘導しようとしたが、それまでその政策を怠ってきた事態を逆に利用するかたちで、市街地周辺での強制力を持った土地区画整理の実現に向かったとも解釈できるのである。

いずれにしても、一九二六（大正一五）年に京都市による市街周辺部での環状幹線道路沿線の都市計画土地区画整理計画案が成立して以降は、京都市による土地区画整理事業の支援は、当然ながらこの都市計画土地区画整理地に集中していくことになる。その結果、民間による組合施行（一部には個人施行も含まれる）の土地区画整理地は、環状幹線道路からさらに北に位置する北部地域などに限定されることとなった。

なお、その後京都府でも一九二七（昭和二）年に、実地調査、測量設計、工事監督などについて助成する「土地区画整理助成規定」を設けている。

都市計画土地区画整理の成立

以上のように、都市計画事業一五幹線道路の建設と、都市計画土地区画整理についての敷地割調査委員会の計画案作成、そして民間施行による土地区画整理という三つの事業が、一九二五（大正一四）年から数年間の間、並行して進められていたことになる。その過程において、幹線道路建設と都市計画土地区画整理の二つの事業を合わせて集中的に進めるアイデアが登場することとなった。この計画案は、どのように成立したのであろうか。

最も切実だったのは、都市計画事業一五幹線道路の建設が進まなかったことである。建設費の受益者負担に対する反対運動があり、もとより建設費の捻出が困難な状況のなかで、「市当局も頗る焦慮し、何とか行詰りの局面を展開して促進の途を講ずべく、真剣の研究に取掛つた」という（『日出』大正一五年八月三〇日）。とりわけ、既成市街地を取り囲む環状道路の新設は遅れた。限られた予算で優先されたのが、河原町通（第五号線）などの中心部の幹線道路の拡築であったという事情もあった。

また、そこには市街電車のレール幅統一という課題もあったようだ。一九一八（大正七）年に京都市は、京都電気鉄道の市街電車の事業を買収するが、「例の三大事業によつて生れた市営の広軌電車と日本最古の布設にかかる狭軌電車の二種があつて市是として是非とも何等かの機会に於て之を統一せねばならぬといふ議論が喧しかつた時代であつた為め、都市計画の郊外線は後回しにして軌隔統一の必要上」中心部の道路拡築が優先されたのだという（『日出』大正一五年七月三日）。

そうした困難な状況を受けて、この環状道路と土地区画整理を抱き合わせる研究が始まった。報道によれば、その「研究」が具体的にスタートしたのは、一九二五（大正一四）年の五月であり、主導したのは、当時の京都市助役・田原和男であったという。その「研究」では、建設費をすべて起債に頼る、あるいは都市計画法に定められた地帯収用、つまり周辺も含め必要となる土地を取得する、あるいは「外国に其の例を見る都市政策」を研究するなどの案が考えられたが、どれも実現が難しく、そこで、用地を買収せずに実施できる都市計画土地区画整理による方法が考えられることとなった。「これならば経費も比較的軽く、本市の財政上適当なる促進方法であらうという事に意見一致」したという（『日出』大正一五年八月三〇日）。

その具体的な方法としては、まず建設を優先すべき計画道路を、都市計画一五路線のうち、第一号線と第三号線の全部と第四号線の一部という、既成市街地を取り囲む環状道路に設定した。そのうえで、それぞれの道路沿線の両側へ一号線と三号線は一五〇間（約二七〇メートル）、四号線は一二〇間（約二二〇メートル）の地域に限定して土地区画整理地を定める。そして道路用地をそれぞれの土地区画整理地内の地主から提供させる。しかし、反対運動の原因となった受益者負担金は免除し、京都市は地上物件の移転補償費と道路築造費を負担するというものであった。この方法ならば、道路用地の買収の経費もかからず、反対運動も抑えられるはずであり、懸案としてあった都市計画事業一五幹線道路の建設を促進しながら、さらに計画されていた都市計画土地区画整理も実施できる。つまり「一挙両得の一策」であったわけだ（『日出』大正一五年五月二一日）。

この計画は、当初、田原和男助役と安田耕之助市長、それに都市計画事業一五幹線道路の立案をリードした永田兵三郎都市計画課長（当時）の三人が中心となり、細部の計画を詰めていったようだ。その作業は、「外部に計画が漏れて種々なる制肘や、干渉運動の起らん事をおそれ、極力秘密のうちに」行われ、「毎日午後四時の退庁時間まで素知らぬ顔で普通事務を鞅掌した退庁時間後、こつそりと一室に額を集め、田原所管助役とともに具体案の研究調査に没頭する事連夜、時に徹宵調査立案を進めた事も屢々であつた」という（『日出』大正一五年八月三一日）。

その成案は、計画道路建設の打開策の「研究」がスタートした同じ年の一〇月になって、京都市会において市長から提起されるにいたる。そしてそれは、同一一月に京都府知事・池田宏により、内務省の都市計画京都地方委員会に申達された。ただし、この計画案は、土地区画整理事業として見た場合には、敷地割調査会が策定した全面的な都市計画土地区画整理のうち、環状幹線道路の沿線にだけに限定・縮小したものとなっている。そのことに対して、池田は批判をしている。池田は「断片的に区画整理を施行する時は都市計画による道路網に支障を来す様な虞がありはせぬか」と指摘し、「若し区画整理を行ふならば該方面全体の地に亘つて施行されたいといふ希望」を述べた。

これに対して京都市は「市としても無理からぬ希望ではあるが全体の地域に亘つて一斉に施行するといふ事は困難であるし、大都市計画道路網に副ふ様に計画設計されてあるのだから如何しても認可を得たいと」主張したという（『日出』大正一四年一〇月二八日）。しかし、内務省に申達する際にも、池田は独自の修正意見を付議したようである。先述のとおり、池田は都市計画法の生みの親ともいえる存在である。新聞はそのことも理由だったろうとして、「斯界の権威者を以て任ずる池田知事は自分の意見が本省に於て滅茶滅茶に叩き壊され市の立案に拠つて諮問する事となつたのであるから、多少は面目問題も加味されるであらう」としていた（『日出』大正一五年八月一二日）。

そして、この京都市の計画案は、翌年一九二六（大正一五）年二月に大正一五年度の追加予算として提出された都市計画事業遂行案として京都市会で可決され、同年八月に都市計画京都地方委員会にて成立をみることとなった。ここに、総面積三一三万坪（一〇三五ヘクタール）におよぶ、わが国初の都市計画土地区画整理事業がスタートすることになったのである。その後、一九二八（昭和三）年には、さらに計画地に隣接する地域で将来自発的な施行の見込みがない区域が追加され、総面積は、四二五万坪（一四〇五ヘクタール）となった（『京都土地区画整理事業概要』一九三五年）。

施行の過程

当初の敷地割調査会の計画からくらべれば地域が限定されてしまったとはいえ、ここで決定されたのは、わが国で初めての大規模な都市計画土地区画整理事業である。この京都市により立案された計画が、わが国都市計画史上において持つ意味は大きい。しかし、なにしろ前例もなく、しかも根拠となる都市計画法も制定されたばかりであり、法的に不備な点も多く含んでいた。そして何よりも、強制力を持った土地区画整理でありながらも、前述のとおり、土地所有者による組合結成を誘導しなければならない。そのため、地主や地権者による賛同・協力なしにはなしえない事業であった。

そこで、京都市は、この土地区画整理事業を市民に理解してもらうために、さまざまな宣伝活動を行っている。まず、一九二六（大正一五）年に、京都市土木局が『京都都市計画土地区画整理とはどういふことをするか』というパンフレットをつくり広く配布している。それは、名前のとおり、住民にとってそれまで経験のない土地区画整理の内容と意義を広く伝えるためのものであったが、おそらくこれは、帝都復興事業の際に東京で配布された小冊子『帝都復興の基礎・区画整理早わかり』（東京市役所・大正一三年）にならったものであろう。

ただし、このパンフレットで興味深いのは、口絵として、既成市街地を囲む環状幹線道路周辺について、「土地区画整理をした場合」、「土地区画整理をせぬ場合」という二つの絵を示していることである（図20、21）。「土地区画整理をした場合」の整然と区画された市街は、延々と続くように描かれている。そこには、区域が限定される民間施行ではなく、広域で実施される都市計画としての土地区画整理の理念が明確に示されているといえるだろう。

また、京都市が主催して、「都市計画展覧会」なるイベントも行われている。都市計画京都地方委員会の決定を受けて、内閣より正式に認可がおりた一九二六（大正一五）年九月二〇日の、まさにその翌日から同三〇日まで、大丸呉服店を会場に開催されている（『日出』大正一五年九月二二日）。

その内容については、秋元せきが詳細に明らかにしている（秋元［二〇〇九］）。それによれば、その二

図20　「土地区画整理をした場合」

図21　「土地区画整理をせぬ場合」

年前にやはり大丸呉服店を会場に「京都都市計画展覧会」が開催されており、それは、一般にまだなじみの薄かった都市計画への理解を広めるものとして実施されたもので、京都の都市としての歴史が強く打ち出されるという特徴を持っていた。それに対し、一九二六（大正一五）年の「都市計画展覧会」は、明らかに土地区画整理への理解とその普及を目的としたものであった。展示のなかで特に注目を集めたのは、土地区画整理の計画地の住民たちが、事業実施後の自分の土地のようすがすぐにわかるように、土地の地番なども入った図面の展示であったという。初日だけで二五〇〇〇人を超える来場者があったという盛況を博したこの展覧会によって、住民は土地区画整理がどのように自らの利害にかかわるのかを、具体的に実感することになったのである。

では実際の計画地での詳細計画とその実施過程はどうであったか。まず、京都市によって区分された計画地ごとに詳細な「区画整理道路割」が作成された。これは、先述の都市計画敷地割調査会が担った。この調査会に、各地区ごとに地主から嘱託された臨時委員が加わり特別委員会が結成され、詳細な道路割などが決定された。その際、京都の歴史的な碁盤の目の構成が引き継がれたが、伝統的な南北に長い街区は採用せず、「採光と通風の点を考慮して」東西に長い街区の構成が使われている（『日出』大正一四年五月三一日）。この道路割等の計画を府知事が建築線として指定するという手続きがとられ、その計画に基づき、計画地ごとに地主を集めた「懇談会」が開催され、自主的な土地区画整理組合の設立が誘導された（『日出』大正一四年五月三一日）。

ただし、組合設立は必ずしも計画どおりにはいかなかった。積極的に組合設立が実現し事業が進んだのは、市北部地域に限定されており、それは前述の民間施行による土地区画整理によるものが中心であった。昭和の御大典が開催された時期にいたり道路建設および市電敷設が区画整理事業に先行するかたちで実現していったが（『都市公論』第一六巻第六号、一九三三年）、組合の成立はそれに追いつかない状況であったようだ。

それでも、民間施行による事業地の南に隣接する北大路通（一号線）沿いの組合は比較的スムーズに設立されていった。組合ごとの詳細な実施過程については、『京都土地区画整理事業概要』（一九三五年）に記録されているが、それによると民間施行ではなく、都市計画事業の規定に従った事業（一三条認可）として北大路通沿線で最初に組合設立を見たのは、西紫野土地区画整理組合であった。一九二九（昭和四）年のことである。ここは、大徳寺と船岡山にはさまれた場所である（図18および22）。そこでの事業内容について、写真が残されているが、これを見ると、北大路通が市街化がまったく進んでいなか

図22　西紫野土地区画整理事業計画図
『都市公論』に紹介された図で左側に区画整理地全体の図もつけられている

写真51　北大路通(1号線)西紫野地区の予定地　今宮神社前

写真52　北大路通(1号線)西紫野地区の竣工状況　写真51と同じ場所をのぞむ

写真53　北大路通(1号線)西紫野地区の予定地　船岡山西側より北をのぞむ

写真54　北大路通(1号線)西紫野地区の竣工状況　写真53と同じ場所をのぞむ

った場所に建設されたことがわかる（写真51〜54）。また事業が進んだようすを示す写真54からは、北大路通の南側にも、計画された補助道路が建設され、整然とした街区が建設されていくようすをうかがうことができる。

さらに、この西紫野組合の西、ちょうど北大路通が終わり西大路通が南下する場所の周囲に金閣寺土地区画整理組合が、やはり都市計画事業の規定に従った事業（一三条認可）として、一九三一（昭和六）年に設立される。ここでの計画・事業を詳細に記録した組合誌（『金閣寺土地区画整理組合誌』一九三四年）が残されており、そこから、一連の都市計画事業としての土地区画整理のようすがうかがえる。

同書に添付された図23でもわかるように、この地区の道路は幅員が狭い農道がほとんどであった。土地の高低差が大きく、また地区の中心を南北に流れる紙屋川付近は大きな窪地となり、耕地としても使用されず荒廃していた。ただし、この周辺もしだいに家屋の新築が急増し乱雑な市街地化が懸念されていた。一九一八（大正七）年に京都市に編入される以前は、この地区は衣笠村であり、そのようすは第七章で示したように、「家賃も市内に比して廉なれば交通の便否を問はず只生活の容易を第一条件として移住せし者多き」（『日出』大正六年八月二十日）状態であった。

そこで、京都市が「区画整理ノ実施案ヲ樹テ本地区ニ対シ極力組合ノ設立ヲ勧誘スル」ことに対して、「地区内土地所有者ノ間ニモ夙ニ其ノ必要ヲ認メ整理施行ノ気運熟シ居リタルニ依リ」組合を設立することになった。具体的な計画については、「地区内道路ノ計画ハ大体ニ於テ京都市ノ町割委員会ニ於テ決定サレ」としており、この町割委員会が先述の都市計画敷地割調査会のことを示している

(『金閣寺土地区画整理組合誌』)。そして作成されたのが、図24に見るような見事な区画整理計画であった。工事は、一九三三（昭和八）年に竣工し、写真55に見るような景観が完成した。

組合誌の記録で興味深いのは、換地、つまり区画整理前の土地の代わりに整理後に新たな土地を与えるために必要となる各筆の等位評定についてである。「土地ノ等位ハ換地交付ノ標準トナルモノナレバ、其ノ設定ヲナスニハ特ニ慎重ナル態度ヲ要ス」として、詳細な評定方法を組合規約の中に明示している。また、「使用区域」の指定、つまり道路などの公用地として換地処分される区域をどう決めるのかも、「等位決定ト共ニ重要ナル事項」であるとし、慎重な審議を重ねたとされている。その結果、地区内民有地の減歩率は一〇・六パーセントとなっている。この値は、東京の帝都復興事業での土地区画整理事業における減歩率がおよそ一五パーセント程度だっ

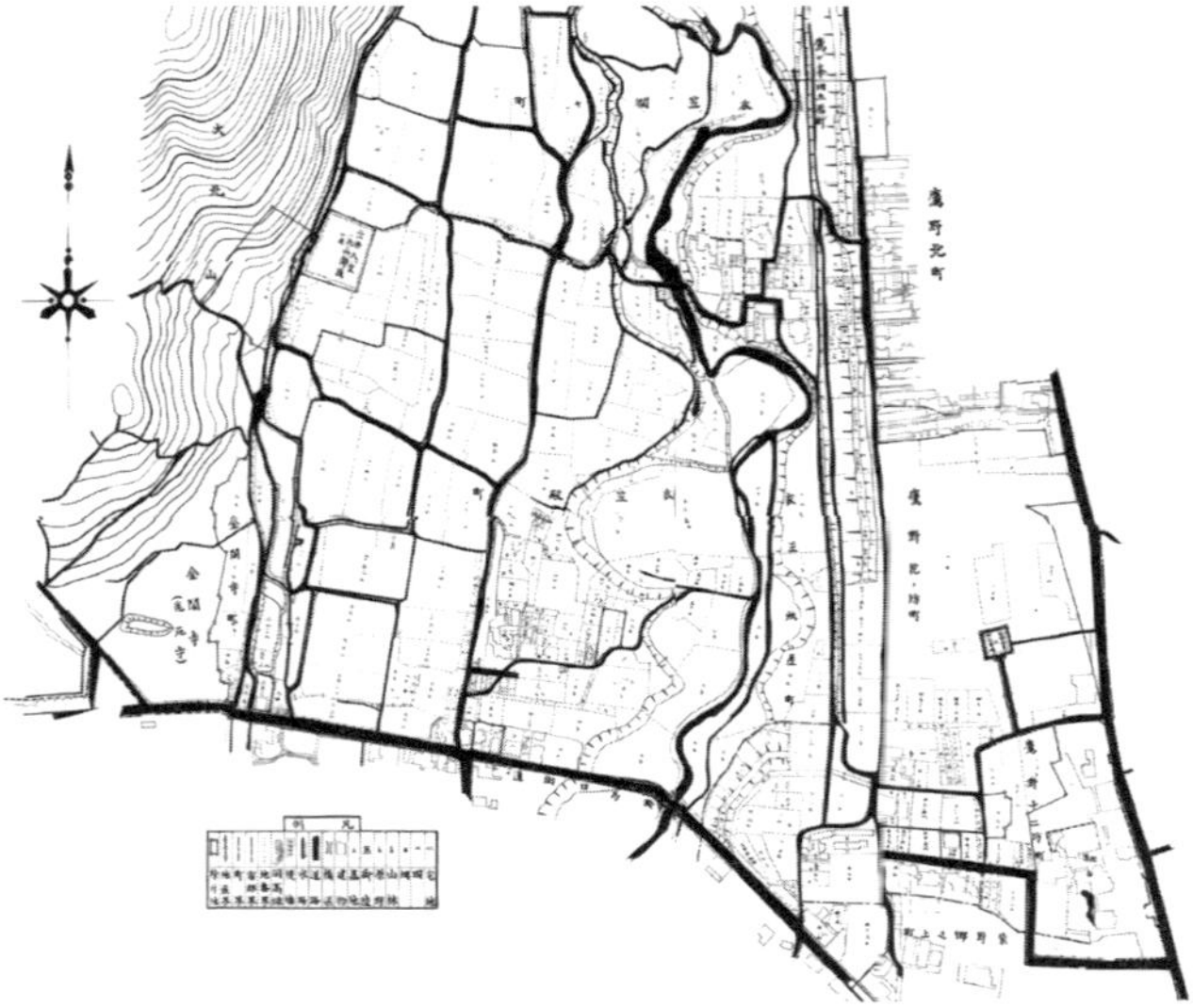

図23　金閣寺土地区画整理事業前施行前の現況図

写真55　金閣寺土地区画整理組合地区の整理後の全景

図24　金閣寺土地区画整理事業計画図

たとされることと比較すれば、それほど大きな数値ではないことがわかる。

そして、さらに興味深いのは、この土地区画整理事業によりこの地区の地価が急騰したことである。組合誌では、大正末期に坪単価五、六円であったものが一九二六（大正一五）年に区画整理計画が発表されることにより、同二十円となり、工事竣工後には五十円ないし七、八十円に急騰したとしている。つまり、組合が設立し実際の工事が始まる前から、地価の高騰が始まり、竣工後は十倍以上に跳ね上がったのである。とりわけ、観光寺院としての金閣寺が立地し、北大路通と西大路通の交差点という地の利もあってだろう、この地区の地価高騰は特に激しいものだったようだ。しかし、他の北大路通沿いの土地区画整理事業地においても、程度の差はあれ、整理後の地価急騰はどこでも見られたと思われる。そして、そのことが組合設立の動機付けになっていたことも間違いないだろう。

こうした状況に対して、西部および東部ではその事業が思うように進まなかった。特に現在の西大路通沿線地域では遅れが目立った（写真56）。そこでは、たとえ組合が設立されたとしても、その後の実際の事業実施が実現しないケースが多かったようだ。「組合員間の関係円滑なりし組合のみ、順調に工事の竣成を見たる」という状況で、半ば強制的に結成された組合においては、工事着手に対して「外部的に何等の強制力なき為」、工事がほとんど進まないという状況であったという（高田［一九三一・一九三四］）。

組合設立がかなわない場合には、強制的な代執行を行うことになっていたのだが、これも難航した。事業計画自体、当初は四カ年の事業と規定され、認可を得てから一年以内に土地区画整理を施工する

写真56　西大路通の道路新設前後（花屋町通付近上り北をのぞむ）
全く異なる景観が出現したことがわかる

者がない場合には、内務大臣の命により代執行を行うとされていた。しかし、前例がない事業であり「既に半宅地化せる困難な地域を不備不完全なる法令を駆使して、難行に難行を重ね」（大森［一九三三］）る状況で、実際の代執行はなかなか実現できなかった。そこで京都市は、公共団体施行の施行手続きに関する規定の不備、あるいは建物のある宅地の強制編入や地区外の受益者負担の制度がない点などについて、内務省に申し出て、一九三一（昭和六）年には、新たな内務省令や都市計画施行令によってこれらの不備を解消することを実現させた（高田［一九三四］）。

こうして法的な根拠が整ったことを受けて、京都市は、組合を設立できなかった地区はもちろん、すでに設立された組合でも、事業着手が行われないままのものは解散させ、代執行に着手していくこととなる。実際に京都市による最初の代執行が着手されたのは、一九三二（昭和七）年であった。それ以降、代執行は一九三八（昭和一三）年まで実施されたが、その後は戦時体制下で進捗せず、多くの地域では、戦後まで持ち越すことになった。しかし、進捗状況は計画通りとはいかなかったとはいえ、一四〇五ヘクタールにもおよぶ市街周辺部で、まがりなりにも、土地区画整理が実現し、整然とした町並みが出現していったのである。

計画・事業の背景にあったもの

さて、このユニークともいえる、一連の京都での都市計画土地区画整理事業の計画と実施は、わが国において法定都市計画がようやく成立し、その事業がまさに始まろうという段階で実現されたものである。そのため、その理念や手法に未成熟なところも残り、数多くの専門家がかかわり、さまざまな意見が提示された。そこで、それらについて、この事業にかかわった人物に着目することで検証しておこう。

かかわった人物のなかで、都市計画制度との関連において最も興味深いのは、やはり京都府知事としての池田宏であろう。池田宏は、一九一九（大正八）年公布の都市計画法の起草者といってよい存在で、わが国の都市計画史上、最も重要な内務官僚の一人である。内務省都市計画課長として都市計画法をつくり上げた後は、東京市助役を務め、関東大震災の後には帝都復興院計画局長として活躍する。そして、一九二四（大正一三）年一二月から一九二六（大正一五）年九月まで、京都府知事を務め、その後、神奈川県知事も歴任している。

京都府知事は、二年弱という短い任期であったが、その期間は、まさに京都で土地区画整理案が成立する瞬間であった。前述のごとく、京都市の敷地割調査会の成案が提出される直前に就任し、都市計画土地区画整理事業が都市計画京都地方委員会で決定されたのを見届けるように、その直後に神奈川県知事として転出している。実際には、池田の京都府知事就任も、神奈川県知事への転出も、全国で行われた地方官の異動にともなうものであったが、まるで京都での土地区画整理事業計画を成立させるために請われてやってきた内務官僚のようにも見えてしまう。

内務省の外郭団体である都市研究会が都市計画の議論と普及・啓蒙のために刊行した『都市公論』

誌は、池田が最も活躍した論壇でもあったが、その雑誌が、神奈川県知事に転出した後の池田を紹介するなかで、「京都市の都市計画が近時著しく進捗したのも、池田君が京都府知事として赴任してからのことである」と指摘している（『都市公論』第一〇巻第一〇号・一九二七年）。さらに池田が計画局長を務めた帝都復興事業においては、復興計画の手法として積極的に土地区画整理が使われており、それを主導したのも池田なのである。

しかし、これまで京都での土地区画整理事業計画の成立の過程を見てきてわかったことは、そうした立場からの池田の主導的役割はほとんど見いだせなかったということである。池田が府知事として着任した一九二四（大正一三）年の時点では、少なくとも、京都での都市計画による土地区画整理事業案については、京都市による敷地割調査会により準備されていた。その後の環状幹線道路沿いに限定する計画案も、あくまで立案の主体は京都市であった。むしろ池田は、都市計画の専門家としての指導的立場を自覚して、京都市が立案した計画に対し、さまざまな批判を展開したのである。しかしその批判は一貫して、都市計画法が持っていた土地区画整理の理念を貫こうとする立場からのものであったと考えられる。

そのことは、池田が知事であった時代に、都市計画事業道路の工事に大きな障害ともなった前述の受益者負担金の反対運動に対する彼の主張からもうかがえた。この問題を都市計画史の立場から分析した石田頼房によれば、そこで池田は、かたくなに形式論・法文解釈論を守り、つとめて受益者負担制度が本質的にはらんでいた矛盾を見ないようにした。そうすることにより「我国ノ受益者負担ノ制度」の「円満ナル施行」を守り抜こうとしたとしている（石田［一九八六］）。

結局のところ池田は、自らがつくり出した内務省による都市計画の法律が、はじめて地方都市で実践されるときに立ち会い、それが本来の理念どおり実施されるように指導を行う立場でしかなかったといえるだろう。この法律はすでに池田の手を離れ、それをどう運用していくかという段階にあったのだ。

しかし、池田という個人を通じてもたらされたものではないものの、次に見るように、実際には帝都復興事業の内容が、京都市の計画立案に強い影響を及ぼした可能性があるのも事実である。

帝都復興事業においては、財源難などもあり、さまざまな都市計画事業が大幅に縮小されていくなかで、その事業の柱となったのは、土地区画整理事業であった。幹線道路計画も公園計画も、多くの計画の実施には、その用地の買収が容易となる土地区画整理に負うことになったのである。そもそも特別都市計画法が新たに立法された帝都復興では、土地区画整理は重要な都市計画施設として位置づけられたため、すべての土地区画整理が、都市計画事業として扱われることとなっていた。そして、その強制的な土地区画整理の手法を使い、計画地のほとんどを全面的に都市改造することに成功したのである。もちろん、それは、特別都市計画法という例外的な処置により実現したものであり、都市計画法において、都市計画として土地区画整理事業を実施したのは京都の例が唯一であったことは間違いない。ただし、帝都復興の手法は、そのままではないものの京都での計画立案のモデルになっていたことが十分にうかがえるのである。

越沢明などが指摘するように、計画を担った帝都復興院のなかでは、当初、整備する幹線道路沿いに必要に応じて土地区画整理を実施するか、あるいは焼失地全域に土地区画整理を実施するかをめぐって対立があった（越沢［二〇〇一］）。そして、既成市街地の全面土地区画整理の実施が決まっても、それを幹線道路沿いに限定して実施すべきだという議論は続いたようだ。その議論を最も詳細に紹介していると思われるのが道路行政の専門家で、復興局書記官をつとめ、後に東京府内務部長なども歴任した菊池慎三が、土木学系の『道路の改良』という雑誌に掲載した「街路事業の実行方法としての地帯区画整理と地帯収用」（『道路の改良』第七巻第四号・一九二五年）という文章である。

ここで菊池は、土地区画整理でも全面的に実施する方法（集団的区画整理）と、幹線計画道路の両側に実施する方法（地帯的区画整理）があり、帝都復興では最終的に前者が採用されたが、たしかに全面的な実施は望ましいものの「実行の困難と時日の遷延は免がれ難い事」であるために、現実的には後者の道路沿いに限定した方法も合理的な方法のはずであるとしている。そして、この方法こそが、京都市が採用した土地区画整理の手法そのものなのである。

しかも菊池は、この手法は帝都復興以外でも使うことができるとして「創意ある新進気鋭の土木行政当局者は宜しく街路事業と区画整理事業との合併区画整理の方法の活用に付て実行の方法を考究すべきである。土木行政の新天地は自然に開かれるのである、進んで現行法規の不備を補正することも敢て困難ではない」と訴えている。

実は、この文章が掲載されたのは、一九二五（大正一四）年の四月号である。先述のとおり、都市計画事業道路の建設が行き詰まり、その打開策の「研究」が京都市助役・田原和男や都市計画課長・永田兵三郎らにより具体的にスタートしたのも、同じ年の五月であるとされていた。もちろん、この文章だけではなかっただろうが、帝都復興の事業が進むなかで、そこでの都市計画手法の議論がさまざまなかたちで東京以外の都市へ伝わったはずである。田原や永田が議論を重ねた「研究」のなかには、この帝都復興で議論された手法がひとつの参照すべき手法としてあったことは間違いないと考えられる。

そしてこのことは、土木行政にたずさわる地方官吏たちが、都市ごとの垣根を越えて情報を共有しながら、個々の都市行政をリードしていった事態を示しているといってよいだろう。東京市区改正条例の準用から始まるわが国の法定都市計画において、それが国の事業として位置づけられたことにより、それを担う専門官吏は都市計画にたずさわる情報を広く掌握し、相互に人的ネットワークを築いていったと考えられるのである。そして、そのことにより、都市計画事業が都市行政の最も重要な課題となっていくなかで、土木工学の専門官吏はさらに大きな政治力を得ていくことになったはずなのである。

その典型としての存在が、永田兵三郎であったわけである。もちろん、この京都での都市計画土地区画整理事業が決定するまでに立案されたさまざまな計画の責任者は、いずれも京都市長である。決定された都市計画土地区画整理事業の責任者は、一九二五（大正一四）年から就任していた安田耕之助市長であった。安田は、すでに見たように、行き詰まった都市計画事業一五幹線道路の建設の打開策として都市計画土地区画整理を利用するという計画立案の責任者でもあった。しかし一方で、この京都市の計画案のもととなった京都市敷地割調査会を最初に立ち上げたのは、一九二一（大正一〇）年から市長に就任していた馬淵鋭太郎であり、この区画整理案の原点となった一五幹線道路の最初の市区改正案の責任者は、一九一八（大正七）年から就任していた安藤謙介市長であった。

たしかに、三人の市長はそれぞれに、それぞれの計画の立案に対して指導的役割を積極的に果たしたといえるであろう。しかし、以上見てきたように、この事業が一連の連続した計画案の積み重ねの上に成立したものであることを考えると、この事業計画の成立に対して、より深く、また一貫してかかわってきた人物として永田兵三郎の存在を挙げなければならないだろう。

そもそも、なぜこのように短い任期で市長が次々と代わることになったのか。個々の理由はそれぞれあるが、本質的には市長と市会の関係が、三大事業当時の内貴甚三郎や西郷菊次郎のときとは大きく変わったことによるといってよい。第三章では、一九一一（明治四四）年の市制の全文改正により市長の行政権者としての権限強化が実現したことを指摘したが、同時に市会も、それまでの地主・家主の名望家による支配の構造が崩れかけ、地域利害を基盤とする会派の離合集散が激しくなる。その結果、市長を選任する市会の動向の変化によって、市長も頻繁な交替を余儀なくされていくのである（持田［一九九三］）。そうしたなかで、都市計画事業の実際は、永田のような能力のある土木の専門官吏が一貫して担う状況となっていくしかなかったと考えられる。

永田兵三郎の経歴については、前章で紹介したが、京都帝国大学の理工科大学土木学科を卒業し、京都市技師に採用された専門官吏である。すでに見てきたように、一九一九（大正八）年に安藤市長のもとでは、市区改正の幹線道路計画決定のときに、工務課長兼市区改正係長の職にあった。その後、一九二二（大正一一）年に馬淵市長に敷地調査割について提案を行い、一九二五（大正一四）年に安田市長らと環状幹線道路沿いに限定した計画を立案した際には、土木部長兼都市計画部長の立場になっており、退職する時点では、一九二七（昭和二）年の組織改組で設置された電気局と土木局の両方の局長にまでなっている。つまり、都市計画だけでなく、電力、営繕、市電事業など、土木・建築にかかわるすべてを掌握するという、京都市の土木系の技術地方官吏としては、最高位の立場にまで上り詰めたといってよいだろう。

もちろん永田の専門は土木技術であったが、前述の『都市公論』誌上では、最初の敷地割調査報告を馬淵市長に提出した一九二二（大正一一）年に、「大京都市の建設」という論文を書いている（『都市公論』第五巻第三号・一九二二年）。そこでは、京都市の都市計画にあたっては「市是」が必要であり、それは「遊覧都市」と「工業都市」とがありえるが、これを併用すべきであるとし、その具体的な施策の可能性が論じられている。具体的な道路建設案や区画整理案などにはふれていないが、都市経営という立場から京都という都市の将来像を明確にしようとする意志を強く持っていたことがうかがえる。

おそらくは、七年におよぶ京都でのわが国初の都市計画土地区画整理案の成立までの動きには、この永田の都市経営の理念に支えられた努力があったと思われる。そして、一連の都市計画事業での永田の専門官吏としての強いイニシアティブの発揮は、京都市における政治と行政の力関係に大きな変化をもたらすことになったと解釈できるのである。

しかし、永田は自ら生み出したともいうべき土地区画整理事業が着手された直後に京都市を辞職してしまう。その経緯は前章で見たとおりである。安田耕之助の後に、一九二七（昭和二）年に就任した市村光恵市長は、就任早々に大胆な行政機構改革を断行し、電気局や土木局が設置されるが、その幹部官吏一二名を、「技術者万能主義」を排除したかったとして馘首してしまい、それに耐えられなくなった永田は辞職することとなったのである。この職員の大量解雇は市会からも批判され、市村もわずか八五日という京都市政史上最短の在任期間で辞職を余儀なくされてしまう。その後、永田は横浜市に迎えられ、同市電気局長、後に土木局長をつとめている。

トップダウンの事業計画

さて、以上見てきた京都市での土地区画整理事業であるが、これまでの章で見てきたさまざまな事業と決定的に異なる点があることに気づく。住民の側から事業へかかわろうとするアプローチがほとんど見られないことである。事業計画の立案は、主に永田兵三郎などの土木官吏を中心とする京都市行政内部、および京都府、さらには内務省によるものであるといってよい。河原町通の拡築をめぐる紆余曲折を除けば、その過程で住民の意思、あるいはそれを集約したと考えられる市会での議論が、そこに介在するということはほとんど観察できないのである。

そこには、東京市区改正条例の準用にしても都市計画法にしても、それが国の制度として機能し、計画の最終決定権は内務省が握っているという事情があった。内務省が主催する、京都地方委員会が計画を決定する場であったわけで、そこに都市ごとの市会が介在できる部分は限られたものでしかなかったのである。

もちろん、受益者負担金のような住民の直接的な反対運動もあったが、受益者負担そのものがそもそも都市計画法が抱えていた矛盾ともいえるものであり、その運動はそれに対する切実でやむをえない対応として理解できるものであった。

また、道路整備の事業では、外周幹線道路のように新設されるものばかりではなく、既存の道路を拡築するものも一部に含まれており、この場合には反対運動が起こったケースもあったようだ。たとえば、七条通の拡築に対する反対がある。一五事業路線計画では、三大事業で拡築された七条通について、その西端から新設される西大路通に通じるまでの部分の拡築も計画されたが、それにより多くの家屋が立ち退きを余儀なくされることに対して、学区を単位とした工事計画変更の陳情書が提出されている（松下［二〇〇六］）。

しかし、かつての三大事業における四条通の拡築反対運動のように、多くの町が連携するような大がかりな拡築反対運動は見られなかった。拡築道路の変更を議員や関係者が強く主張したり、用地買収に町や公同組合のような組織がかかわってくるような事態は、この土地区画整理事業を通じて観察することはできなかったのである。

一方で目立ったのが、都市計画の理念や目的からの説得である。『京都日出新聞』は、都市計画土地区画整理案が最終的に成立した後に、その意義を伝える連載記事を「市民の利害に大関係ある区画整理と補助道路」というタイトルで一九回にもわたり掲載している（『日出』大正一五年八月三〇日～九月一八日）。そこでは、都市計画京都地方委員会の委員である田辺朔郎や医学博士・小川瑳五郎、戸田正三などが、計画の意義をそれぞれの立場からコメントしているのだが、最もストレートに都市計画事業の意義を伝えようとしたのが、京都帝国大学の土木と建築のそれぞれの権威である大藤高彦と武田五一という二人の学者である。

すでに見たように、一九二六（大正一五）年に最終的に決定された土地区画整理の実施計画は、一九二四（大正一三）年に市長が組織した都市計画敷地割調査会が策定した計画案をもとにしている。その意味で、都市計画として区画整理を実施していくことを最初に提案したのはこの調査会であったといってよいわけだが、その調査会において、この二人の学者は委員として嘱託されていた。さらに、二人とも都市計画京都地方委員会の委員もつとめている。つまり、事業計画そのものにおいても、二人は重要な役割にあったといえるわけだが、加えて彼らはその計画の必要性を説得する立場にあったのである。

大藤高彦は、『構造強弱学』の著作でも知られる、戦前の土木構造力学の権威である。『京都日出新聞』のインタビューに答えて、今回の土地区画整理については「単に区画整理と云へば名古屋もやつているし神戸もやつている。又尼ヶ崎にも実施されていると云つた風に必ずしも京都が全国に範を示す訳のものではない」が、「都市計画事業としての区画整理だけは我国に於ていまだ他に類例を見ざる新しい事業であることによつて他の都市に先鞭をつけたものと云へるのである」とし、この計画の意義を説明している(『日出』大正一五年九月一〇日)。まさに、この土地区画整理が都市計画として行われることの意味を強調しているわけだ。

一方、武田五一は、前章までにも何度か登場しているが、新たに創設された京都帝国大学の建築学科の教授もつとめ、数多くの作品を残した建築家であり、戦前の関西建築界に最も影響力を持った人物である。武田は、『京都日出新聞』のコメントの冒頭に「都市計画に於て先ず最初に着手すべき最も必要なるものは都市の周囲を整理して置くことである」と指摘し、市街周辺部は地価も低廉のため、放置すれば密集した無秩序な状況を生み出してしまうとし、「東京、大阪の如く密集したら既に手遅れ」となると訴えている。そして、そうならないために、この土地区画整理が必要なのだと説いている(『日出』大正一五年九月一一日)。

このように、大藤が都市計画としての意義を強調し、武田が都市周辺部での計画であることを強調している。この二つの理念こそは、この土地区画整理案が持つ意義の本質そのものであるわけだが、それを二人が明快に伝えようとしているのである。

三大事業の際にも、事業の意義についての報道はあったが、土地区画整理事業を中心とするこの事業計画における報道では、このように事業計画に直接かかわる人間から計画理念そのものを伝えようとする内容となっていた。もちろん一般的に考えれば、都市計画法が成立し、なおかつ京都で経験のなかった土地区画整理が実施されようとする状況からすれば、こうした解説的な説明は何より求められるものであったといえるだろう。武田五一は、この事業計画が立案される以前の一九一八（大正七）年にも、京都市主催の講演会で、「都市計画に就いて」として、都市計画とはどのようなものかについての解説を行っている（『都市計画京都市記念講演誌第一編』京都市庶務課・一九一八年）。

しかし同時に、『京都日出新聞』の一連の連載記事からは、住民に事業の意義を説得しようとする目的が強く読みとれるのも事実であり、そこには住民の意志の介在をともなわない、いわば行政による一方的な事業としての性格が表れているともいえるのである。そのことは、先述した京都市が開催した「都市計画展覧会」にもうかがうことができる。その目的は、事業の意義を啓蒙するものであったわけだが、その展示の内容からは、一方的な事業計画ゆえに、その正当性を主張するものであったことも了解できるのである。

この展覧会を分析した秋元は、その展示には、平安京からの京都を通覧できる古地図や絵巻などが並べられるなど、京都の歴史を前面に押し出した内容が数多く含まれていたことを明らかにしている。京都市は当初から計画立案にあたり、重永潜などの歴史学者を都市計画課調査係に雇い、京都の都市としての歴史を徹底的に調べ上げていた。重永は、都市計画の調査のためには「歴史的測量」が必要だと主張していたのである。その結果、一九二六（大正一五）年の「都市計画展覧会」やその二年前に開催された大丸呉服店での「京都都市計画展覧会」で示された都市計画とは、技術的な面での狭義の都市計画にとどまらず、歴史学の視点をとりいれたものとなっており、秋元はそれを展示内容の豊かさとして評価する（秋元［二〇〇九］）。

しかし、これは別の見方もできるのである。たとえば、この土地区画整理事業を主導した永田兵三郎は、土地区画整理計画案を策定中の一九二四（大正一三）年に『京都日出新聞』に掲載された談話のなかで、現状と平安京における道路面積率を比較して、平安京がいかにすぐれた都市計画都市であったかを指摘し、「我京都市を初めてお作りになった我市の氏神桓武天皇」として平安京をつくった桓武天皇を顕彰しようとしている（『日出』大正一三年四月二一日）。これは、自らの事業計画を平安京に引きつけ、その歴史的正当性を示そうとしたと捉えることができるだろう。つまり、都市計画立案に際し、都市計画の歴史は、その計画の妥当性を示すものとして求められたのである。

第三章、四章で見たとおり、三大事業においては、こうした都市計画や都市改造の歴史的経緯が議論のテーマになることはほとんどなかった。第四章で示した四条変更期成同盟会が、四条通拡築に反対する根拠として示したのは「市の側より見た不利益」と「沿道住民の側から見たる不利益」である。これが物語るように、そこでは住民あるいは議会における利益・不利益が議論の中心であった。それに対して、土地区画整理事業を中核とするこの都市計画事業では、そうした議論が介在する余地はなく、それに代わり計画の正当性が、歴史を根拠にして示されたといえるのである。

「一大センセーションを巻き起こした」と評された、京都市による既成市街地を取り囲む環状道路建設とその道路沿線での土地区画整理を同時に行ったこの事業は、こうして国の都市計画法により、トップダウンの性格が色濃い計画立案の事業として実施されたものであった。その計画決定、事業実施の過程は、都市計画法が定められる以前に都市ごとに実施された都市改造事業とは大きく異なるものとなったのである。

そこでは、都市計画法のもとに土木行政に携わる地方官吏たちが、都市ごとの垣根を越えて情報を共有しながら、それぞれの都市行政を担う事態が生じていたと考えられた。そうしたなかで京都市においては永田兵三郎のような土木官吏が強いリーダーシップを発揮することが可能となり、この画期的ともいえる事業が実現したといえるのである。

その結果として、一九二六（大正一五）年に京都市土木局作成によって配布されたパンフレットに掲載された「土地区画整理をした場合」（図20）で示されたのと同じような整然とした市街地の風景が、今でも西大路通や北大路通沿いに維持されているのである。もちろん、こうした新しい市街地を一からつくり上げるのは、三大事業のときのように、既成の道路を拡築することにくらべれば困難な事業となったはずである。方法においても技術においても資金においてもはるかに強力なものを必要とした。だからこそ、そこにはトップダウンによる計画が必要となったともいえるのであろう。

しかし、いずれにしてもこの事業により住民の意思、あるいはそれを集約したと考えられる議会の議論が、計画や事業に介在することが困難な状況となっていったのである。この時期、市長の任期が短くなる背景として、地主・家主の名望家による支配の構造が崩れかけていく状況があることを指摘した。そうした市会の側の状況があり、一方では、都市間競争の時代に入り都市経営の戦略としての都市計画が求められていく。そうなると、議会における利害調整ではなく、技術や歴史を根拠とした「正しい」政策決定が行われなければならなくなったのである。

ここにおいて、本書のテーマとして序章に掲げた、伝統と近代が関係を構築していく場としての都市の姿が失われることになったといえるだろう。近代化を進めようとする行政側の近代化への意思と、都市住民が新たな価値を共同化していこうとする意思の間に折り合いをつけていく過程が見いだせなくなったのである。いいかえれば、京都という都市は、その特徴として持ちえていた伝統による力が、都市の近代化に介在していく仕組みをこの時点で失っていったといえるのである。

そこで次に用意されなければならなかったのは、その伝統の力を利害調整とは異なるかたちで再度よみがえらせることであったはずだ。そして、それこそが敗戦をへた戦後の地方自治の最大の課題となっていったと考えられるのである。

結　章

調停する近代から理想の近代へ

以上、京都という都市が近代化を受け入れる過程について、近代化を象徴する場としての岡崎の成立、都市改造事業（三大事業）による道路拡築、それにともなう橋梁の架け替え、都市イベントとしての大礼、税制度の矛盾により生じた郊外市街地化、道路新設と土地区画整理事業などの出来事を素材として検討してきた。

いずれも実際の都市空間の変容をともなうものとして着目した出来事である。そして、都市の空間史、つまり具体的な都市空間の変容がどのような要因によって起こってきたのかについて、それぞれの章において分析を加えてきた。そこでは、基礎的な整理として建築学や都市計画学からアプローチする分析を加えている。そのうえで、都市空間の近代化を行政と住民がどのように捉え受容していくのかという視点からの検証も加えてきた。とりわけその視点からの分析については、それぞれの結果をつなげ、全体を通じて捉えられる論点をあらためて整理する必要があるだろう。最後にそうした検討を加えてみたい。

各章で共通して着目したのは、議会やメディア、組織的運動など、近代になり形成される公共圏の場における議論であった。それは主に、近代化を進めようとする意思と、都市住民の共同利益を創出し確保しようとする意思との間に生じている。そのせめぎ合う二つの意思は何らかの方法で折り合いをつけていくことになるのだが、その議論の根拠となるものに、明らかな変化が認められるのである。そして、その変化には、日本の都市における近代化の過程にとって最も重要な論点が見いだされると考えられるのである。もちろん、本書で扱った出来事の分析だけでは足りない部分もあるのだが、以下にひとつの試論として提示してみたい。

まずその調停の場におけるステークホルダーがどのようなものでありえたのかという視点から全体を整理し、その変化の概要を把握しよう。

大きな構図として、その折り合いをつけていく作業とは、都市行政と都市住民の間に築かれる関係において行われたものであるといえるだろう。しかし都市行政のなかもひとつに集約できるものではなかった。注目すべきは、市長である。市制特例の時代には市長を兼務した府知事は、維新後の京都の復興策に強いイニシアティブを発揮しようとした。とりわけ二代目の槇村正直は、実際に都市改造まで見据えた近代化改革の目論見を持っていたが、市制特例により実質的な市役所機能を持たず、さらに地方制度の制度的裏づけや、具体的なビジョンが不在のなかで実現できないまま終わる。

その後、市制特例が一八九八（明治三一）年に廃止され、あらためて市長と市役所による市政が始まり、第三章、四章で見たとおり、内貴甚三郎から西郷菊次郎へという二人の市長の時代に都市改造事業が実現されることになる。ただし、京都を政治的地盤とする内貴と、台湾における行政官としての実績から抜擢された西郷では、そのイニシアティブの発揮の仕方に大きな差が生じた。内貴も都市改造に強い意志を持っていたが、近代化に対して保守的に働く市会の地主・家主を中心とした勢力の前に事業実施にまでにはいたらず、そうした勢力と距離を置く西郷によって実際の事業が実現されることになった。ただし、この過程は、単に支持基盤の変化と捉えるべきではなく、市長の行政権者としての役割の変化という事態が進んだという側面を見るべきであろう。そして、実際に都市改造が進むなかで一九一一（明治四四）年には市制の改正により市長権限は強化されることになる。

一方で都市住民はどうであったか。近世までの「町」や「町組」の自治的支配組織のあり方は、町と学区として引き継がれていくことになる。もちろん、学区は町組を大幅に再編したものとなったし、明治二二（一八八九）年の市制施行後は、町が持っていた行政事務は京都市に移管されてしまう。しかしたとえ支配組織としての役割は奪われたとしても、市会や参事会は、その町や学区を基盤とする名望家を中心に構成されることになった。そこでは、無給の名誉職である彼らにより、原田敬一が

「予選体制」とする体制がつくられていった（原田［一九九七］）。すなわち、地域間の利害対立を前提としながらも、それによる政争を回避し、地域秩序が安定的に維持されるという状況がつくり出されていったのである。

第三章で見たように、内貴甚三郎市長の任期中（明治三一年・一八九八年〜明治三七年・一九〇四年）は、この体制の時期であったと見ることができるだろう。内貴自らが都市計画的な意思のもとに道路拡築の案を示したのに対して、市会ではほかのさまざまな道路の拡築案が出され議論されるが、どれも客観的で絶対的な根拠を示せるものであったわけではなかった。ここでは、議会がまさに意見を調整し調停していく場になっていたのである。ただし、こうした状況は長くは続かなかった。

一九〇四（明治三七）年に西郷菊次郎に市長が代わると、そうした調停の場としての市会が意味を失っていく。もともと京都に支持基盤を持たない西郷は、しだいに議会における基盤も失い、それにしたがい逆に事業におけるイニシアティブを強めていくこととなった。これに対して、第四章で見たような、住民による直接的な反対運動が、議会の外で組織されるようになっていった。つまり、市長の行政権の強化が進むことにより、名誉職議会は調停によって裁定するという機能の意味を失っていくこととなったわけである。

そこにおいて台頭していくのが、決定のための根拠としての「技術」であった。都市改造において、近代土木技術は不可欠のものであり、それを持った技師が示す計画案は絶対的なものとなっていく。第三章で見たような近世までの土木技能者の技術の限界を知ってしまった京都市において、その後迎えられる近代土木技師は、その技術を背景として政治力を確実に身につけていく。そのようすは、第三章で見た井上秀二が市長により免職させられるまでの過程によく表れていた。

しかし、その技術を根拠にした正当性は、すぐに公共圏としての議会などの議論をすべてリードできたわけではない。技術を根拠としない場面では、旧来の名望家支配の構図は続くことになる。それが第七章で見た、地方制度の未整備とそれによる矛盾に対する市会の対応であろう。他都市で実現した家屋税の導入が、家主層に不利益となると判断され市会によって否定されつづけるのである。ここでは、制度の近代化を目指す行政と、名望家が主導する市会の関係は、調停を目指すのではなく対立をつくり出す構図に変わりつつあった。

結局、市域拡張という近代的都市政策をリードする事業の実施を契機にして、ようやく家屋税の導入は実現することになるが、それは結果的に利害の調停によって裁定するという議会のあり方の終焉を示すものとなったと考えられる。そしてその後、第九章で扱った幹線道路建設と都市計画土地区画整理の二つの事業に見たように、京都においても「都市専門官僚制」が成立したと考えられるのであるが、ただし京都の場合は、その官僚制を担う官吏は土木官吏に集中した。そのようすは、第七章、第八章で見た土木官吏・永田兵三郎の行動、あるいは「土木万能主義」を批判する市村光恵の主張などによく表れていた。

そしてここで注目したのは、政策決定の根拠として、「技術」だけでなく「歴史」も台頭していくようすであった。そうした根拠により、何が「正しい」決定なのか、その正当性が常に示され、どのような計画・政策が目指すべき理想の姿であるかが問われるようになっていったのである。

こうして、京都という都市が近代化を受け入れ、また実際に近代化を遂げていった過程において、公共圏の場における議論の変化を読みとることができた。それは、都市をどのように近代的に開かれた空間として再編するかの議論において、都市内部のさまざまな利害を調停していくあり方から、しだいに「技術」やあるいは「歴史」という客観的な根拠・規範に基づく正当性から説得し、理想を示すあり方への変化であったといえるだろう。別の言い方をすれば、それは、経験的妥当性を求めようとするあり方から、規範的妥当性を求めるあり方への変化として捉えられるものであった。

二つの「歴史」

ここでその政策の正当性を示す「歴史」にあらためて注目しておきたい。たしかに調停の段階、つまり名望家支配による議会の議論においては、議論の根拠として歴史が持ち出されることはなかった。街路の決定や、あるいは地方税制度の改変においても、京都の都市としての歴史性が主張される状況は、見いだせなかったのである。それが、「都市専門官僚制」と判断できる状況にいたると、京都という都市の歴史が、がぜん主張されるようになった。

しかし、名望家が支配する状況における議論では、彼らは常に伝統的に築いてきたものを守ろうとする、保守的な態度を表明していた。伝統的な町の構造を変容させてしまう道路拡築に反対し、世襲財産としての借家の保全に不利となる税改正に反対した。つまり、彼らの言動は、結果的にではあるが、京都が都市として歴史的に築いてきたものを守ろうとするものであったといえるだろう。つまり、ここにも都市の歴史性に基づく主張が発現している。

ここでは、これらを二つの「歴史」として整理してみたい。ひとつは、客観的に外から価値づけられる京都の歴史であり、もうひとつは、都市に内在する主に都市住民が持ちえてきた歴史である。前者は、主に顕彰されるものとして用いられ、後者は、主に物事を守旧するものとして登場する。それは、本書で見てきた出来事のなかでは、最初に後者が議論の前提となるものとして存在してきたが、その後、前者が発現するようになる、というものであった。

しかし、この二つの「歴史」は、必ずしもそうした時間軸の経過のなかで理解できるものではない。前者の顕彰される「歴史」は、第二章で見た、岡崎で一八九五（明治二八）年に平安京の大内裏の一部を再現して創建された平安神宮などにも明確に表れていた。そして、その後の岡崎での別荘・邸宅地の成立も、同様の顕彰される「歴史」を背景としたものであることは間違いない。そして、高木博志が指摘した、「国風文化」や「安土桃山文化」の顕彰（第五章）などによって、それらの歴史イメージが、具体的な造形物をつくる際に使われることも起こっていた（高木［二〇〇六］）。

つまり、顕彰される「歴史」は、従来から存在していたものの、専門官僚制にいたり、政策の正当性を示す根拠として新たに公共圏の議論の場にも持ち込まれるようになったと理解できるのである。歴史の顕彰こそが、政策の正当性の根拠として必要になっていったのである。ただし、ここで注意しなくてはならないのは、こうした顕彰される「歴史」が、都市住民の実際の生活と関係を持つものではないことである。

では、一方で住民の生活に内在してきた、守旧しようとする「歴史」の主張はどうなったのか。たしかに、都市専門官僚制における政策議論においては、その正当性の根拠として、そうした「歴史」が排除されてしまったことがうかがえる。実際にそれは、家屋税を拒絶する主張に典型的に示されるように、都市経営や都市間競争の時代に入り、明確に否定されなくてはならないものとなっていったといえるだろう。

関一を中心とする大阪市の都市専門官僚制が実現する経緯のなかでは、明治末に起こった市制改革運動が知られている（原田［一九九七］など）。台頭してきた産業資本家に弁護士やジャーナリストが加わり、大阪市民会が結成され、市参事会・市会における名望家による地域支配を解体させようとしたのである。京都では、そこまで急激な改革運動は起こっていない。その背景には、大阪のように産業資本家が育っていなかったことが考えられるだろう。

しかし一方で、地主・家主の名望家を中心とする共同体的結束は、別のかたちで引き継がれたと考えられる事象も観察できた。それは、都市改造計画や政策の決定にかかわる議会の議論からは排除されながらも、直接的な行動となって表れたのである。その典型が第四章で見た四条通の拡築反対運動である。これは、議会の外で起こった運動であるが、しかし町を単位として組織されたという点では、旧来からの名望家支配の支配構造により動員されたものであった。それは、都市住民による議会という場を介在させない共同利益創出の試みであったと捉えることができる。

ただしここで興味深いのは、その反対運動が近代化に抗うことに貫かれたわけではなかったことだ。そこでは、住民の「歴史」の守旧が反対の客観的な根拠として強く主張されたわけではなく、あくまで行政・住民の不利益が主な根拠とされた。そのために、拡築のための用地買収が始まってしまうと、名望家による支配構造は、町＝共同体を基盤として設置された公同組合を通じてその調停に発動され、スムーズな買収交渉が実現することになる。また、第六章で見たように、近代的都市空間を受容するイベントとなった大礼の熱狂に住民を動員したのも、その公同組合が中心であった。さらにいえば、四条通拡築を実施する三大事業の起工式や竣工式には、第二章の写真14などでわかるとおり驚くほどの住民たちが集まったが、この人々を動員したのも、おそらくは公同組合を中心とした地域組織であったはずである。

こうした旧来からの共同体的結束が、守旧性を払拭させていくようすを、最もわかりやすく伝えるのが、御旅町での動向であった。四条通のにぎわいの中核をなす御旅町の住民は、当初は反対運動にかかわりながらも、一方で拡築される四条通にふさわしい店舗意匠のモデルを、町を組織単位として創出しようとした。つまり、店舗の意匠について積極的に近代化を受け入れようとしていたのである。そして実際に完成した町並みは、当時の新しい京都を代表する景観として絵葉書にさかんに取り上げられたのである。この過程は、まさに議会という場を介在させない町組織による共同利益の創出であると理解できる。

ただし、御旅町においては、さらに注目すべき点があった。店舗の意匠モデルを創出しようとする際に、当時の建築意匠において京都で最も影響力を持っていた建築家の武田五一に相談している点である。これは、専門家による正当性の根拠を得ようとした行為ととらえられるものであり、専門官僚制における正当性の根拠を示す方法と同様のものであると考えられるだろう。

都市住民による町を基盤とする主張でありながら、保守性の発現が見られず、しかも正当性を担保しようとしている。こうした点において、御旅町の動向には、都市住民の新しい内発的主張の萌芽を見てとることができるだろう。つまり、都市住民の生活に内在する意識と旧来からの自治的支配組織に根ざした主張は、議会の枠組みからは排除されながらも、一方でその主張の根幹であった非近代性を変質させながら、こうした直接的でより自律的な行動となっていった可能性がうかがえるのである。

新たな公共圏の創出

ここで重要なことは、こうした直接的でより自律的ともいえる行動は、公共圏から排除されたのではなく、新たな公共圏をつくり出したと思われることである。公共圏は、議会の場だけではない。それは、公的な制度や空間のあり方について議論される場であり、それが議会の外側にも広がっていった状況にも注目すべきである。そのようすを伝えてくれるのが、新聞というメディアであった。

新聞は、調停の場としての議会が機能している間は、市会や参事会、あるいはそのなかに設置される各種委員会などの動静を伝えることが役割であった。批判記事がありえたとしても、それはその議会のなかでの議論の枠組みにとどまるしかなかった。その紙面の内容がはっきりと変わっていくのが、西郷市長のもとで都市改造が進んでいく時期である。先述のように、西郷が議会における基盤を失うとともに、事業のイニシアティブをとるようになると、議会の外で展開されるさまざまな言動や活動が、計画決定や事業遂行に大きな影響力を持つようになる。第三章で見たような土木技師による意見表明や、第四章で見たような有力議員・西村仁兵衛によるアンケート調査、あるいは市当局の都市改造の実施体制への批判、そして道路拡築の反対運動など、新聞は、これらの内容を報道する役割も担うようになっていく。

こうした記事において、都市住民の都市改造計画やその実施に対する議会を介さない主張をうかがうことができた。それは、第三章や四章で紹介したとおりである。そして、それらの記事は、基本的には計画や実施状況に対する批判や反対の意思を紹介するものであった。ただし、東京や大阪における新聞では、この時期において峻烈な市政批判が展開し、それが市政改革につながっていくのだが、京都の批判記事はそこまでの状況をつくるものではなかった。

一方で、都市の近代化が進むにしたがい、そのことを積極的に受け入れ、あるいはそこから新たな価値の共有を図ろうとする意思を読みとれる記事も登場するようになる。ここでは、その最もわかりやすい例のひとつとして、新築される建物に対する住民の強い関心について述べた記事を紹介しよう。第三章、四章で見た四条通と烏丸通の拡築を中心とした都市改造によって、その二つの通りが交差する四条烏丸の交差点は、京都の「顔」ともいえる景観上重要な場所となっていく。そのためそこには、大正から昭和にかけて、主要な銀行が競うように店舗を構えるようになった。そのようすの一端を伝える記事である。

新築中であった京都市烏丸通四条東南角三菱銀行京都支店はこのほど竣工したので一九日午後盛大なる清祓式を執行し直に在京記者団に階上階下を公開した。向ふ側に華麗な三井銀行支店があるので京洛の人々は地味と堅実を標榜する三菱が三井以上の壮麗さをもつて出るかその新築に異常の興味をつないで落成を待つただけ注視の的となつていた。(『大阪朝日新聞京都滋賀版』大正一四年一一月二一日)

これは、三菱銀行京都支店(設計・桜井小太郎)(写真57)が一九二五(大正一四)年に竣工したことを伝える記事である。「華麗な三井銀行支店」とは、一九一四(大正

写真57　三菱銀行京都支店　1925(大正14)年　桜井小太郎　現在は改築されている

写真58　三井銀行京都支店　1914(大正3)年　鈴木禎次　現在は改築されている

写真59　銀行建築が集まる四条烏丸交差点(1975年ごろ)

三）年、つまり道路拡築が完了した直後に建設されたもので（設計・鈴木禎次）、たしかに華麗な様式建築であった（写真58）。それに対して、三菱がどのような意匠で対抗してくるか、それを人々が注視していたというのである。ちなみに、三菱銀行の建物は、たしかに同じ様式建築であっても彫りの浅い平滑な面が目立つものとなった。その後もこの交差点には、次々と銀行建築が集まり写真59のような特異な風景が形成されることになる。

ここには、第六章で見た、大正大礼において拡築された道路を、近代的空間として熱狂しながら体験した都市住民がたどり着いた、近代的な景観意識の成立が見てとれるのである。たしかに、これは新聞記者による観察でしかないのだが、企業のカラーまで読み込んで、建築のデザインを評価しようとする書き方には、少なくとも都市住民が新しく建設される建築物の意匠について、それを景観として積極的に評価しようとしているようすは伝わってくるのである。

そして注目しなければならないのは、ここでの景観意識においては、守旧しようとする「歴史」の意思が主張されていないことである。都市景観に新しい息吹が吹き込まれていくようすを、むしろわくわくしながら享受しようとする姿が描かれている。つまりこれは、都市住民の生活に内在しながらも、近代化に対して積極的にのぞもうとする、四条通の拡築において御旅町の住民が見せたような意識が、さらに展開していったようすとして捉えられるのである。

もちろん、そのことはひとつの新聞記事だけで判断できるものではなく、さらに詳細な検証が必要となろう。それは今後の課題としなくてはならない。しかし実際に、この記事の後に京都市内に数多く建てられるようになる近代建築は、その意匠において、他都市に比べても質の高いものであったと評価できる。鉄筋コンクリート造に建て替えられる小学校校舎群もその代表例だが、それまでの様式建築とは異なる近代に向かう洗練された意匠が、武田五一を中心にした建築家や技師によって次々と実現されていったのである。そこには、そうした建築を支える都市住民の質の高い批評精神があったはずなのである。本書冒頭に紹介した鈴蘭灯も、その成果を示すものだといえるだろう。

いずれにしても、都市住民による共同利益を創出し確保しようとする意思は、議会のなかにおける伝統的に築いてきた状況を守ろうとする態度から、議会の外での直接的でより自律的ともいえる主張に変容していったと考えられるのである。それは、景観意識だけではないはずである。ただし、本書で扱ったのは、都市住民の意思が議会のなかという公共圏からしだいに排除されていく過程までである。ここで想定した、その後に築かれたはずである新たな公共圏が実際にどのようなものであったのかは、あらためて別の研究課題として取り組む必要があるだろう。

比較都市の視点から

さて、本書は京都における近代化過程を、空間の変容から追ったものである。しかし、その分析からは、名望家を中心とした「予選体制」から「都市専門官僚制」への移行期という、政治過程史における問題設定による解釈が重要なものとして理解されるにいたった。すでに述べてきたように、この問題設定の出所は、大阪である。「予選体制」は原田敬一、「都市専門官僚制」は小路田泰直や芝村篤樹らによる近代大阪の研究から導かれた概念である。

しかし、そこから近年、同様の視点、あるいはこの二つの概念のさらなる検証として、大阪以外の都市について詳細に分析を加える成果が次々と刊行されている。代表的なものとして、櫻井良樹による東京（櫻井［二〇〇三］）、山中永之佑による大阪（山中［一九九五］）、大西比呂志による横浜（大西［二〇〇四］）などが挙げられるだろう。これらの成果から、この二つの概念について、都市比較史の視点からの検討が可能となる状況にいたっているといえる。

もちろん、本書の問題設定は、政治過程ではなく、都市空間の変容を捉えようとするものであるため、そうした比較検討に十分な材料を提供しているとは思えないが、それでも、こうした他都市の成果に、本書の京都の事象を重ねることで初めて発見できることもあるだろう。そのことにもふれておかなければならない。それにより、京都という都市における近代化の特異性をあらためて捉えることもできるだろう。

まず注目しなくてはならないのは、国、府県、市の関係である。第五章で見たとおり、橋梁の意匠において京都府と京都市で極端なまでの差が生じたことの背景に、府と市の対立構造があった。それについては、日露戦争後の都市化の進展によりさまざまな公共事業が増大していくなかで、その認可権を持つ国の出先機関としての府県と、実際に事業を担わなければならない市との間に、常に対立が表面化してしまう制度的矛盾があったことを指摘した。

ただし、東京においてはこの事情は大きく異なっている。帝都・東京では、国（内務省）が東京の市区改正事業に直接的にかかわったのである。国は、東京府と共同するかたちでその推進をはかった。それに対して、本来、市区改正事業を主導するべき東京市会は、府知事が市長を兼ねる市制特例の時期から国・府と対立を続け、一八九八（明治三一）年の特例廃止後にようやくその主導権を握れるようになっていく（中嶋［二〇一〇］）。

それに対して、他の都市における府県とは、市に対する指揮、監督権を行使するだけの存在であった。そこで大阪では、関一市長らが主導した「都市専門官僚制」において、国（内務省）からも大阪府からも干渉をできるかぎり排除しようとする姿勢を見せた。一方、横浜では、その「専門官僚制」化が進んだとされる時期において、府県の統制は拒否しながらもより強い国（内務省）への接近を志向するようになった（大西［二〇〇四］）。

京都でも、府と市の対立は、市の計画案や政策に対する府の許認可をめぐるかたちで表面化してきた。しかし、大阪市のように、それを積極的に乗り越えようとした形跡は見られない。市長の動向には、そこまで積極的な「専門官僚制」への志向はうかがえなかったといってよいだろう。その一方で特徴的だったのは、専門官吏としての土木技師の台頭であった。

もちろん、「専門官僚制」では、技術官吏が不可欠の存在となるが、京都における土木官吏への政治的実権の集中は大きな特徴として指摘できる。それは、一九〇四（明治三七）年に市長となる西郷菊次郎も、一九二七（昭和二）年に市長に就任する市村光恵も共通して「技術者万能主義」を排したいと主張していることによく表れている。市長や市会の主導が弱いなかで、技術者が直接的に事業を担うかたちとなったのが京都における「都市専門官僚制」だったといえるのだろう。

その背景のひとつには政党政治の影響力が希薄であったことが挙げられる。帝都・東京では、その影響が大きく、しだいに「市政の政党化」が進んでいき、政党間の争いのなかで市政が安定しなくなる。そして政党化は都市住民の末端レベルの町内会にまで波及していった（櫻井［二〇〇三］）。京都では、そうした政党化はほとんど見られなかった。明治末から中央政党が市会の各派を領導しようとする傾向はあったが、その後も市会の分野は地域的利害から編成される多数の会派から構成される状況が続いたのである。

その結果、政党間の激しい対立がないなかで、技術官吏が主導するかたちで都市改造を進めていく状況が生み出されたといえるだろう。第九章で見た幹線道路建設と都市計画土地区画整理事業を同時に行うような、他都市では見られないきわめて合理的な計画が土木官吏により立案され、実施できたのは、こうした政治的状況があったからだと考えてもよいだろう。

しかし、政党化が進まなかったことは、別の課題を抱えることになったはずである。政党化は、国政から執行機関としての行政、市会、そして都市住民を縦に統合することを実現する。そのため、政党間の対立は、そのまま住民の行政への動員の動機づけともなる。そう考えれば、市会が地域的利害の枠のなかにとどまっているままでの「専門官僚制」の状況では、市の事業執行と住民を関係づける回路が見いだせない。とりわけ、都市改造事業、あるいは新たな都市イベントなどに住民を動員するための動機づけができないのである。

第四章で見た、一八九七（明治三〇）年から京都だけで設置された公同組合は、それに代わる仕組みとしてあったのではないかとも考えられる。もちろん衛生組合など、行政補助団体としての団体・組織は他都市においても以前からあった。それらは、みな住民が自発的に行政に協力するためのものとして設置されてきたものである。しかし、第四章で指摘したように、公同組合は単に行政の協力組織としてだけでなく、都市イベントなども含めた大規模な事業に住民を積極的に動員するための組織としてつくられたものでもあった。それは結果として、政党化が進まないなかで、行政と住民を関係づける別の仕掛けとして機能することになったと考えられるのである。

地主・家主による一貫した地域構造

では、そもそもなぜ京都では、政党化が進まなかったのか。たしかに「都市専門官僚制」が確立されたと考えられる時期から、都市住民の意思が議会という公共圏からしだいに排除されていくことになる。しかし、先述したようにその意思は、直接的でより自律的な行動となって継続していった可能性がうかがえた。そこでは、議会の基盤となってきた地主・家主を中心とした名望家による地域支配が、東京などに比べて一貫して維持されつづけた状況があった。だからこそ、中央政党による領導に揺れることがなく、地域的利害から編成される多数の会派が離合集散を続けたのではないか。

そのことを考える際に重要となるのが、土地所有の形式である。近世から、東京（江戸）、大阪（大坂）、京都の特徴を論じる、いわゆる「三都論」が数多く書かれてきたが、そのなかでも土地・家屋の所有の違いはよく指摘されてきたことだ。「東京の習慣では、地所と家屋とは大抵の場合、其の所有主を異にしている」が、「大阪や京都では、借地に家を建てるといふことは滅多にない」とされてきた（『三都生活』大正六年・一九一七年）。つまり、都市住民の多くを占めた商店でいえば、東京では商店主とその地主は別であり、大阪・京都では、それが同じであるというわけである。

東京では、そのために名望家支配の内部に、地主派と商人派との対立という構図を抱えることになる。第六章でも指摘したように、地借と呼ばれた借地人としての商店主たちは、市区改正時における地主による一方的な契約破棄から地震にでも遭ったように商店を壊される「地震売買」が横行するなどの経験を経て、地主に対する権利保護のため団結し、組織化がはかられるなどしたことが明らかにされている（松山［二〇一四］）。

たしかに京都では、こうした地主と借地人という対立軸は見られない。もちろん、地主としての有力商店主が建設した借家には借家人が多く居住していたのであり、家主と借家人という関係は、地域支配構造の基底をなすものとしてあった。また、明治末の道路拡築を契機に地主が他所に転居して不在地主化するという事態も生まれたようだ。しかし基本的には、地主と家主は、居付土地所有者として一体のものとして地域の名望家の位置を占めたのである。本書で、名望家を地主・家主と示したのはそのためである。

そうして地主・家主が一体化していたために、町＝共同体による地域支配が、東京などに比べて一貫した体制を維持してきたように見えるのではないか。第四章で見たように、道路拡築において反対運動が組織されたにもかかわらず、逆に予想外に円滑に用地買収が実現されたことなどは、町を単位とする土地・家屋の所有秩序の維持が継続されていた結果であると理解できる。また、第七章で見た、家屋税導入が大都市のなかで京都だけで実現されない状況が続いたのも、それが居付土地所有者にとって旧来から続く借家の維持に不利益になると判断されたからであった。

これらのことから、たしかに土地・建物の所有形式において対立を抱えなかったことが、町＝共同体の維持・継続を実現させる要因となったと考えられるのである。もちろん、町＝共同体の意思のありようは大きく変容していくことになるが、共同体そのものは解体されたり弱体化されることもなく継続されたのである。

では大阪との比較ではどうなるのだろうか。大阪でも借地は少なく、地主と借地人という対立軸は見られないはずだが、一方で産業資本家の台頭もあり、明治末には先述したように「予選体制」を打倒しようとする市政改革運動が起こる。そこでは、市政や制度を合理化・近代化しようとする動きが活発となった。そうした視点に立てば、京都の土地・建物を基盤とする支配と秩序維持は、むしろ否定すべきものと映ったはずだ。

そのことを端的に示すのが、第七章で紹介した『大阪朝日新聞』が発行する『朝日新聞京都付録』に一九一一（明治四四）年に掲載された「町内の悪習」の連載記事であろう。そこでは、町単位に「町入費」として徴収される「種々雑多な賦課金」が、「不公平不正当のもの」として批判され、そのために他所に転居してしまうものも多く、借家人が永続しないと指摘されているのである。

これは、同じように地主・借地人の対立軸がない大阪から見た場合の批判である。つまり、同様に対立がないとしても、京都の町単位の支配構造が「悪しき旧習」であるとされたのである。京都における居付土地所有者による町の支配は、行政との関係構築や議会などの公共圏での意思を示す単位としてあるだけでなく、町入費というかたちでの町の経済的維持にまで及んでいたのである。それは明らかに、旧来から続けられてきた支配構造の維持・継承であった。それによる保守性と排他性は、近代化へ向かおうとする行政やさまざまな公共圏での議論において否定されるものとなったのである。

しかし、ここで指摘される町入費には公同組合費なども含まれている。先述のとおり公同組合は、一八九七（明治三〇）年から新たに設置されていく町単位の組織である。つまり、こうした新たな制度にも対応しながら町単位の財政維持の仕組みを続けていったことがわかる。単に旧慣を遵守しつづけただけではないのである。

序章において、近年の京都での新景観政策の厳しい規制を取り上げ、それが都市住民の歴史的景観に価値を見いだし守ろうとする意識に基づくものであり、それは近代を通じて長い時間をかけて形成されてきたものであるはずだとした。その形成過程において最も重要な基盤となってきたのが、この町＝共同体による町単位の支配と秩序維持の継続であったと考えられる。もちろん、そこに見られた閉鎖性・排他性は近代化の過程で大きな支障となったことは本書で見たとおりであるが、同時にそれは、「都市専門官僚制」が完成される段階にいたる過程でも、地域の自律性を維持するシステムとして維持されてきたのである。

視覚的支配と景観意識

ではどのようにして、町＝共同体の維持・継続が、景観への意識の形成につながっていったのか。序章でも述べたように、本書では、京都の都市の近代化について、とりわけ具体的な空間や造形物に着目するという方法を用いている。このことにより、ここまで見てきた政治過程史とは異なる視角から、この町＝共同体の歴史的な意味を理解することができるはずなのである。その可能性を最後に指摘しておこう。

原武史は『可視化された帝国』において、鉄道を用いた天皇の行幸が、国家イメージを統合するものとしての役割を果たし、国民国家の成立を進めたようすを詳細に検証した（原［二〇〇一］）。そのなかで、国家イメージは抽象的に〈想像する〉のではなく具体的に〈見る〉という体験を通じて共有化されるとし、そうした支配のあり方を「視覚的支配」と定義した。

本書で扱った空間の変容による新たな風景の出現の多くも、まさにそうした「視覚的支配」に通じるものであることが了解できるだろう。もちろん、それらは天皇行幸のようにストレートな国民国家統合を企図するものではない。しかし、都市が一元的な統治により近代化を遂げていくことを可視化し、それを〈見る〉ことを通じて住民が理解する。そうした視覚を通じた統治、支配の関係はたしかに見てとれるのである。

第一章で見た「街区一新」では、町ごとの木戸が撤去され、住民は都市全体を見通す視角を獲得することになる。それにより彼らは、都市空間の近代化における最大の特徴となる空間的な開放・自由を体感することになった。第二章で見た、平安宮という京都の歴史を最も体現する空間を再現した平安神宮は、まさに京都が歴史都市として新たに評価される姿を目の当たりにする。そして、岡崎で繰り返し建設された仮設の記念門などの巨大構築物は、住民が都市全体をまきこんだイベントに集まるための視覚的な装置であった。

そうした視覚的な仕掛けにより、住民はそれらを〈見る〉経験から都市が近代化によって変容する意味を了解していくのである。しかし、第四章で見た都市改造としての道路拡築は、それが都市空間の近代化において最も重要なものでありながら、住民はそれを拒絶しようとした。それが自らのよって立つ生活基盤である町＝共同体を空間的に破壊する可能性を持つものであったからだ。

そこで注目しなければならないのは、実際に拡築後に現れた空間を体験した後の住民の理解である。新たに現れる都市空間を視覚的に理解することで「視覚的支配」が徹底されるのであれば、町＝共同体によらない住民と都市支配とを直接に結ぶ都市イメージが構築されてもよいはずだった。

第六章で見たように、大正大礼という巨大イベントを通じて、実際に人々は閉鎖されてきた居住地から飛び出して、拡築され装飾された道路にあふれ出した。それまで見たこともない幅の広い道路を前に「渡りきるまでに風邪ひいてしまう」などと揶揄していた人々が、その広さの意味を確実に学んでいったのである。しかし、それでも町＝共同体はその後も強固に維持されていくことになった。それは、その奉祝行事を主に管理したのが、町＝共同体を単位として新しく組織された公同組合であったという事実からもうかがえる。住民の動員は、あくまで町を単位として、その統制下で実現していたのである。それは、昭和大礼などのその後の大イベントでも同様に踏襲されていった。

ここに京都の都市空間の近代過程における最も大きな特徴を見いだすことができるだろう。町＝共同体は、「都市専門官僚制」の確立という政治過程においては、しだいにその公共圏からは排除されることになったが、実際の都市空間の支配・管理においてはその仕組みを変えながらも維持されつづけた。そのために、町を単位とする共同利益創出の試みも続いたと考えられるのであり、それを示すのが景観意識であったのではないか。御旅町の新たな景観創出を町単位で共同で担おうとする動きは、それを最もよく表すものであろう。そこには、道路拡築後に実現した近代的空間とその景観を、自らの町＝共同体の課題として受け止めようとする意思が表れたのである。

序章において、そもそも都市の近代化とは、細部にいたるまで都市行政による一元的な管理が目指されるが、一方で都市住民は近世までの共同体的な身分や規制からは解放される、つまり管理と自由という相反するような事態が進む過程であるとした。そうした過程の帰結として想定されるのは、個（住民）と全体（国）が直接に向き合う関係の構築であろう。それこそが、国民国家の誕生である。しかし実際には、そこにさまざまな組織や共同体が介在することになるのだが、京都では、そこに強固な町単位の地域共同体が維持されつづけることとなった。

その地域共同体で発現する共同的価値が景観に対する意識であったのだ。もちろん、共同的価値とは、さまざまにありえるものであろう。しかし、行政の「都市専門官僚制」が進むなかで、都市空間は規範的価値、つまり何が正当なものであるかという判断が優位になっていく。ところが、「洋風がよいのか和洋折衷がよいのか」といった景観をめぐる議論は、絶対的な規範、つまり「正しさ」を示せるものではない。そのために唯一、町＝共同体に残された共同的価値となっていったと考えられるのである。

とはいえ、政党による地方議会の主導や、国（内務省）によるトップダウンの事業制度が貫徹された後に、この共同価値としての景観への意識が、その後どのように生き残っていったのか。

第八章でも指摘したように、行政の政策としての景観の価値づけは、しだいに「正当」な判断に向かっていくことになる。本来、「正しさ」を想定しにくいものであるのだが、それでもそこに絶対的な規範が持ち込まれていくようになる。それは、専門官僚制の帰結としてあったといってよい。

それでも、共同的価値としての景観への意識は生き残ったのだろうか。生き残ったとしたら、どのようなかたちでであろうか。そして、京都の町＝共同体はどのように振る舞うことになったのだろうか。それが本書の分析から導き出される次の課題となる。

あとがき

その昔、大学で学ぶために京都で下宿を始めたとき、町内会費や祭礼の寄付金などをいろいろ徴収されて驚いたことがある。今のような学生マンションでは、そうしたことはもうないのかもしれないが、まさに「下宿」という型式だったころには、その下宿生も町内のメンバーとして扱われたのだろう。横浜の典型的な郊外住宅地のサラリーマン家庭に育った私としては、これは不思議な体験であった。

しかしその後、現在に至るまで長きにわたって京都に住まいをしていると、それは特に不思議なことではないことがわかってくる。観光イベントでいえば、大文字の送り火も祇園祭も、いずれも自治的組織が担っている。彼らは、町や学区などを単位として地域コミュニティを維持しているのだが、それは単なる親睦や互助の団体という枠組みを超えているように思える。そのなかで自立した事業を担っているケースも多いのだ。だから経済的な自立も求められる。

近年、京都では空前の町家ブームである。伝統的な形式でつくられた京町家が、レストランなどに改装され、都心の新しい賑わいをつくり出している。しかし、そうした町家が残されてきたのも、町衆たちの自立的な活動が継続されてきたからだ。彼らは、ずっと町家に暮らしつづけ、そこでの生活の形式を維持しつづけてきたのである。単なる都心居住ではない。都心に暮らす生活スタイルそのものを自律的に維持してきたのである。

私は、明治から昭和戦前期のいわゆる近代建築の調査から研究をスタートさせている。そこでわかったのは、歴史都市として日本の伝統的スタイルの神社仏閣などに囲まれるなかでも、西洋近代のデザインの質がきわめて高いことであった。その背景として、西洋や近代も一つの文化として受け入れる懐の深さが、町衆の生活に備わっていることがわかってきた。自律的に生活スタイルを築いてきた彼らにとって、近代とは拒絶するものではなく、理解し受容しなければならないものであったはずなのだ。本書の冒頭で紹介した鈴蘭灯も、そのことを示す典型的な姿であったといってよい。

そう考えると、建築そのものよりも、それを引き受ける都市住民が作り出す文化的環境の解明に目が向くようになる。一九八〇年代末のころだっただろう。そのころ、ちょうど建築史のフィールドでも、都市史のアプローチが盛んになっていた。そこで、京都の近代化の過程の解明が、研究テーマとして設定されることとなった。

とはいえ、それから二五年以上も経過している。その間には、当然ながら研究課題の設定も変化を遂げているし、派生して海外も含めてほかの都市を分析対象とすることも多くなった。そこで、これまで執筆してきた京都の近代を扱った論文だけを集めることで、あらためて京都の近代化の実相を明らかにできないか、ということで企画されたのが本書である。集めてみると、補完しなければならない論点も見られたので、新しく稿を起こしたものもある。集められた既発表の論文の初出は以下のとおりである。もちろん、一つのテーマのもとにまとめるにあたって、既発表の論文は大幅に加筆・修正を行っている。

第三章　「明治期の都市改造における土木官吏の役割についての研究―京都市の三大事業に至る経緯を事例として」（『日本建築学会計画系論文集』第六六二号、二〇一一年四月）

第四章　「明治期の都市改造事業における都市住民の反応とその動向に関する研究―京都市の三大事業の実施過程を事例として」（『日本建築学会計画系論文集』第六六八号、二〇一一年一〇月）

第五章　「橋梁デザインに見る風致に対する二つの認識―京都・鴨川に架け替えられた四つの橋をめぐって」（高木博志編『近代日本の歴史都市』思文閣出版、二〇一三年七月）

第六章　「祝祭を通じて受容される近代都市空間―大正大礼で変わる京都を例として」（山野英嗣編『東西文化の磁場―日本近代の建築・デザイン・工芸における境界的作用史の研究』国書刊行会、二〇一三年三月）

第七章　「明治末期から大正期の京都における市街地の拡大―税負担不均衡を契機とする周辺町村への移住を中心に」（『日本建築学会計画系報告集』第三八二号、一九八七年一二月）および「重税が街を広げる」（拙著『重税都市―もうひとつの郊外住宅史』住まいの図書館出版局、一九九〇年一二月）

第八章　「東山をめぐる二つの価値観」（加藤哲弘・並木誠士・中川理編『東山／京都風景論』昭和堂、二

〇〇六年五月）
第九章　「都市計画事業として実施された土地区画整理」（丸山宏・伊従勉・高木博志編『近代京都研究』思文閣出版、二〇〇八年八月）
右記以外は書き下ろし

研究に取り組んだ順序でいえば、第七章の税制度と市街化の関係を追った論考が一番最初のものとなる。これは、私の学位論文の一部をなすものであり、まずはその指導にあたってくださった故・川上貢先生には、あらためてお礼申し上げなくてはならない。

この論考では、税制度と都市空間の関係を明らかにしたのだが、そこでは制度史とそれに基づく統計的なシミュレーションに精緻な分析が必要であった。しかし、その結果として明らかになった京都における都市支配の特異なあり方は、政治過程史としての分析の必要性を改めて認識させるものとなった。つまり、定量的な分析により明らかとなったことを、あらためて都市支配の構造と歴史から検証することが研究課題として認識されることになったのである。

幸いなことに京都の近代を扱う都市史研究が、ちょうどそのころから盛んになっていた。そこで、まずは研究成果の検証を行うためにも、そうした研究に積極的に加わることが必要であると考えた。そして実際に、いくつかの研究会に参加させていただくことができ、そこで多くの研究者との議論を重ねることができた。本書は、その議論の成果でもあるとさえ言えるだろう。

まず、二〇〇〇年から参加させていただいた京都大学人文科学研究所の共同研究「近代京都研究」班、およびその継承として二〇〇六年から始まった共同研究「近代古都研究」班においては、高木博志、原田敬一、高久嶺之介、小林丈広などの歴史学（文献史学）の先生方から多くのことを学ばせていただいた。というよりも、歴史学研究の方法そのものを学ばせていただいたといったほうがよいかもしれない。その成果としてあるのが、本書の第五章と第九章である。

ここでは、歴史学における政治過程史の成果に学びながら、それが実際にどのような空間や景観をつくり出したのかに着目した。橋梁や土地区画整理が、地方行政におけるどのような政治状況のなかで実施されていったのかを明らかにしたのだが、逆にそのデザインや空間計画から今まで見えてこなかった政治状況を明らかにできた部分も多かった。研究会では、私以外にも建築学や土木工学出身のメンバーが何人か参加しており、多様な視点からの研究によって、都市史研究に本来求められるはずの、都市の多面的理解が可能となったと思われる。研究会の報告書でもある『近代京都研究』、『近代日本の歴史都市』（ともに思文閣出版）は、そうした成果が集約されたものとなっている。

また、日本建築学会の建築歴史・意匠委員会の下に一九九九年に設置された都市史小委員会にも当初からメンバーとして参加させていただいたが（二〇一〇年から三年間主査もつとめた）、そこでの議論でも得るものが大きかった。とりわけ、陣内秀信、伊藤毅といった建築史学から都市史にアプローチした先駆者としての先生方とは、扱う時代や方法論では違いがあったものの、歴史研究のなかにいかに空間を位置づけるのかという課題についての議論において大きな刺激を受けることとなった。

さらに、二〇一一年度からは、私が代表をつとめるかたちで、都市基盤史研究会という研究会をスタートさせている。これは、日本の都市が近代化過程で築いた空間のシステムに着目し、それを構築したものとして、都市基盤整備事業を改めて検証したようとした研究会である。ここでは、石田潤一郎、小野芳朗、丸山宏など、建築史、土木史、造園史という、おもに実際に空間やそのシステムを構築する歴史を扱っている研究者を中心として議論を進めている。京大人文研の研究会のように、歴史学（文献史学）が中心になっているわけではないが、ここでも政治と空間の関係が主要なテーマになっていることは同じである。とりわけ、これまでの建築学からアプローチしてきた都市計画史研究などを改めて見直し、その政治的側面に着目する作業などを進めている。本書の第四章、第五章で扱った都市改造事業についての論考も、そうした議論のなかで生まれたものであるといえるだろう。

なお、この研究会は文部科学省科学研究費・基盤研究（A）「戦前期わが国の都市空間システムに関する歴史的研究」（課題番号二三二四六一〇七、平成二三～二七年度）の支援を受けて継続されているものである。本書はその成果の一部であり、支援に対してお礼を申し上げなければならない。

このように、本書で展開した議論は、多くの研究者との研究会を通じた議論のなかで得られた成果であるともいえるのである。改めて、その議論に加わっていただき、あるいはそうした議論の場を設定いただいたみなさまにお礼を申し上げなければならない。それと同時に、本書に提示した議論が、京都の近代にかかわる研究の新たな深化のための契機となっていくことを期待したい。京都という都市は、都市史研究に多様な視点からの議論を相互にかわすことができる、研究環境としてきわめて優れた場所であることを実感している。

さらに、本書が京都という枠組みを超えて、近代都市史研究全体の進展に貢献できるものとなることも期待したい。本書は、これまでさまざまな場で発表してきた研究成果を一つの議論の流れに再構成したものであり、それは新たな近代都市論の提示になっているはずである。それがどのように新しい議論を導けるのか。比較都市論としての議論も含めて新しい研究の活性化を喚起できればと考えている。

最後になったが、本書をまとめるにあたっては、鹿島出版会の渡辺奈美さんにお世話になった。単に研究論文を集めたものではなく、ひとつの書籍として成立させるためにはどうしたらよいのか、構成やタイトルも含め、多くのアドバイスをもらい、いっしょに考えさせてもらった。彼女の粘り強い支えがなければ本書が完成することはなかっただろう。ありがとうございます。

二〇一五年五月

中川 理

参考文献

秋元せき［二〇〇九］「1920年代における都市計画展覧会の歴史的意義―都市計画にみる歴史認識」（『人文学報』第九八号）

尼崎正博（編著）［一九九〇］『植治の庭』淡交社

尼崎正博［二〇〇二］『庭石と水の由来―日本庭園の石質と水系』昭和堂

尼崎正博［二〇一二］『七代目小川治兵衛』ミネルヴァ書房

安藤春男［一九四七］『封建財政の崩壊過程』酒井書店

伊藤太一［一九九一］「アメリカにおける森林の風致的扱いの変遷」（伊藤精晤編『森林風致計画学』文永堂出版）

岩本葉子［二〇一四］『近代都市の町と土地所有に関する研究』東京大学学位請求論

石田潤一郎・中川理［一九八四］「松室重光の事績について」（『日本建築学会大会学術講演梗概集』）

石田頼房［一九八六］「日本における土地区画整理制度史概説 1870-1980」（『総合都市研究』第二八号）

石田頼房［一九八七］『日本近代都市計画史研究』柏書房

石塚裕道［一九九一］『日本近代都市論』東京大学出版会

伊藤之雄［二〇〇六］「都市経営と京都市の改造事業の形成」（伊藤之雄編著『近代京都の改造―都市経営の起源 1850～1918年』ミネルヴァ書房）

伊藤之雄［二〇〇七］「日露戦争後の都市改造事業の展開」（『法学論叢』第160巻、第5・6号）

大西比呂志［二〇〇四］『横浜市政史の研究―近代都市における正当と官僚』有隣堂

大森吉五郎［一九三三］「京都市に於ける土地整理問題について」（『都市公論』第一六巻第六号）
小路田泰直［一九九〇］『日本近代都市史研究序説』柏書房
小野芳朗・西寺秀・中嶋節子［二〇一二］「琵琶湖疏水建設に関わる鴨東線路と土地取得の実態」（『日本建築学会計画系論文集』六七六号、二〇一二年六月）
苅谷勇雅［一九九三］『都市景観の形成と保全に関する研究』京都大学博士学位論文
苅谷勇雅［二〇〇五］『日本の美術一一 京都―古都の近代と景観保存』至文堂
楠原祖一郎［一九二八］「京都市とその田園計画に就いて」（『都市創作』第四巻第五号、および第四巻第六号）
越沢明［二〇〇一］『東京都市計画物語』筑摩書房
小林丈広［一九九四］「都市名望家の形成とその条件―市制特例期京都の政治構造」（『ヒストリア』一四五号、大阪歴史学会）
小林丈広［一九九六］「公同組合の設立をめぐって―一八九〇年代の地域社会と行政」（『新しい歴史学のために』No.234、京都民科歴史部会）
小林丈広［一九九八］『明治維新と京都―公家社会の解体』臨川書店
櫻井良樹［二〇〇三］『帝都東京の近代政治史―市政運営と地域政治』日本経済評論社
芝村篤樹［一九八九］『関一―都市思想のパイオニア―』松籟社
清水重敦［二〇〇七］「松室重光と古社寺保存」（『日本建築学会計画系論文集』第六一三号）
鈴木博之［二〇一三］『庭師　小川治兵衛とその時代』東京大学出版会
柴田畦作［一九一四］「新設の京都四条及七条大橋」（『工学』第一巻第二号）
白木正俊［二〇〇一］「市村光恵市長小論（一）」（『京都市政史編さん通信』第5号）

白木正俊［二〇〇五］「近代における鴨川の景観についての一考察—四条大橋と車道橋を中心に—」（『新しい歴史学のために』二五七号）
関野満夫［一九九七］『ドイツ都市経営の財政史』中央大学出版部
高木博志［二〇〇一］「近世の内裏空間・近代の京都御苑」（『岩波講座　近代日本の文化史』岩波書店）
高木博志［二〇〇六］『近代天皇制と古都』岩波書店
高久嶺之介［二〇一一］『近代日本と地域振興—京都府の近代』思文閣出版
高嶋修一・名武なつ紀編［二〇一三］『都市の公共と非公共』日本経済評論社
高田景［一九三一］『大京都の都市計畫に就いて』京都市役所
高田景［一九三四］「京都市に於ける土地区画整理」（『第四回全国都市問題会議議会２研究報告　第一議題甲編其二』全国都市問題会議事務局）
高橋康夫・宮本雅明・吉田伸之・伊藤毅編［一九九三］『図集　日本都市史』東京大学出版会
辻ミチ子［一九九九］『転生の都市・京都—民衆の社会と生活』阿吽社
鶴田佳子・佐藤圭二［一九九四］「近代都市計画初期における京都市の市街地開発に関する研究—１９１９年都市計画法第13条認可土地区画整理を中心として」（『日本建築学会計画系論文集』第四五八号）
寺崎新策［一九一二］「日本一の長徑間を有する拱橋式山家橋に就て」（『工業之大日本』第九巻六号）
中川理［一九八八］「大正期の京都市における税制度を用いた住宅政策」（『日本建築学会計画系論文集』三八五号、一九八八年三月）
中川理［一九九〇］『重税都市—もうひとつの郊外住宅史』住まいの図書館出版局
中川理［一九九六］「学会展望・日本近代都市史」（『建築史学』第二六号）

中嶋節子［一九九四］「昭和初期における京都の景観保全思想と森林施業―京都の都市景観と山林に関する研究」（『日本建築学会計画系論文集』第四五九号）
中嶋節子［一九九六］「明治初期から中期にかけての京都の森林管理と景観保全―京都の都市景観と山林に関する研究」（『日本建築学会計画系論文集』第四八一号）
中嶋久人［二〇一〇］『首都東京の近代化と市民社会』吉川弘文館
西澤泰彦［二〇〇八］『日本植民地建築論』名古屋大学出版会
原田敬一［一九九七］『日本近代都市史研究』思文閣出版
原武史［二〇〇一］『可視化された帝国』みすず書房
原田碧［一九一八］「山口県岩国錦川筋臥龍橋工事報告」（『工学会誌』第四一四巻）
黄俊銘・村松伸［一九八八］「台湾」（『全調査東アジア近代の都市と建築』筑摩書房）
黄俊銘［一九九三］「明治時期台湾総督府建築技師の年譜（一八九五～一九一二）―日拠時代台湾における日本人建築家の活動に関する研究（一）」（『日本建築学会大会学術講演梗概集』F）
藤田武夫［一九四九］『日本地方財政発達史』河出書房
藤森照信［一九八二］『明治の東京計画』岩波書店
松下孝昭［二〇〇六］「京都市の都市構造の変動と地域社会―一九一八年の市域拡張と学区制度を中心に」（伊藤之雄編著『近代京都の改造―都市経営の起源 1850～1918年』ミネルヴァ書房）
松山恵［二〇一四］『江戸・東京の都市史―近代移行期の都市・建築・社会』東京大学出版局
丸山俊明［二〇〇七］『京都の町家と町なみ』昭和堂
御厨貴［一九八四］『首都計画の政治』山川出版

持田信樹［一九九三］『都市財政の研究』東京大学出版局
持田信樹［二〇〇四］「都市行財政システムの受容と変容」（今井勝人・馬場哲編『都市化の比較史―日本とドイツ』）
矢ヶ崎善太郎［二〇〇〇］「南禅寺下河原／京都―近代の京都に花開いた庭園文化と数寄の空間」（片木篤編『近代日本の郊外住宅地』鹿島出版会）
山口敬太［二〇一〇］「戦前の六甲山における公園系統の計画と風景利用策に関する研究：1920年代に作成された二つの山地開発計画の策定経緯と目的」（『都市計画論文集』四五巻三号）
山中永之佑［一九九五］『近代市制と都市名望家―大阪市を事例とする考察』大阪大学出版局
山根巖［二〇〇〇］「明治末期における京都での鉄筋コンクリート橋」（『土木史研究』第二〇号）
吉田智久［一九八八］「台湾における森山松之助の作品について」（『日本建築学会大会学術講演会梗概集』F）
吉田長裕［二〇〇九］「七条大橋―洋風鉄筋コンクリートアーチ橋がもたらしたもの」（『土木学会誌』九四巻九号）

図版出典一覧

◆はしがき

写真1　博物館明治村編『武田五一・人と作品』名古屋鉄道、1987年

写真2　絵葉書

◆序章

図1　京都市新景観政策パンフレット

◆第一章

写真3・4　筆者撮影

写真5『目で見る京都市の100年』郷土出版社、2001年

写真6『京都市三大事業』京都市役所、1912年

◆第二章

図2『琵琶湖疏水図誌』東洋文化社、1978年

図3『京都府臨時市部会決議議事録・明治22年度』（附図）

写真7『琵琶湖疏水の100年』京都市水道局、1990年

写真8〜11　筆者撮影

図4『平安神宮百年史』平安神宮、1997年

図5『平安京1200年』平安建都1200年記念協会、1994年

図6『京都岡崎の文化的景観調査報告書』2013年

写真12『京都日出新聞』明治37年9月4日

写真13『京都日出新聞』明治45年6月16日

写真14『写真でみる京都100年』京都新聞社、1984年

写真15『平安神宮百年史』平安神宮、1997年

写真16〜19　筆者撮影

写真20　絵葉書

◆第三章

写真21　石井行昌撮影写真資料（京都府立資料館蔵）

写真22〜24　筆者撮影

図7『三大事業誌道路拡築編図譜』京都市役所、1914年より作成

写真25『京都の市電』立風書房、1978年

表1　内閣官報局『職員録』などから作成

写真26『土木学会誌』第29巻第5号、1943年

◆第四章

写真27　絵葉書

写真28『京都市三大事業』京都市役所、1912年

写真29『京都市電気局・京都市営電気事業沿革史』1933年

図8　『大正大礼京都府記事　下』１９１７年

◆第五章

写真30・31　日本土木学会蔵

写真32・33　絵葉書

図9　『工学会誌』第四一四巻、１９１３年

◆第六章

写真34　『花の百年（藤井大丸百年史）』１９７０年

図10　京都府庁文書（京都府総合資料館蔵）

写真35　絵葉書

写真36　『京都大観』京都大観発行所、１９０９年

写真37　『京都市三大事業』京都市役所、１９１２年

写真38　『大正大礼京都府記事　下』１９１７年

図11　『建築雑誌』３５０号、１９１６年

写真39〜44　『大正大礼京都府記事　下』１９１７年

写真45　『大礼奉祝会記要』１９３１年

◆第七章

図12　『京都市基本計画資料図集』１９６３年などより作成

図13　中川理『重税都市』１９９０年

表2　『明治38年以降京都財政統計』１９２０年より作成

図14　各年『京都市統計書』などより作成

図15　『写真でみる京都１００年』京都新聞社、１９８４年

◆第八章

図16　『京都日出新聞』昭和2年1月9日

図17　『京都日出新聞』昭和2年1月13日

写真46・47　絵葉書

写真48・49　『京都市電気局・京都市営電気事業沿革史』１９３３年

写真50　筆者撮影

◆第九章

図18　京都市歴史資料館蔵

図19　『京都土地区画整理事業概要』１９３５年

図20・21　『京都都市計画土地区画整理とはどういふことをするか』１９２６年

図22　『都市公論』第16巻6号、１９３３年

写真51・52　『京都都市計画概要』京都市役所、１９４４年

写真53〜56　『京都土地区画整理事業概要』１９３５年

図23・24　『金閣寺土地区画整理組合誌』１９３４年

写真55　『金閣寺土地区画整理組合誌』１９３４年

◆結章

写真57　筆者撮影

写真58・59　石田潤一郎撮影

◆表紙写真　絵葉書「四条大橋下流月夜の美観」

二条駅　97
二条離宮　191
二之瀬橋　172
日本橋　161, 195
野村一郎　163

は

濱岡光哲　46, 53, 95
原田碧　172, 174
ハリストス正教会　88, 109, 185
W.K.バルトン　112
番小屋　37-39
東大路通　279
東九条村　217, 236
東本願寺　114, 137
東山　27, 68, 70, 71, 153, 154, 175, 251, 252, 254-266, 268, 270-276
比企忠　96
広島(市)　4, 94, 121
琵琶湖疏水　25, 52, 53, 55-62, 68-73, 85, 92, 93, 99, 104, 107, 108, 117, 119, 122, 131, 152, 154, 253, 274
風致地区　254-256
風致保安林　265
藤井大丸　131, 181-183, 189
二見鏡三朗　96
武徳殿　64-67, 88, 109, 170, 185
船岡山　302, 304
府立図書館　79-81, 185
平安女学院　87, 89
平安神宮　25, 60-65, 67, 68, 71, 73, 75, 77, 79-81, 83-85, 169, 333, 350
法勝寺　56

ま

槇村正直　44, 70, 74, 85, 99, 329
町組　143, 146, 149, 244, 329, 335
松原通　101, 134
松室重光　65, 88, 109, 110, 175, 185
馬淵鋭太郎　316
丸太町通　137, 142, 157, 189, 191-193, 195, 199
丸太町橋　157, 158, 162, 197
丸山公園　154
三井銀行京都支店　339
三菱銀行京都支店　338
村田五郎　96, 103, 106, 108, 109, 113, 114, 122
無鄰菴　70, 71, 73
桃山式　168-171
森山松之助　157, 162, 163, 165

や

也阿弥ホテル　175
安田耕之助　288, 297, 315, 318
家邊德時計店　91
山縣有朋　70
山口孝吉　165
山本覚馬　46
由良川　174
横浜(市)　4, 94, 121, 262, 284, 292, 318, 343
予選体制　15, 16, 330, 341, 342, 347

ら

洛陽教会　89
緑門　76, 77, 83, 189, 200
臨時土木委員会　92, 94-97, 99-103, 105, 109, 119, 128
六盛会　85
六角耕雲　119, 120

少将井町　145
商品陳列所　79-81, 145
昭和大礼　203, 351
白川通　287
新景観政策　12, 13, 348
心斎橋　161
震災復興事業　278
水車　69, 70
水力発電　69
水路閣　58-60
朱雀野村　207, 217, 228, 232, 233-235, 240-242, 287
鈴蘭灯　3-6, 341, 354
関一　16, 124, 334, 343
セセッション　5, 160, 163, 195, 198, 202, 204
千本通　47, 48, 100, 101

た

大正大礼　27, 84, 148, 190-192, 194, 196, 197, 199-206, 340, 351
大徳寺　302
大丸呉服店　131, 181, 182, 299, 301, 322
台湾　3, 66, 117, 157-159, 163-165, 195, 329
高瀬川　159, 286
箏町　181
武田五一　5, 79-82, 109, 173, 185, 193, 198, 290, 320-332, 336, 341
辰野金吾　91, 163
田中村　217, 229, 230
田辺朔郎　57, 69, 107, 122, 320
谷井鋼三郎　96, 109, 110
田原和男　296, 297, 315
知恩院　74
町式目　36
塚本與三次　71
寺崎新策　109, 172, 174
寺町通　4, 5, 156, 184
東京(市)　4, 5, 23, 93, 121, 125, 165, 213, 216, 218, 222, 224, 284, 287, 311, 315, 319, 337, 343-347
東京勧業博覧会　165
同志社英学校　87
都市計画法　23, 42, 43, 93, 123, 253, 263, 267, 278, 279, 281-284, 286, 287, 290-292, 296, 298, 311-313, 319, 322-324
都市専門官僚制　15, 16, 27, 28, 123, 124, 177, 274, 9章, 331, 332, 334, 341-345, 349, 351, 352
都市美　116, 155, 156, 270, 271
戸田正三　320
土地区画整理事業　28, 255, 277-279, 281, 282, 287-291, 294, 297-299, 302, 306, 308, 310-313, 315, 318, 319, 321, 323, 327, 346

な

内貴甚三郎　99, 104, 117, 126, 175, 221, 224, 251, 257, 316, 329, 330
内国勧業博覧会　61, 62, 67, 73-75, 79, 84, 85, 105, 257
中京郵便局　90, 91
長崎(市)　172, 174
永田兵三郎　109, 255-257, 261, 264, 284-287, 289, 297, 315, 316, 318
中村栄助　46
名古屋(市)　121, 165, 278, 284, 288, 291, 292, 320
南禅寺　53, 55, 56, 58-60, 69-72
南禅寺町　55
新実八郎兵衛　242
西大路通　279, 305, 308, 309, 319, 324
西洞院川(通)　105, 108, 109, 111-114
西本願寺　74
西紫野土地区画整理　302
西村仁兵衛　127, 129, 130, 136, 140, 142, 146, 337

技術者万能主義　28, 132, 159, 8章, 318, 344
北大路通　279, 292, 302-305, 308, 324
北垣国道　51, 53, 69, 70, 92, 99, 117, 251, 253
木戸(門)　37-40, 43, 44, 47, 350
衣笠村　217, 232, 235, 305
木屋町通　285, 286
京都駅　13, 94-96, 100, 191, 194, 195
京都会館　82
京都御苑　61, 74, 75, 86, 89, 92, 128, 129
京都策　44, 46, 102, 206
京都市公会堂　79, 80, 82
京都市美術館　79, 80-82
京都タワー　13
京都電気鉄道　105, 295
京都博覧会　74, 78, 84, 87
京都府庁舎　88, 109
金閣寺土地区画整理　305-307
空中索道　258, 259, 266, 276
九条通　279, 287
ケーブルカー　258-261, 265, 276
建仁寺　74
減歩　278, 306
郊外住宅地　18, 205-207, 242, 353
公共圏　21, 22, 24, 26-28, 94, 250, 275, 328, 331-333, 336, 341, 345, 348, 351
広告物取締法　155, 156
公同組合　128, 129, 136, 140-150, 154, 192, 199, 201, 204, 216, 220, 225, 226, 319, 335, 345, 348, 351
神戸(市)　4, 5, 94, 153, 284, 288, 292, 321
五条大橋　166-173, 187
戸数割　211-215, 217-219, 222, 224-226, 228, 229-233, 235, 237, 239, 241, 246, 247
戸別税　27, 217-229, 232, 235, 236, 240, 241, 245
小山花ノ木土地区画整理　292

さ

西院村　228
西郷菊次郎　117, 118, 153, 164, 175, 316, 329, 330, 343
堺市　246
堺町通　97, 127-129
鯖山隧道　107, 108
三条大橋　89, 166-168, 170-173, 186
三条通　89-92, 97, 134, 170, 201
三大事業　17, 76, 77, 83, 98, 109, 117-128, 130, 133, 135, 136, 140, 142, 144, 148-153, 155-158, 167, 168, 170, 173, 175, 187-194, 197, 200, 205, 208-210, 216, 217, 220, 223, 249, 261, 262, 271, 278, 279, 285, 287, 295, 316, 319, 321, 323, 324, 327, 335
三部経済制　212, 213, 218
市域拡張　102, 232, 243, 331
市区改正条例　17, 23, 93, 125, 284-287, 315, 319
重永潜　322
四条大橋　115, 133, 157-167, 169-172, 176, 186, 195-197
四条通　105, 127-134, 136, 137, 140, 142, 143, 157, 180-189, 199, 201, 203, 251, 267, 274, 275, 274, 279, 319, 323, 334, 335, 337, 340
四条変更期成同盟会　130-135, 143, 145, 183, 323
市制　14, 23, 84, 124, 143, 144, 153, 216, 267, 269, 274, 316, 329, 334
市制特例　93, 94, 96, 97, 99, 149, 253, 328, 329, 343
時代祭　63, 64
七条大橋　157, 158, 162, 164, 166, 167, 169-171, 176, 197
七条通　101, 137, 157, 189, 319
柴田畦作　157-159, 162, 164, 165
受益者負担金　287, 288, 296, 312, 319

索　引

あ

空き家　31, 61, 86, 237-239, 241
綾小路通　127
嵐山　265
安藤謙介　316
池田宏　123, 290, 297, 311
石田亀吉　107, 108
石田二男雄　109-111, 113
市原橋　172
市村光恵　131, 255, 256, 263, 267, 318, 331, 343
一間引下令　41-46, 51
伊東忠太　63
伊藤博文　53
井上秀二　109, 113, 115, 116, 118-123, 158, 174, 331
岩倉具視　60, 89, 95
植村常吉　109, 111
W.M.ヴォーリズ　89
宇治川　167
宇治橋　167, 168, 171-173
衛生組合　144, 146, 225, 226, 345
御池通　97, 100-102, 114, 119
鴨東倶楽部　84
鴨東線　152-156, 161, 163, 176, 252
鴨東開発計画　51, 92, 251, 257
大内村　207, 217, 230, 232, 236
大倉町　142
大阪（市）　6, 12, 15, 16, 22, 23, 41-43, 88-90, 93, 94, 104, 112, 115, 117, 121, 143, 149, 153, 158, 161, 207, 208, 218, 224-226, 238, 239, 242, 247, 253, 284, 285, 334, 342, 343, 346-348
大坂　39, 40, 90, 346
大槻龍治　103, 104, 106
大鳥居　83, 84
大藤高彦　90, 105, 290, 320
大宮村　217, 229, 232
大森鐘一　152, 176, 252
岡崎公園運動場　79
岡崎町　55
小川瑳五郎　320
小川治兵衛　70, 71
御旅町　131, 181, 183-189, 198, 251, 252, 335, 336, 340, 351
小原益知　58

か

家屋税　23, 27, 212-215, 217-225, 229-232, 234, 236-241, 243-247, 331, 334, 347
家屋税免除　244
鹿背隧道　107, 108
学区税　217, 222-224, 227, 228, 233, 235, 236
学区廃止　245
冠木門　195, 197, 198
紙屋川　305
鴨川　26, 52, 53, 55, 62, 69, 70, 152-154, 157, 161, 162, 167, 169, 177, 197, 252, 258
烏丸中央同盟会　134, 143, 145
烏丸通　47-49, 97, 99-103, 114, 119, 127-129, 134, 136, 176, 180, 188, 189, 191-193, 195, 199, 201, 203, 221, 279, 287, 337
臥龍橋　173, 185
川村鉚次郎　119
河原町通　285, 286, 295, 318
勧業館　27, 79, 80, 189
看板建築　202
祇園祭　34, 35, 132, 199, 353
菊池慎三　314

中川 理（なかがわ・おさむ）

京都工芸繊維大学大学院工学研究科教授。

1955年横浜生まれ。1980年京都大学工学部建築学科卒業。

1988年京都大学大学院建築学専攻博士課程修了。工学博士。

日本学術振興会特別研究員を経て、
1992年京都工芸繊維大学准教授。2003年から現職。

専門は近代都市史・建築史。

著書に『重税都市—もうひとつの郊外住宅史』（住まいの図書館出版局、1990年）、

『偽装するニッポン—公共施設のディズニーランダゼイション』（彰国社、1996年）、

『近代建築史』（共編著、昭和堂、1998年）、

『風景学—風景と景観をめぐる歴史と現在』（共立出版、2008年）など。

日本都市計画学会論文奨励賞、日本建築学会奨励賞（論文）、
日本建築学会教育賞など受賞。

京都《きょうと》の近代《きんだい》　せめぎ合《あ》う都市空間《としくうかん》の歴史《れきし》

二〇一五年七月一五日　第一刷発行

著者　中川《なかがわ》 理《おさむ》
発行者　坪内文生
発行所　鹿島出版会
〒一〇四-〇〇二八　東京都中央区八重洲二-五-一四
電話〇三-六二〇二-五二〇〇
振替〇〇一六〇-二-一八〇八八三
印刷　壮光舎印刷
製本　牧製本
組版・装幀　伊藤滋章

ISBN 978-4-306-07316-6 C3052

URL: http://www.kajima-publishing.co.jp/
e-mail: info@kajima-publishing.co.jp